全国技工院校机械类专业通用教材（高级技能层级）

机 械 制 图

（第 四 版）

人力资源社会保障部教材办公室组织编写

中国劳动社会保障出版社

简介

本书主要内容包括机械制图的基本知识，机械制图的基本方法，点、直线和平面的投影，基本立体，立体表面的截交线，立体表面的相贯线，轴测图，组合体，机件的表达方法，标准件和常用件画法，零件图，装配图，零部件测绘等。

本书由谢贤和任主编，张书平、阳海红任副主编，邓志恒、曾昱、曾春峰、戴乐、潘嘉奇、谢震宇参加编写，果连成任主审。

图书在版编目（CIP）数据

机械制图/人力资源社会保障部教材办公室组织编写. -- 4 版. -- 北京：中国劳动社会保障出版社，2020

全国技工院校机械类专业通用教材. 高级技能层级

ISBN 978 - 7 - 5167 - 4421 - 5

Ⅰ.①机… Ⅱ.①人… Ⅲ.①机械制图-技工学校-教材 Ⅳ.①TH126

中国版本图书馆 CIP 数据核字（2020）第 065643 号

中国劳动社会保障出版社出版发行

（北京市惠新东街 1 号 邮政编码：100029）

*

北京市艺辉印刷有限公司印刷装订 新华书店经销

787 毫米×1092 毫米 16 开本 19.75 印张 455 千字

2020 年 12 月第 4 版 2022 年 8 月第 4 次印刷

定价：38.00 元

读者服务部电话：(010) 64929211/84209101/64921644

营销中心电话：(010) 64962347

出版社网址：http://www.class.com.cn

http://jg.class.com.cn

前　言

　　为了更好地适应全国技工院校机械类专业的教学要求，全面提升教学质量，人力资源社会保障部教材办公室组织有关学校的一线教师和行业、企业专家，在充分调研企业生产和学校教学情况、广泛听取教师对教材使用反馈意见的基础上，对全国高级技工学校机械类专业通用教材进行了修订。本次修订后出版的教材包括：《机械制图（第四版）》《机械基础（第二版）》《机构与零件（第四版）》《机械制造工艺学（第二版）》《机械制造工艺与装备（第三版）》《金属材料及热处理（第二版）》《极限配合与技术测量（第五版）》《电工学（第二版）》《工程力学（第二版）》《数控加工基础（第二版）》《液压传动与气动技术（第二版）》《液压技术（第四版）》《机床电气控制（第三版）》《金属切削原理与刀具（第五版）》《机床夹具（第五版）》《金属切削机床（第二版）》《高级车工工艺与技能训练（第三版）》《高级钳工工艺与技能训练（第三版）》《高级焊工工艺与技能训练（第三版）》等。

　　本次教材修订工作的重点主要体现在以下几个方面：

　　第一，更新教材内容，体现时代发展。

　　根据机械类专业毕业生所从事岗位的实际需要和教学实际情况的变化，合理确定学生应具备的能力与知识结构，对部分教材内容及其深度、难度做了适当调整；根据相关专业领域的最新发展，在教材中充实新知识、新技术、新设备、新材料等方面的内容，体现教材的先进性；采用最新国家技术标准，使教材更加科学和规范。

　　第二，提升表现形式，激发学习兴趣。

　　在教材内容的呈现形式上，较多地利用图片、实物照片和表格等形式将知识点生动地展示出来，尤其是在《机械基础（第二版）》《机床夹具（第五版）》等教材插图的制作中全面采用了立体造型技术，力求让学生更直观地理解和掌握所学内容。针对不同的知识点，设计了许多贴近实际的互动栏目，在激发学生学习兴趣和自主学习积极性的同时，使教材"易教易学，易懂易用"。

第三，开发配套资源，提供教学服务。

本套教材配有习题册和方便教师上课使用的多媒体电子课件，可以通过技工教育网（http://jg.class.com.cn）下载电子课件等教学资源。另外，在部分教材中使用了二维码技术，针对教材中的教学重点和难点制作了动画、视频、微课等多媒体资源，学生使用移动终端扫描二维码即可在线观看相应内容。

本次教材的修订工作得到了河北、辽宁、江苏、山东、河南、湖南、广东等省人力资源社会保障厅及有关学校的大力支持，在此我们表示诚挚的谢意。

人力资源社会保障部教材办公室

2018 年 8 月

目　录

第一章 机械制图的基本知识

图样是设计、制造、维修机械设备，加工和检验零件最基本的技术文件，是机械工程界的共同语言。为了便于技术管理，方便国内、国际的技术交流和贸易往来，国家有关部门颁布了《技术制图》和《机械制图》一系列国家标准。本章主要介绍国家标准中的图纸幅面、比例、字体、图线和尺寸注法等有关规定。其他标准将在后面的相关章节中陆续介绍。

第一节 机械制图的基本规定

一、图纸幅面及格式（GB/T 14689—2008）

1. 图纸幅面

绘制图样时，应优先选用表 1 - 1 中规定的基本幅面及尺寸。

表 1 - 1　　　　　　　　　　　　　　基本幅面及尺寸　　　　　　　　　　　　　mm

幅面代号	A0	A1	A2	A3	A4
$B \times L$	$841 \times 1\ 189$	594×841	420×594	297×420	210×297
e	20			10	
c	10			5	
a	25				

图纸的基本幅面如图 1 - 1 所示，对于有特殊要求的机械图样，如需加长或加宽，可从图 1 - 1 中选择规定的加大幅面。

图 1 - 1 中粗实线所示是基本幅面，为优先选用的幅面；细实线所示是加大幅面，为其次选用的幅面；细虚线所示也是加大幅面，为再次选用的幅面。

2. 图框格式及周边尺寸

在图纸上，其幅面的外图框为粗实线。图纸幅面的格式分为留装订边（见图 1 - 2 和图 1 - 3）和不留装订边（见图 1 - 4 和图 1 - 5）两种，在同一产品的图样上只采用其中一种。图框周边尺寸的数值见表 1 - 1。

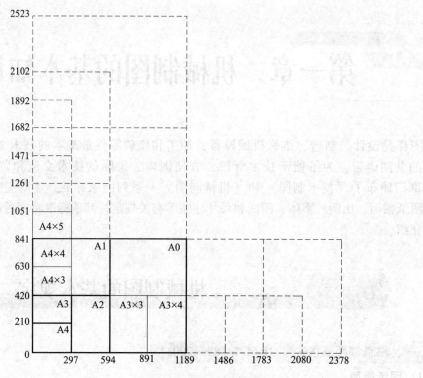

图 1 - 1　图纸的基本幅面和加大幅面

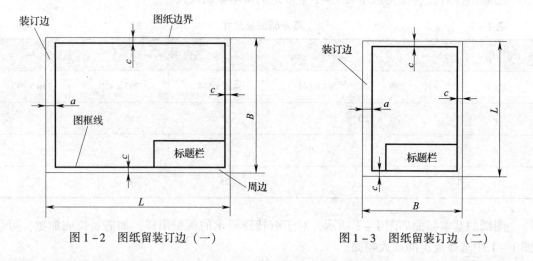

图 1 - 2　图纸留装订边（一）　　　　　图 1 - 3　图纸留装订边（二）

3．标题栏

图纸的标题栏放在图框的右下角，标题栏中的文字方向为看图方向。在机械图样中标题栏直接采用国家标准《技术制图　标题栏》（GB/T 10609.1—2008）中规定的格式，如图 1 - 6 所示。若是学生作业，可采用简化的标题栏格式，如图 1 - 7 所示（仅供参考）。

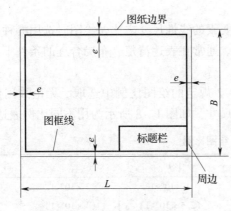

图1-4 图纸不留装订边（一）

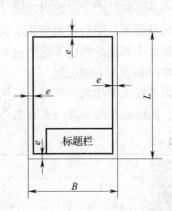

图1-5 图纸不留装订边（二）

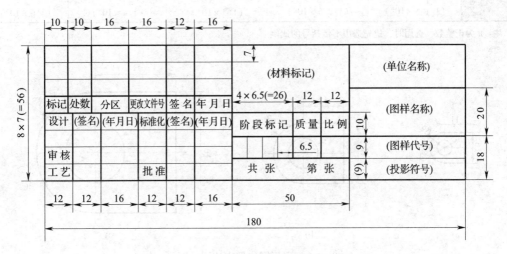

图1-6 标题栏示例（标准）

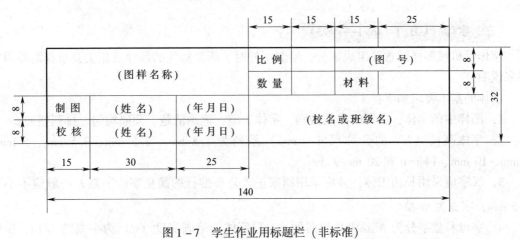

图1-7 学生作业用标题栏（非标准）

二、比例（GB/T 14690—1993）

比例是指图样中的要素与其实物相应要素的线性尺寸之比。绘图时选用哪种比例，要根据机件的大小和复杂程度等综合起来考虑。通常在表达清楚、布局合理的条件下，应尽可能选用基本图幅和1:1的比例。

当需要按比例绘制图样时，应从表1-2规定的绘图比例中选取。无论采用何种比例绘制图形，图样必须按零件的实际大小标注尺寸，如图1-8所示为用不同比例表达同一图形。

表1-2　　　　　　　　　　　　　　绘图比例

原值比例	1:1				
放大比例	2:1 (2.5:1)	5:1 (4:1)	$1 \times 10^n:1$ ($2.5 \times 10^n:1$)	$2 \times 10^n:1$ ($4 \times 10^n:1$)	$5 \times 10^n:1$
缩小比例	1:2 (1:1.5) ($1:1.5 \times 10^n$)	1:5 (1:2.5) ($1:2.5 \times 10^n$)	$1:1 \times 10^n$ (1:3) ($1:3 \times 10^n$)	$1:2 \times 10^n$ (1:4) ($1:4 \times 10^n$)	$1:5 \times 10^n$ (1:6) ($1:6 \times 10^n$)

注：n 为正整数，选用时，优先选用不带括号的比例。

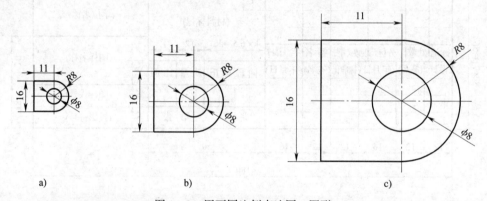

图1-8　用不同比例表达同一图形

a）缩小比例（1:2）　　b）原值比例（1:1）　　c）放大比例（2:1）

三、字体（GB/T 14691—1993）

字体是机械图样的重要组成部分，绘制图样时，所要标注的尺寸及相关要求都需要用文字来说明。

字体的基本要求如下：

1. 图样中的字体，书写时必须做到：字体工整、笔画清楚、间隔均匀、排列整齐。

2. 字体高度（h）的公称尺寸（mm）系列为1.8 mm、2.5 mm、3.5 mm、5 mm、7 mm、10 mm、14 mm 和20 mm 八种。

3. 汉字应采用长仿宋体，并应采用国家正式公布推行的简化字。字高 h 一般应不小于3.5 mm，字宽为 $h/\sqrt{2}$。

4. 字母和数字分为 A 型和 B 型两种。A 型字体的笔画宽度（d）为字高的1/14，B 型字体的笔画宽度为字高的1/10，在同一张图样上只允许使用一种字体。

5．字母和数字可以写成斜体或直体。斜体字字头向右倾斜，与水平线成 75°角。

长仿宋体汉字示例如图 1-9 所示，数字和字母（B 型字体）示例如图 1-10 所示。

10号字　字体工整　笔画清楚　间隔均匀　排列整齐

7号字　横平竖直　注意起落　结构均匀　填满方格

5号字　技术制图　机械电子　汽车船舶　土木建筑

3.5号字　螺纹齿轮　航空工业　施工排水　供暖通风　矿山港口

图 1-9　长仿宋体汉字示例

斜体

a)

b)

大写斜体

小写斜体

c)

图 1-10　数字和字母示例

a）阿拉伯数字示例　b）希腊字母示例　c）拉丁字母示例

四、图线

国家标准《技术制图　图线》（GB/T 17450—1998）中规定了十五种基本线型，并允许变形、组合而派生出其他线型。国家标准《机械制图　图样画法　图线》（GB/T 4457.4—2002）中针对机械图样中的图线做出了具体规定，机械图样中常用图线的名称、线型、线宽及应用见表1–3。

表1–3　　　　　　　　　　　　　　图线的名称、线型、线宽及应用

名称	线型	线宽	应用
粗实线	——————————	d	可见轮廓线
细虚线	- - - - - - - - - -	$d/2$	不可见轮廓线
细实线	——————————	$d/2$	尺寸线、尺寸界线、剖面线、重合断面的轮廓线等
细点画线	—·—·—·—·—	$d/2$	轴线、对称中心线等
细双点画线	—··—··—··—	$d/2$	可动零件的极限位置的轮廓线、相邻辅助零件的轮廓线等
波浪线	∼∼∼∼∼	$d/2$	断裂处边界线、视图与剖视图的分界线
双折线	╱╲╱╲	$d/2$	断裂处边界线、视图与剖视图的分界线
粗点画线	▬·▬·▬·▬	d	限定范围表示线
粗虚线	▬ ▬ ▬ ▬	d	允许表面处理的表示线

如图1–11所示为各种图线及其应用示例，绘制图线时应注意以下几点：

1．在同一图样中，同类线型的宽度应基本一致。

2．国家标准对细虚线、细点画线、细双点画线等线段长度和间隙并未做出具体的规定。但在同一张图样中它们应大致相等，其长度可根据图形的大小决定，如图1–12所示为基本线型画法。

3．当细虚线与其他图线相交时，应该是线段处相交，如图1–12a、b所示；当细虚线在粗实线的延长线上时，在连接处应断开，如图1–12d所示。

4．如图1–12d、e所示，绘制细点画线时，首尾两端应为线段，而不是点；细点画线与其他线段相交时，也应在线段处相交；细点画线大致超出轮廓3～5 mm；当细点画线太短，绘制有困难时，可用细实线代替细点画线，如图1–12c所示。

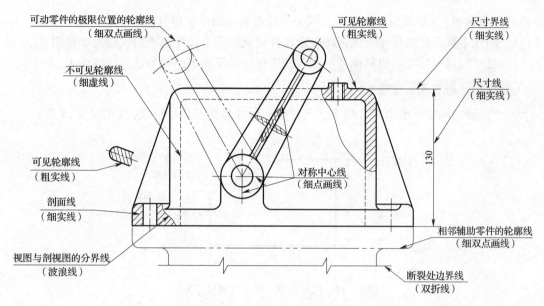

图 1 - 11　各种图线及其应用示例

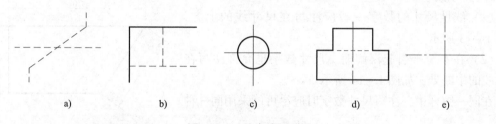

a)　　　　　　b)　　　　　　c)　　　　　　d)　　　　　　e)

图 1 - 12　基本线型画法

第二节　　　　尺 寸 注 法

在图样中，图形只能表达物体形状，要确定它的大小，还必须在图形上标注尺寸，标注尺寸时，应严格遵守国家标准《机械制图　尺寸注法》（GB/T 4458.4—2003）的相关规定，正确、完整、清晰地标出尺寸。下面介绍尺寸标注（GB/T 4458.4—2003）的有关规定。

尺寸标注的基本要求如下：

正确——尺寸注法要符合国家标准的规定。

完整——尺寸必须注写齐全，不遗漏，不重复。

清晰——尺寸布局要整齐、清楚，以便于看图和查找。

一、基本规则

1. 机件的真实大小应以图样上所注的尺寸数值为依据，与图形的大小及绘图的准确程度无关。

2. 图样中（包括技术要求和其他说明）的尺寸以毫米（mm）为单位时，不需标注单位符号（或名称）。如采用其他单位，则必须注明相应的单位符号。

3. 图样中所标注的尺寸为该图样所示机件的最后完工尺寸，否则就应另加说明。

4. 机件的每一尺寸一般只标注一次，并应标注在反映该结构最清晰的图形上。

二、尺寸的组成及注法

一个完整的尺寸一般由尺寸数字、尺寸线和尺寸界线三部分组成，如图 1-13 所示。

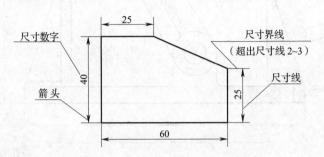

图 1-13　尺寸数字、尺寸线和尺寸界线

1. 尺寸数字

（1）线性尺寸的数字一般应注写在尺寸线的上方，如图 1-13 所示。

（2）在不至于引起误解时，尺寸数字也允许注写在尺寸线的中断处，如图 1-14 所示。

在同一图样中，注写尺寸数字时应尽可能采用同一种方法。

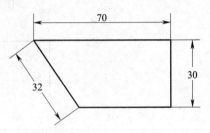

图 1-14　尺寸数字允许注写在尺寸线的中断处

2. 尺寸线

尺寸线用细实线绘制，标注线性尺寸时，尺寸线必须与所标注的线段平行，一般不得与其他图线重合或画在其他图线的延长线上，如图 1-15 所示为尺寸线的标注对比。

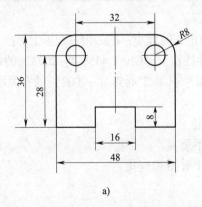
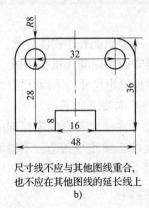

尺寸线不应与其他图线重合，也不应在其他图线的延长线上

a)　　　　　　　b)

图 1-15　尺寸线的标注对比
a）正确　b）错误

尺寸线的终端有箭头和斜线两种形式，其画法如图 1-16 所示。

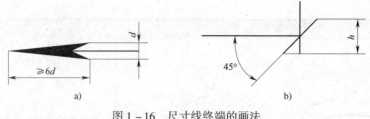

图 1 – 16　尺寸线终端的画法

a）箭头　b）斜线

3. 尺寸界线

　　尺寸界线用细实线绘制，并应自图形的轮廓线、轴线或对称中心线处引出。也可利用轮廓线、轴线与对称中心线作为尺寸界线，如图 1 – 17a 所示。尺寸界线一般应与尺寸线垂直，必要时才允许倾斜，如图 1 – 17b 所示。尺寸界线应超出尺寸线 2 ~ 3 mm。

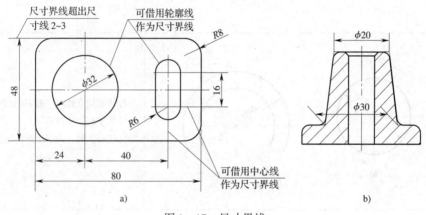

图 1 – 17　尺寸界线

　　尺寸注法示例及说明见表 1 – 4。

表 1 – 4　　　　　　　　　　　　　　尺寸注法示例及说明

类型	示例		说明
线性尺寸	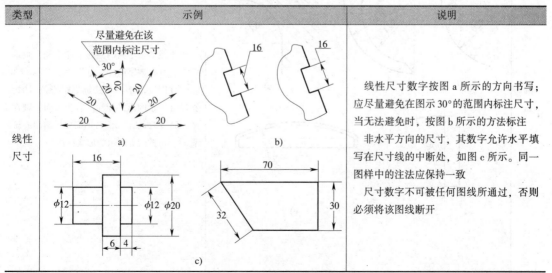		线性尺寸数字按图 a 所示的方向书写；应尽量避免在图示 30°的范围内标注尺寸，当无法避免时，按图 b 所示的方法标注 　非水平方向的尺寸，其数字允许水平填写在尺寸线的中断处，如图 c 所示。同一图样中的注法应保持一致 　尺寸数字不可被任何图线所通过，否则必须将该图线断开

类型	示例	说明
角度尺寸	a) b)	尺寸界线沿径向引出，尺寸线画成圆弧，圆心为角的顶点，如图 a 所示；数字一律水平书写，且数字一般注写在尺寸线的中断处，必要时也可按图 b 所示进行标注
圆	a) b)	标注圆的直径时一般只画尺寸线，并在尺寸数字前加注符号"ϕ" 标注圆弧时，大于半圆标注直径
圆弧	a) b) c) d) e)	小于或等于半圆的圆弧标注半径，画单箭头，并在数字前加注符号"R" 若在图纸范围内无法标出圆心位置时，按图 d 所示的形式标注。若为球面，则在 R（ϕ）前再加注 S。若不需要标出圆心位置时，可按图 e 所示的形式标注

续表

类型	示例	说明
小尺寸	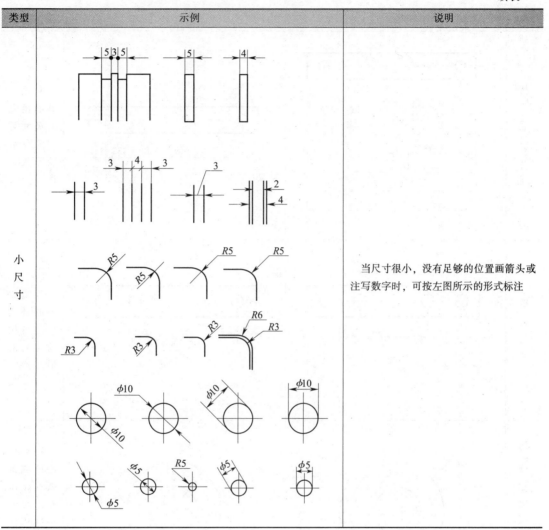	当尺寸很小，没有足够的位置画箭头或注写数字时，可按左图所示的形式标注

尺寸规定注法和简化注法的对比见表1－5。

表1－5 　　　　　　　　尺寸规定注法和简化注法的对比

类型	简化前	简化后	说明
带箭头的指引线			标注尺寸时，可采用带箭头的指引线

类型	简化前	简化后	说明
从同一基准出发的尺寸	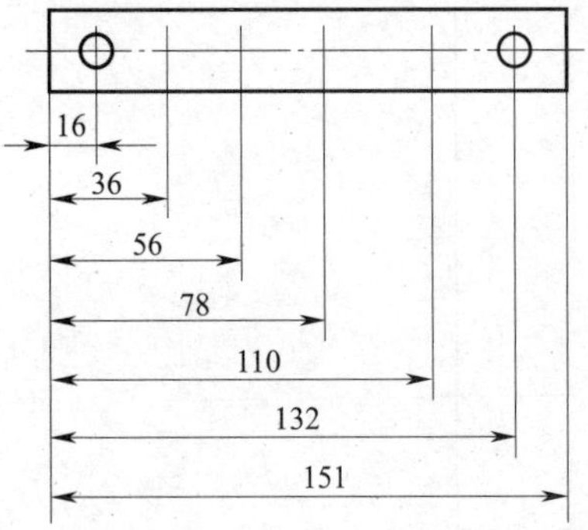	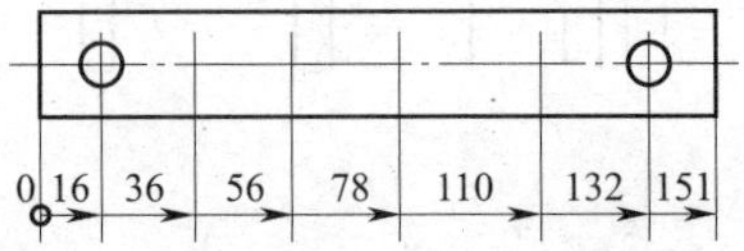	从同一基准出发的尺寸可按简化后的形式标注
链式尺寸	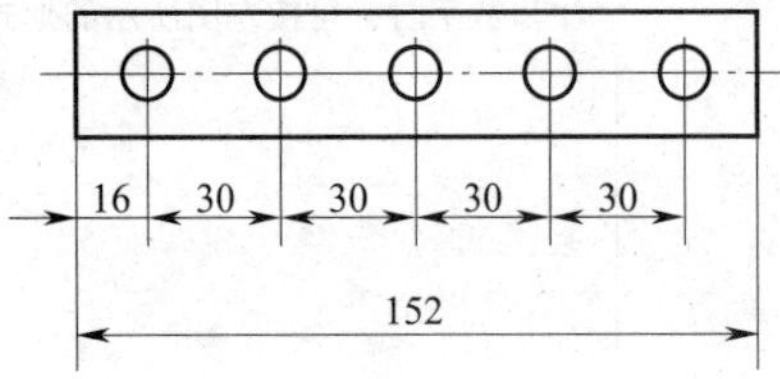	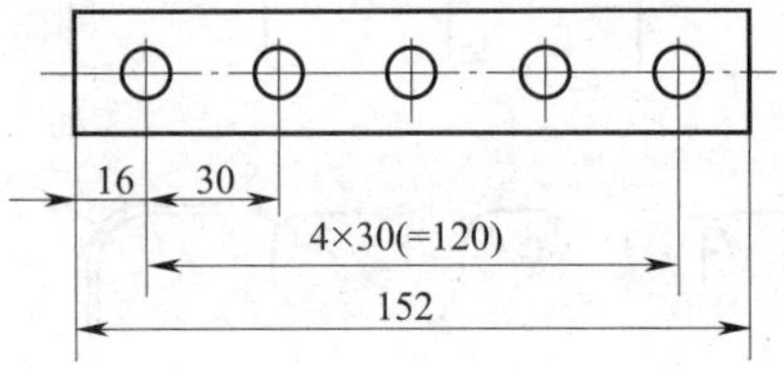	间隔相等的链式尺寸可按简化后的形式标注
同心圆、同心圆弧及台阶孔	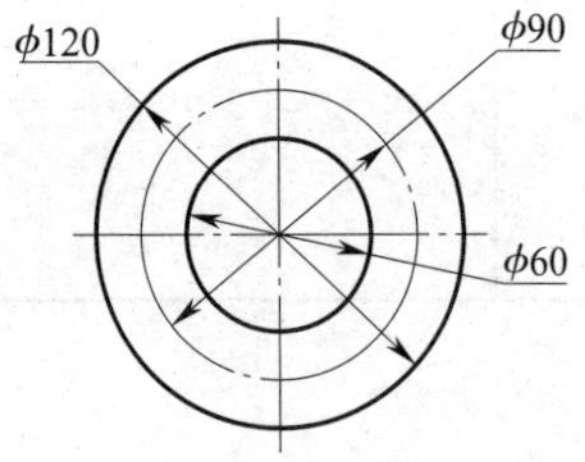	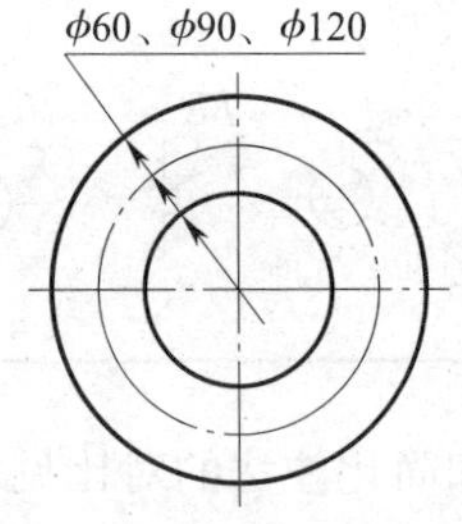	一组同心圆或圆弧、台阶孔的尺寸可共用尺寸线和箭头
倒角	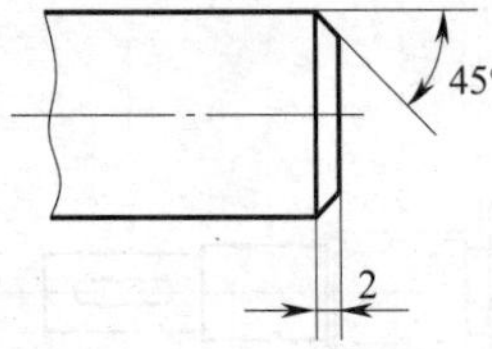	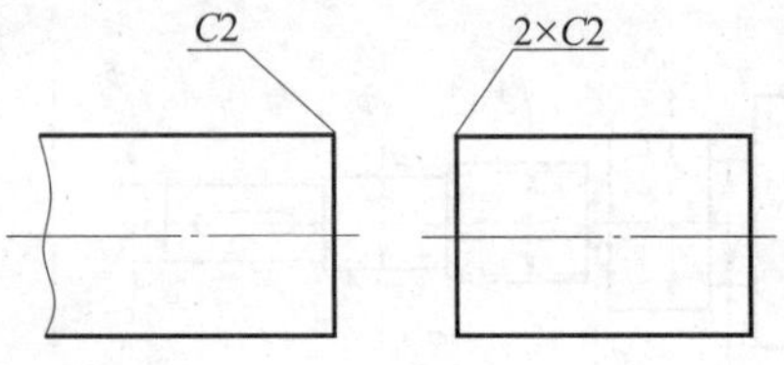	在不至于引起误解时，零件图中的倒角可以省略不画，其尺寸也可简化标注

第三节　常用绘图工具及其使用方法

正确地掌握常用绘图工具的使用方法，既能保证图面质量，又能提高绘图速度。本节介绍常用的绘图工具（如绘图铅笔、三角板、图板、丁字尺、曲线板、圆规与分规等）及其使用方法。

一、绘图铅笔

如图 1–18 所示，在绘图铅笔的尾端印有 2B、B、HB、H 和 2H 等铅笔的型号。其中 B 表示软，B 前面的数字越大，铅芯越软；H 表示硬，H 前面的数字越大，铅芯越硬；HB 表示中性，铅芯软硬适中。

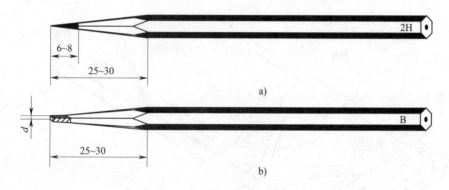

图 1–18　绘图铅笔铅芯的削法

在绘图时根据线型不同，应选择软硬不同的铅笔。一般用 2H 或 H 型铅笔画底稿，H 或 HB 型铅笔画细线，HB 型铅笔写字，B 或 2B 型铅笔画粗线。

绘图铅笔铅芯的削法如图 1–18 所示，画粗实线时，将铅芯削成楔状（见图 1–18b），并保证铅芯的宽度与粗实线宽度 d 一致，其余铅芯削成尖圆头状，如图 1–18a 所示。

二、三角板

一副三角板由一块 45°等腰直角三角板和一块 30°（60°）的直角三角板组成。两块三角板配合使用时，可画已知直线的平行线（见图 1–19a）和已知直线的垂直线（见图 1–19b），也可画与水平方向成 30°、45°和 60°角的倾斜线以及一些常用的特殊角度线，如 15°、75°和 105°倾斜线等，如图 1–19c 所示。

三、图板与丁字尺

如图 1–20 所示为图板、丁字尺、三角板的配合使用。图板用来铺放图纸，图板板面应平整，无裂缝和划痕；图板左边为导边，导边应平整、光滑；图纸用胶带纸固定在图板的适当位置，但不能完全靠边，应留出安放丁字尺的位置；丁字尺要与图板配合使用，将尺头内侧（尺头工作边）紧靠图板的导边上下移动，用绘图铅笔靠在尺身工作面上可画不同位置的水平线；丁字尺与三角板配合可画不同位置的垂直线及斜线。

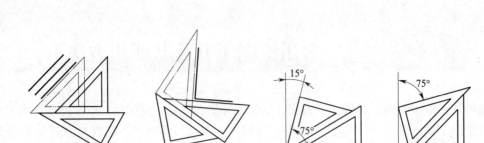

a)　　　　　　　　　b)　　　　　　　　　c)

图1-19　三角板的使用方法

a）画已知直线的平行线　b）画已知直线的垂直线　c）画常用的特殊角度线

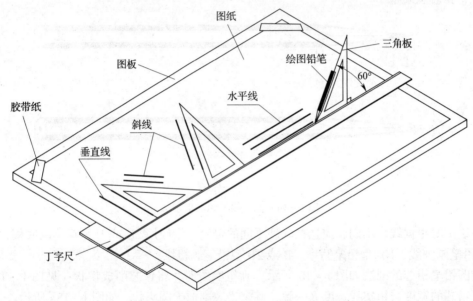

图1-20　图板、丁字尺、三角板的配合使用

四、曲线板

曲线板的使用方法如图1-21所示。曲线板用来绘制非圆曲线。用曲线板画曲线前，应先用绘图铅笔轻轻地把各点光滑地连接起来，然后在曲线板上选择曲率合适的部分进行连接和描深。用曲线板画曲线时，选点数一般不得少于四点；描绘曲线时不得少于三点，并留出一段作为连接下段曲线时光滑过渡用。

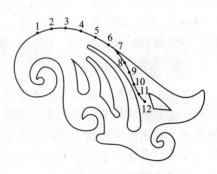

图1-21　曲线板的使用方法

五、圆规与分规

圆规是用来画圆和圆弧的，圆规的一腿装有带台阶的小钢针（台阶可避免针眼扩大，作图更准确），用

来画圆时确定圆心；小钢针的另一端为锥形，可当作分规使用。用圆规画大圆时需装上接长杆。圆规及其使用方法如图 1 - 22 所示。

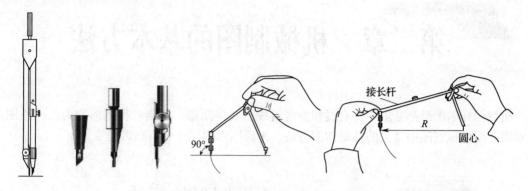

图 1 - 22　圆规及其使用方法

分规是用来量取尺寸、等分线段或圆周以及截取尺寸的工具。分规及其使用方法如图 1 - 23 所示。分规的两个钢针并拢时应对齐。

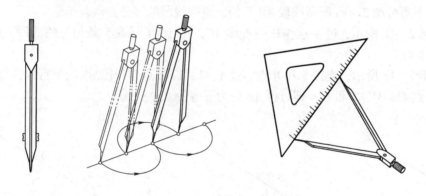

图 1 - 23　分规及其使用方法

第二章　机械制图的基本方法

机械图样的图形都是由一些直线和曲线组成的几何图形，绘制几何图形称为几何作图。本章将介绍机械制图中常见的几何作图方法、平面图形的尺寸分析和画法等。

第一节　平面图形的画法

一、已知线段的等分

下面以五等分图 2 – 1a 所示线段 AB 为例，说明线段的等分方法与步骤。

1. 如图 2 – 1b 所示，过 A 点作任一直线 AC，在 AC 上任取 5 条相等的线段，得 1、2、3、4、5 五个点。

2. 如图 2 – 1c 所示，连接 5 和 B 点，过 4、3、2、1 点作线段 $B5$ 的平行线，得线段 AB 的四个等分点 $4'$、$3'$、$2'$ 和 $1'$，即可将 AB 分为五等份。

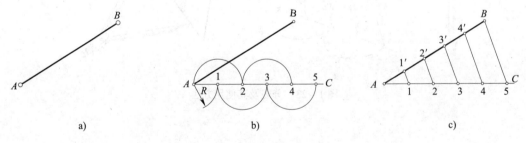

a)　　　　　　　　　　　b)　　　　　　　　　　　c)

图 2 – 1　五等分线段的作图方法与步骤

除上述方法外，还可以用直尺等分以及分规试分的方法来等分已知线段。

二、圆的等分

下面介绍圆的六等分和五等分画法。

1. 圆的六等分

作圆的六等分常用的有用圆规等分和用三角板等分两种方法。

（1）用圆规等分

用圆规六等分圆的作图方法与步骤如图 2 – 2 所示。

1）如图 2 – 2a 所示，画两条相互垂直的细点画线，交点为 O；以 O 为圆心、R 为半径画已知圆，与水平线的交点为 A 和 D。

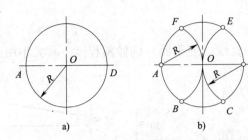 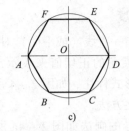

图 2-2　用圆规六等分圆的作图方法与步骤

2）如图 2-2b 所示，以 A 和 D 为圆心、R 为半径画圆弧，分别与圆交于 B、F、C、E 点。

3）如图 2-2c 所示，A、B、C、D、E、F 就是已知圆的六个等分点，按顺序依次连接各点即可得正六边形 ABCDEF。

（2）用三角板等分

用 60°三角板也可以作圆的六等分，其作图方法与步骤如图 2-3 所示。

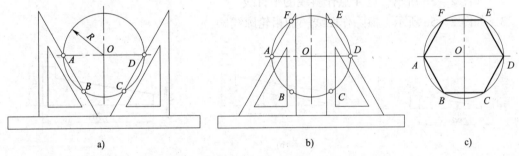

图 2-3　用三角板六等分圆的作图方法与步骤

2.　圆的五等分

圆的五等分的作图方法见表 2-1。

表 2-1　　　　　　　　　　圆的五等分的作图方法

1. 已知圆	2. 找 OA 的中点 B	3. 以 B 为圆心画圆弧 D1
4. 以 D1 为半径五等分圆	5. 作圆的内接正五边形	6. 描深圆的内接正五边形

三、斜度

斜度是指一直线（或平面）对另一直线（或平面）的倾斜程度，其大小用两直线（或两平面）间夹角的正切值来表示，在图样中以 $1:n$ 的形式标注。如图 2 - 4 所示为斜度符号和标注方法。

斜度符号的画法如图 2 - 4a 所示（图中 h 为字高）。斜度的标注方法如图 2 - 4b 所示，斜度符号的方向要与斜度方向一致。

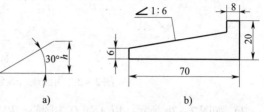

图 2 - 4　斜度符号和标注方法
a）斜度符号　b）斜度的标注方法

斜度的作图步骤如下：

1. 如图 2 - 5a 所示，画出长度为 6 mm、8 mm、70 mm 和 20 mm 这几条已知直线，并任取 6 段长度为 a 的直线，作高为 a 的直角三角形。

2. 如图 2 - 5b 所示，过 A 点作斜线的平行线。

3. 如图 2 - 5c 所示，擦除作图线，加粗轮廓线。

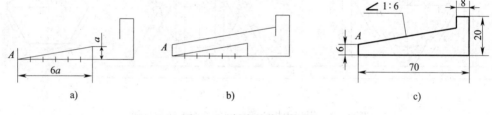

图 2 - 5　斜度的作图步骤

四、锥度

锥度是正圆锥底圆直径与圆锥高度之比，在图样中以 $1:n$ 的形式标注，如 1:5 和 1:10 等。

锥度符号的画法如图 2 - 6a 所示（h 为字高）。锥度的标注方法如图 2 - 6b 所示，锥度符号的方向要与锥度方向一致。

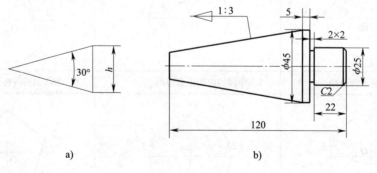

图 2 - 6　锥度符号和标注方法
a）锥度符号　b）锥度的标注方法

锥度常用于圆锥销、锥柄等轴套类零件中。

锥柄的作图步骤见表2-2。

表2-2　　　　　　　　　　　　　　　　**锥柄的作图步骤**

1. 画出已知线段	2. 作1:3的锥度 【提示】在水平线上任取6段长度为 a 的直线，并作高为 $2a$ 的等腰三角形
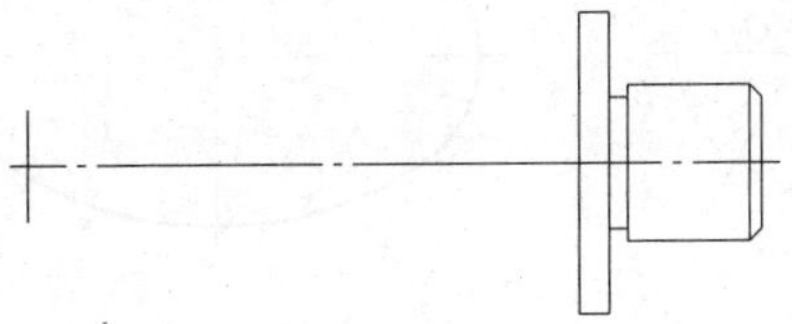	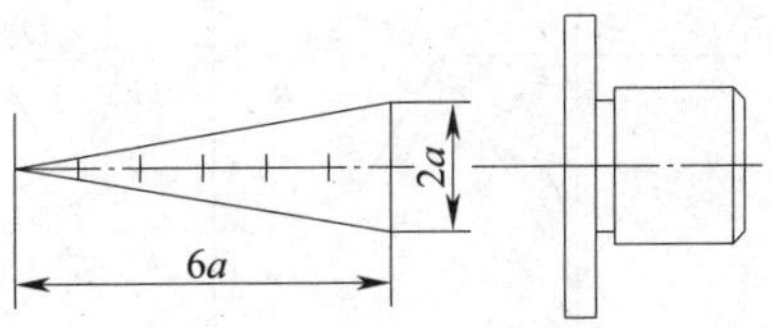
3. 作锥度线的平行线	4. 擦除作图线，加粗轮廓线
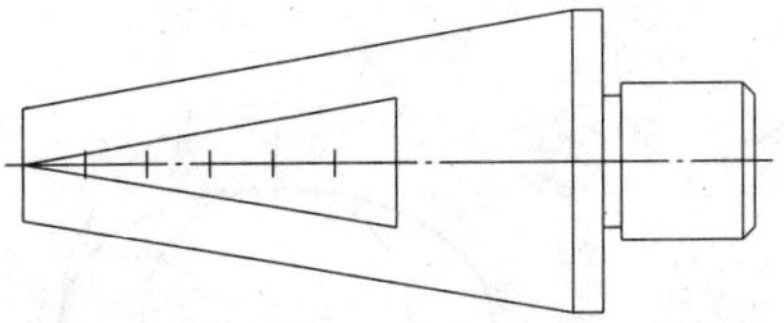	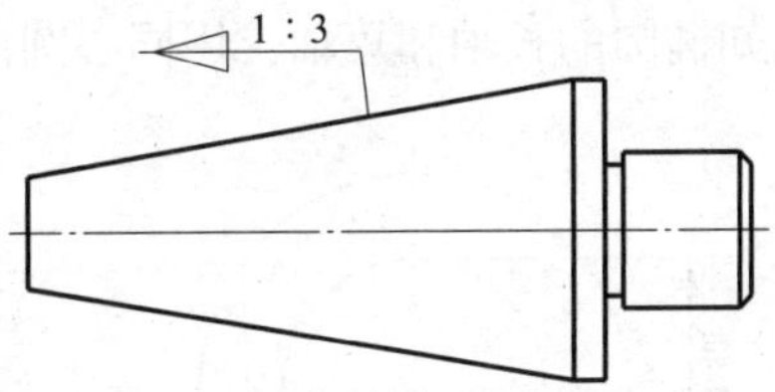

五、椭圆的画法

1. 四心圆法

画椭圆的四心圆法是一种近似画法，不可将其作为制造零件的依据，用四心圆法画椭圆的步骤见表2-3。

表2-3　　　　　　　　　　　　　　　**用四心圆法画椭圆的步骤**

1. 定出椭圆长轴、短轴上的四个顶点 A、B、C、D	2. 以 O 为圆心画圆弧 AE，再以 C 为圆心画圆弧 EF	3. 作 AF 的垂直平分线，与 AB 交于 O_1 点，与 CD 的延长线交于 O_3 点
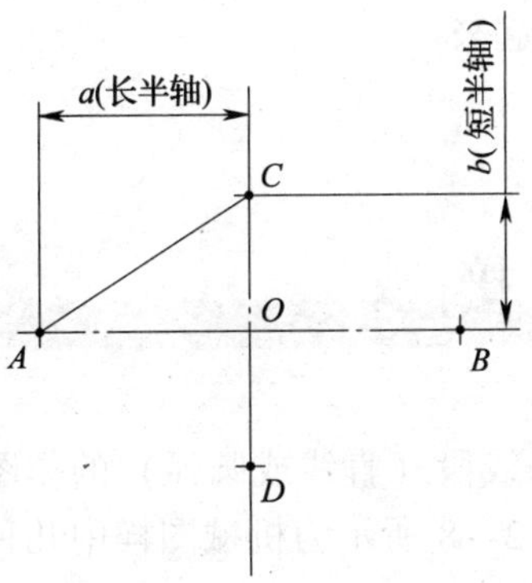	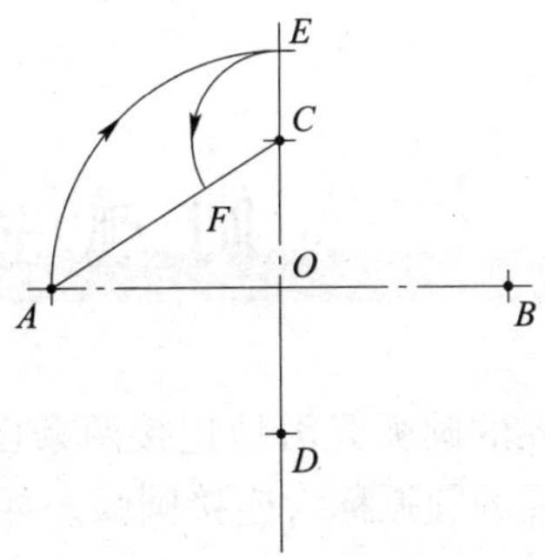	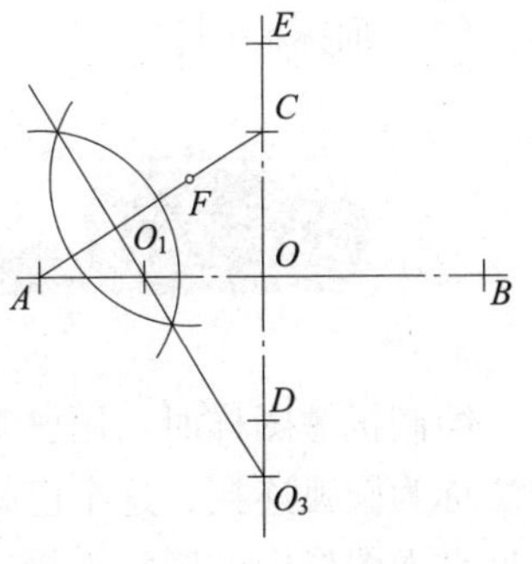

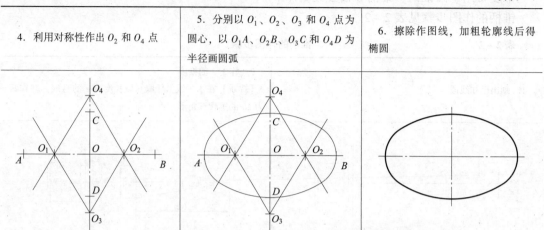

| 4. 利用对称性作出 O_2 和 O_4 点 | 5. 分别以 O_1、O_2、O_3 和 O_4 点为圆心，以 O_1A、O_2B、O_3C 和 O_4D 为半径画圆弧 | 6. 擦除作图线，加粗轮廓线后得椭圆 |

2. 同心圆法

已知椭圆的长轴和短轴，用同心圆法画椭圆的作图方法与步骤如图 2-7 所示。

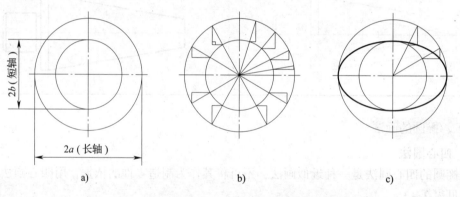

图 2-7　用同心圆法画椭圆的作图方法与步骤

（1）如图 2-7a 所示，作出椭圆的中心，并分别以长轴和短轴为直径画圆。

（2）如图 2-7b 所示，过圆心任意作几条斜线分别与大圆和小圆相交，过小圆上的各交点作水平线，过大圆上的各交点作铅垂线。它们的交点就是椭圆上的点。

（3）如图 2-7c 所示，按顺序把椭圆上的各点光滑地连接起来。

（4）描深椭圆。

第二节　圆 弧 连 接

绘制机械图样时，用已知半径的圆弧光滑地连接两条已知线段（直线或圆弧）的作图方法称为圆弧连接，这个已知半径的圆弧称为连接圆弧。如图 2-8 所示为机械图样中几种常见平面图形中的圆弧连接。

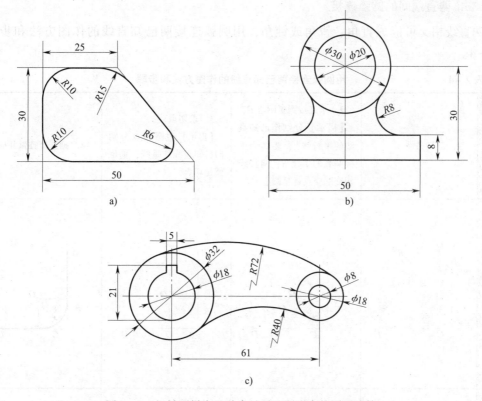

图2-8 机械图样中几种常见平面图形中的圆弧连接

a) 用圆弧光滑连接两直线 b) 用圆弧光滑连接直线和圆弧 c) 用圆弧光滑连接两圆弧

　　要保证圆弧连接光滑，就必须保证连接圆弧与已知线段在连接处相切，因此，作图时需要准确地求出连接圆弧的圆心和连接点（切点）。

一、圆弧连接的作图原理

　　圆弧连接的作图原理如图2-9所示。由几何学原理可知，圆与直线相切时，其圆心的运动轨迹为与直线平行且距离为圆的半径的平行线，如图2-9a所示。圆与圆弧相切分为内切和外切两种：内切时，其圆心的运动轨迹为圆，圆的半径为 $R_1 - R$，如图2-9b所示；外切时，其圆心的运动轨迹也为圆，圆的半径为 $R_1 + R$，如图2-9c所示。

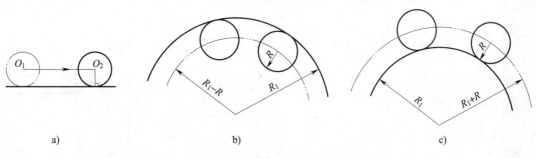

图2-9 圆弧连接的作图原理

二、两直线间的圆弧连接

两直线相交可能成直角、锐角或钝角，用圆弧连接两已知直线的作图方法和步骤见表 2 - 4。

表 2 - 4　　　　　　　　　用圆弧连接两已知直线的作图方法和步骤

	1. 已知条件	2. 求连接圆弧圆心 O【提示】分别作已知直线的平行线①，距离为连接圆弧的半径 R，两直线相交的交点就是圆心 O	3. 求切点【提示】过圆心 O 分别向已知直线作垂线，垂足就是切点	4. 画连接圆弧并描深
直角				
锐角				
钝角				

①　两直线相交成直角时属特殊情况。

三、直线与圆弧间的圆弧连接

用圆弧连接直线与圆弧时，对于连接圆弧和已知圆弧来说，它们的相切分为内切和外切两种，用圆弧连接直线与圆弧的作图方法和步骤见表 2－5。

表 2－5　　　　　　　　　　　用圆弧连接直线与圆弧的作图方法和步骤

	1. 已知条件	2. 求连接圆弧圆心 O	3. 求切点	4. 画连接圆弧并描深
外切				
内切				

用圆弧连接直线与圆弧时，若与圆弧外切，找连接圆弧的圆心时应用 "$R_1 + R$" 为半径画圆弧；若与圆弧内切，找连接圆弧的圆心时应用 "$R_1 - R$" 为半径画圆弧。

四、圆弧与圆弧间的圆弧连接

用圆弧连接圆弧与圆弧时，分为内切、外切和混合切三种情况，其作图方法和步骤见表 2－6。

机械制图（第四版）

表2-6 用圆弧连接圆弧与圆弧的作图方法和步骤

	1. 已知条件	2. 求连接圆弧圆心 O	3. 求切点	4. 画连接圆弧并描深
外切	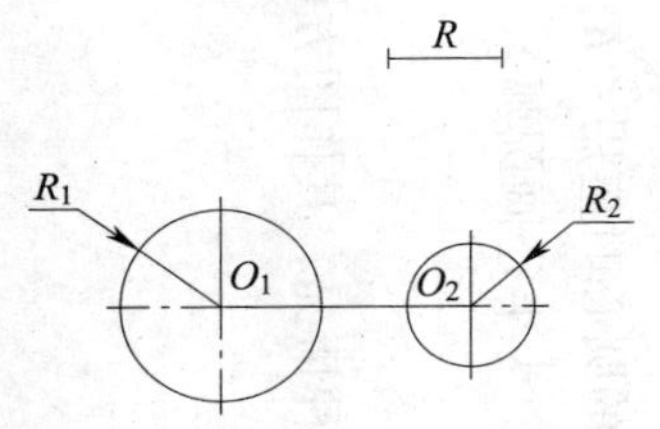 R_1 R R_2 O_1 O_2	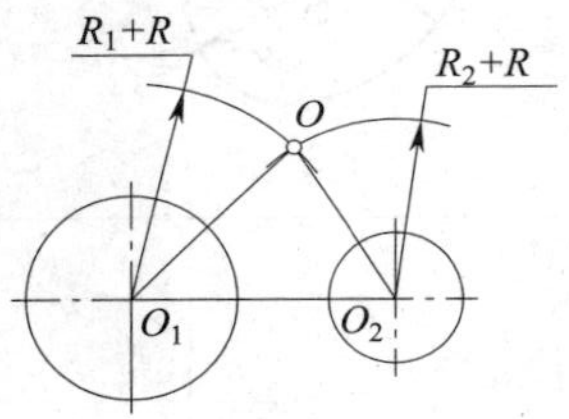 R_1+R R_2+R O O_1 O_2	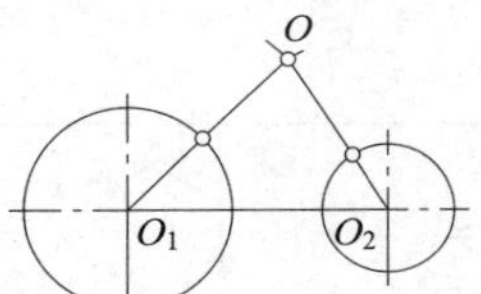 O O_1 O_2	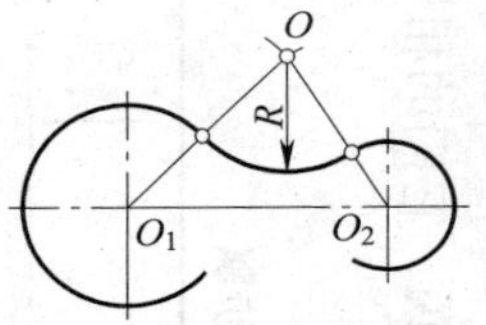 O R O_1 O_2
内切	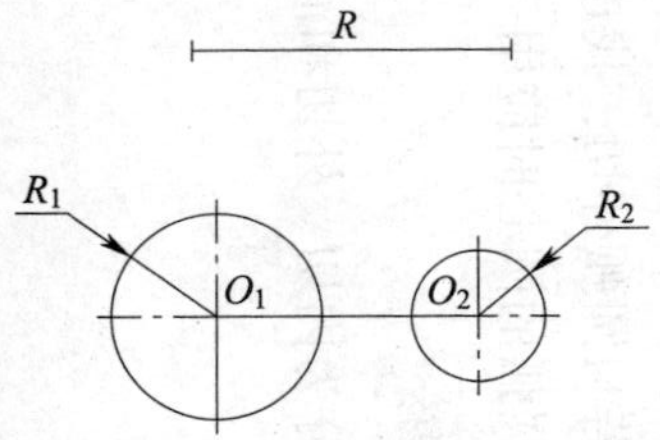 R_1 R R_2 O_1 O_2	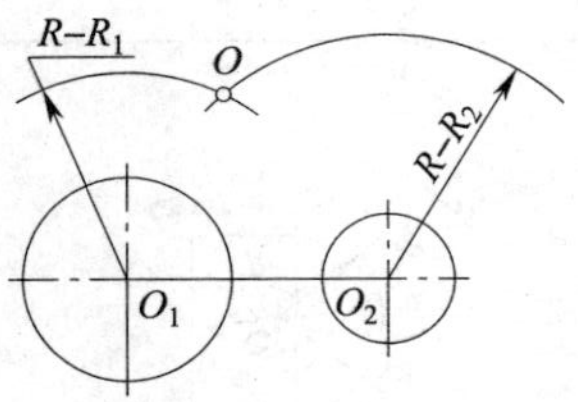 $R-R_1$ $R-R_2$ O O_1 O_2	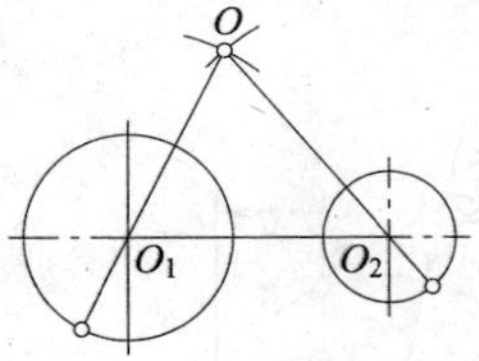 O O_1 O_2	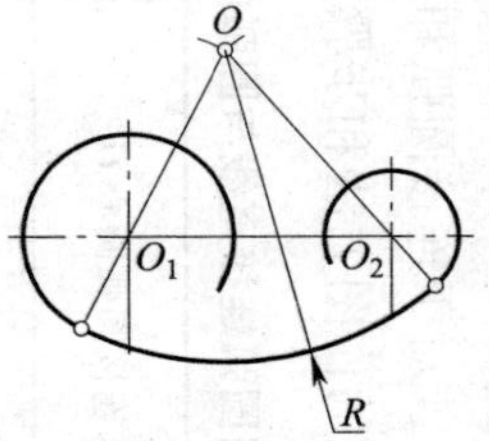 O R O_1 O_2
混合切	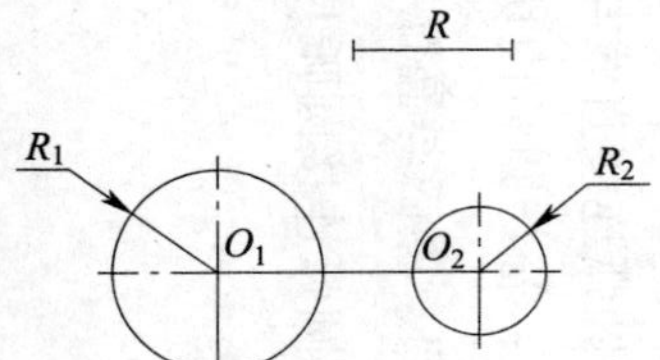 R_1 R R_2 O_1 O_2	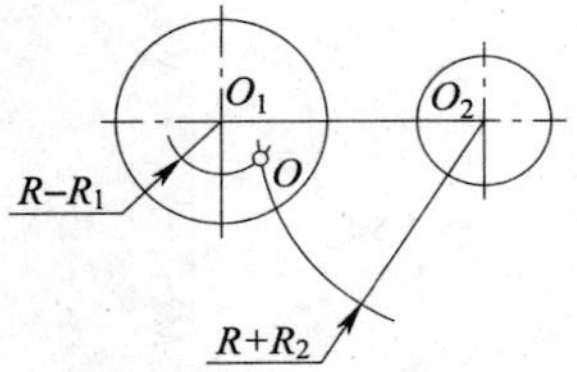 $R-R_1$ $R+R_2$ O O_1 O_2	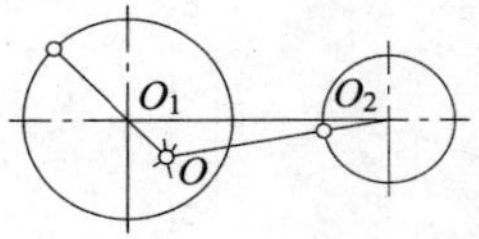 O O_1 O_2	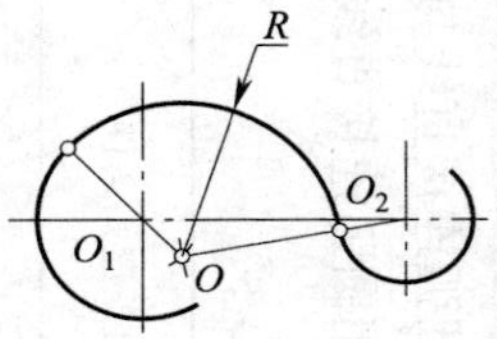 R O O_1 O_2

· 24 ·

第三节　平面图形的尺寸分析和画法

本节主要介绍如何应用几何作图的知识对平面图形进行尺寸分析和线段分析，并正确画出平面图形。

一、平面图形的尺寸分析

按作用不同，平面图形上的尺寸分为定形尺寸和定位尺寸两类。平面图形的尺寸分析如图 2 – 10 所示。

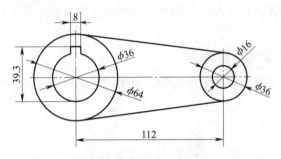

图 2 – 10　平面图形的尺寸分析

1. 定形尺寸

确定平面图形中各组成部分形状和大小的尺寸称为定形尺寸，如图 2 – 10 所示，圆的直径尺寸 $\phi64$ mm、$\phi36$ mm 和 $\phi16$ mm 用来确定圆的大小，线段的长度 8 mm 用来确定槽的宽度，与它们所处的位置无关。

2. 定位尺寸

确定平面图形中各线段或线框在图形中相对位置的尺寸称为定位尺寸，如图 2 – 10 所示的左、右两孔的中心距 112 mm 是定位尺寸，它与左、右两圆的直径无关。

标注定位尺寸时必须有一个起点，这个标注尺寸的起点就称为基准。一个平面图形有长和宽两个基准。平面图形通常以对称中心线、圆或圆弧的中心线、主要轮廓线、图形的底边或其他边线等作为基准。如图 2 – 10 所示，图形中水平中心线为高度基准，左侧 $\phi36$ mm 圆的中心线为长度基准。

二、平面图形的线段分析

平面图形中的线段按尺寸是否齐全可分为已知线段、中间线段和连接线段三类。如图 2 – 11 所示为平面图形的线段分析。

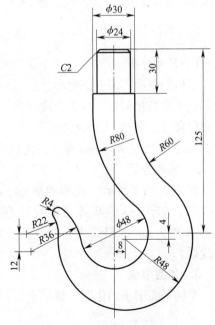

图 2 – 11　平面图形的线段分析

1. 已知线段

定形尺寸和定位尺寸全部标注出来的线段称为已知线段。如图 2 – 11 中的 ϕ24 mm、ϕ30 mm 和 ϕ48 mm 的圆，R48 mm 的圆弧，长 30 mm 的线段等均为已知线段。

2. 中间线段

已知定形尺寸和一个方向的定位尺寸，需要根据边界条件用连接关系才能画出的线段称为中间线段，如图 2 – 11 中的 R36 mm 和 R22 mm 的圆弧，只知垂直方向的定位尺寸，故为中间线段，作图时需根据垂直方向的定位尺寸12 mm，并分别与 ϕ48 mm 和 R48 mm 的圆弧相切两个条件作出。

3. 连接线段

只标出定形尺寸，而未标出定位尺寸的线段称为连接线段。如图 2 – 11 中的 R60 mm、R80 mm 和 R4 mm 的圆弧，作图时要根据与相邻两线段的连接关系，用几何作图的方法才能作出。

三、平面图形的作图方法和步骤

现以图 2 – 12 所示手柄的平面图形为例，运用尺寸分析和线段分析的方法，介绍平面图形的作图步骤。

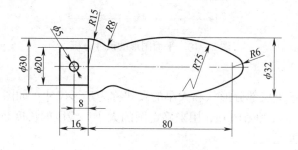

图 2 – 12　手柄的平面图形

1. 尺寸分析

手柄的平面图形上下对称，故对称中心线为高度基准；从左边开始的第二个端面为手柄与其他零件的接触面，故为长度基准。8 mm 为 ϕ5 mm 圆的定位尺寸，80 mm 为 R6 mm 圆弧的定位尺寸，其余尺寸为定形尺寸。有些尺寸既有定位的作用又有定形的作用，如尺寸 ϕ32 mm，它既是 R75 mm 圆弧的定位尺寸，又是手柄的定形尺寸。

2. 线段分析

如图 2 – 12 所示，左侧的矩形、ϕ5 mm 的圆、R15 mm 的圆弧、R6 mm 的圆弧为已知线段；R75 mm 的圆弧只给出了高度方向的定位尺寸和半径，左、右长度方向未定位，故 R75 mm 的圆弧为中间线段；R8 mm 的圆弧只知其半径，没有定位尺寸，故为连接线段。

3. 作图步骤

手柄平面图形的作图步骤见表 2 – 7。

表 2 - 7	手柄平面图形的作图步骤
1. 作基准线，定出各主要线段的位置	2. 作已知线段
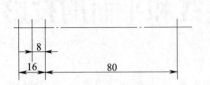	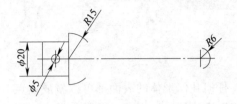
3. 作中间线段：$R75$ mm 的圆弧	4. 作连接圆弧并描深
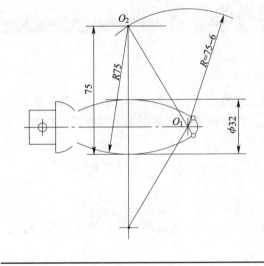	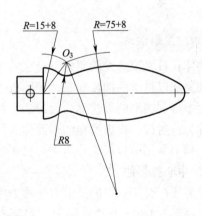

第三章 点、直线和平面的投影

任何几何形体的表面都可以看成由点、直线和平面等一些基本几何元素所组成，因此，要想看懂物体的三视图，必须掌握点、线、面等物体基本几何元素的投影特性。

第一节　投影的基本知识

一、投影法

物体在日光或灯光的照射下会在墙壁或地面上出现影子，这种现象就称为投影。人们将这一现象加以科学的抽象和总结而形成了投影法。投射线通过物体向选定的投影面投射，并在该面上得到图形的方法称为投影法。其中，光源 S 称为投射中心，从光源 S 发出的一系列光线称为投射线，投影所在的平面称为投影面。如图 3–1 所示为投影的基本概念。

工程上常用的投影法分为中心投影法和平行投影法。

1. 中心投影法

投射线汇交于一点的投影方法称为中心投影法，如图 3–2 所示，从光源 S 发出的一系列光线照射 $\triangle ABC$，在投影面 P 上得到投影 $\triangle abc$。

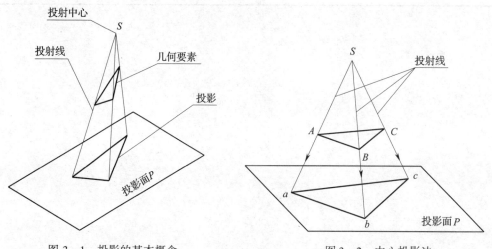

图 3–1　投影的基本概念　　　　图 3–2　中心投影法

由图 3–2 可知，当 $\triangle ABC$、投影面 P 和光源 S 之间的相对位置发生变化时，投影 $\triangle abc$ 的形状和大小也要发生相应的变化。可见中心投影法的投影不能反映物体的真实大小，因此在机械图样中很少采用。

2. 平行投影法

投射线互相平行的投影方法称为平行投影法。

根据投射线与投影面所成角度的不同，平行投影法又分为正投影法和斜投影法，如图 3 - 3 所示。正投影法是指投射线垂直于投影面的平行投影法，如图 3 - 3a 所示；斜投影法是指投射线倾斜于投影面的平行投影法，如图 3 - 3b 所示。机械图样中的图绝大多数都是用正投影法绘制的。

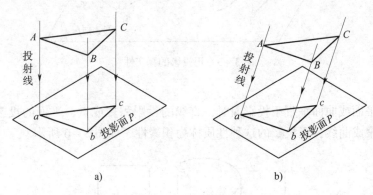

a)   b)

图 3 - 3 平行投影法

a) 正投影法 b) 斜投影法

二、正投影的基本特性

1. 类似性

当直线、曲线或平面倾斜于投影面时，直线或曲线的投影仍为直线或曲线，但其长度小于实长；平面的投影仍为平面，与真实图形类似，但小于真实图形的大小，正投影的这种性质称为类似性，如图 3 - 4 所示。

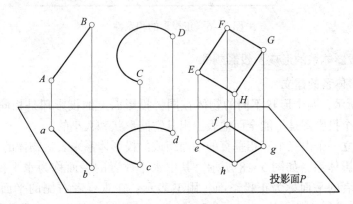

图 3 - 4 正投影的类似性

2. 真实性

当直线、曲线或平面平行于投影面时，其投影反映原线段的实长或平面图形的真实形状，正投影的这种性质称为真实性，如图 3 - 5 所示。

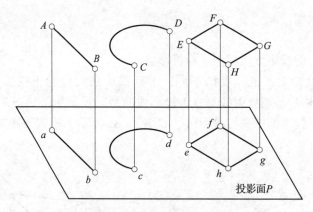

图 3 – 5　正投影的真实性

3. 积聚性

当直线、平面或曲面垂直于投影面时，直线的投影积聚成点，平面的投影积聚成直线，曲面的投影积聚成曲线，正投影的这种性质称为积聚性，如图 3 – 6 所示。

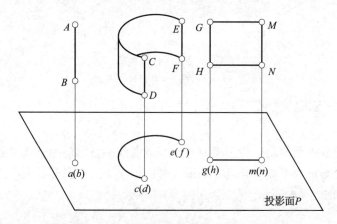

图 3 – 6　正投影的积聚性

三、三面投影体系的形成及投影规律

1. 三面投影体系的建立

如图 3 – 7 所示，两个形状不同的物体在同一投影面上的投影却是相同的，由此可见，仅利用物体的一个投影图是不能全面地表达出其空间形状和大小的。

因此，需建立一个由三个互相垂直的平面组成的投影体系来表达物体的形状，这个投影体系称为三面投影体系，如图 3 – 8 所示。其中水平放置的平面称为水平投影面，用 H 表示；正对着观察者的平面称为正投影面，用 V 表示；在观察者右侧的平面称为侧投影面，用 W 表示。三个投影面的交线 OX、OY 和 OZ 称为投影轴，其交点 O 称为原点，它们一起构成空间坐标系。

2. 三视图的形成

将物体放置于三面投影体系中，其位置如图 3 – 9 所示，用三组分别垂直于三个投影面的投射线对物体进行投射后得到三个投影图，这三个投影图称为三视图。

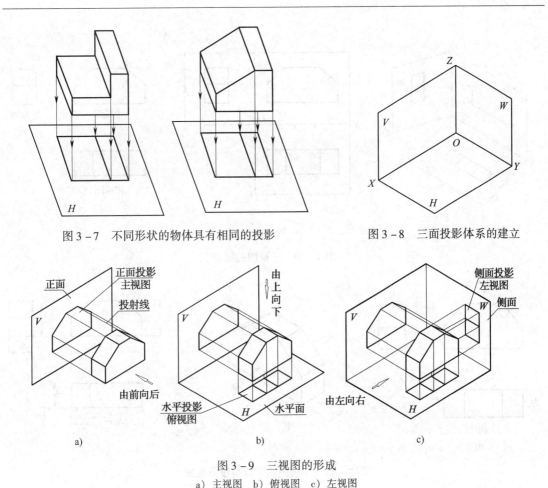

图 3 - 7 不同形状的物体具有相同的投影　　　　图 3 - 8 三面投影体系的建立

图 3 - 9 三视图的形成

a）主视图 b）俯视图 c）左视图

由前向后投影，在 V 面上得到的投影图称为主视图，如图 3 - 9a 所示；由上向下投影，在 H 面上得到的投影图称为俯视图，如图 3 - 9b 所示；由左向右投影，在 W 面上得到的投影图称为左视图，如图 3 - 9c 所示。

物体的三面投影图可以确定物体的形状。为了能在一张图纸上同时反映出这三个投影图，还需要将三个投影面展开。如图 3 - 10a 所示，展开三视图时，规定 V 面不动，H 面绕 OX 轴向下旋转 90°，W 面绕 OZ 轴向右旋转 90°。如图 3 - 10b 所示，展开后的 Y 轴分为两部分，随 H 面旋转的用 Y_H 表示，随 W 面旋转的用 Y_W 表示，它们是同一条 Y 轴的两个投影。这样便在同一平面上得到了三面投影图。

投影面的大小与投影图无关，画图时投影面的边框一般都不画，投影轴在工程图样中也可以省去，如图 3 - 10c 所示。

3. 三视图的投影对应关系和物体方位的对应关系

根据三视图的相对位置及其展开方法，三视图的位置关系如下：以主视图为准，俯视图放置在主视图的正下方，左视图放置在主视图的正右方。如图 3 - 11a 所示为三视图的方位。

物体靠近观察者的一面称为前面，反之为后面。同理，还可以定出物体其余的左、右、上、下四个面，如图 3 - 11b 所示。

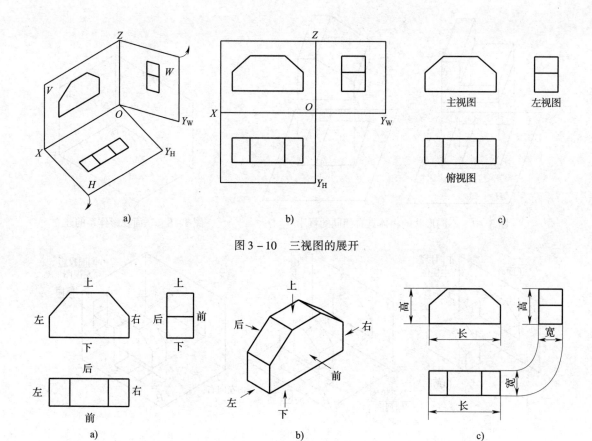

图 3 – 10　三视图的展开

图 3 – 11　三视图的方位与投影规律

　　物体左右之间（平行于 OX 轴）的距离称为长度；上下之间（平行于 OZ 轴）的距离称为高度；前后之间（平行于 OY 轴）的距离称为宽度，如图 3 – 11c 所示。因此，主视图反映物体的长度和高度，同时反映物体的左右、上下位置；俯视图反映物体的长度和宽度，同时反映物体的左右、前后位置；左视图反映物体的宽度和高度，同时反映物体的前后、上下位置。

　　如图 3 – 11c 所示，三视图的投影规律如下：

　　主视图与俯视图反映物体的长度——长对正；

　　主视图与左视图反映物体的高度——高平齐；

　　俯视图与左视图反映物体的宽度——宽相等。

　　"长对正，高平齐，宽相等"的投影对应关系是三视图的重要特性，也是画图与读图的依据。

　　注意：在画图和读图时，物体的总体或局部，乃至物体上任何点、线、面之间都应遵循上述投影规律。

第二节　点　的　投　影

一、点的三面投影图及投影规律

点的投影如图 3-12 所示。如图 3-12a 所示，为了便于区分，通常规定：空间点用大写拉丁字母表示，如 A 和 B 等；H 面投影用相应的小写字母表示，如 a 和 b 等；V 面投影用相应的小写字母加一撇表示，如 a' 和 b' 等；W 面投影用相应的小写字母加两撇表示，如 a'' 和 b'' 等。

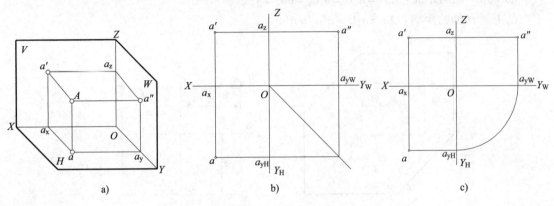

图 3-12　点的投影

由图 3-12 可以得出点的投影规律：

1. 点的 V 面投影和 H 面投影的连线垂直于 OX 轴，即 $aa' \perp OX$。
2. 点的 V 面投影和 W 面投影的连线垂直于 OZ 轴，即 $a'a'' \perp OZ$。
3. 点的 H 面投影到 OX 轴的距离等于点的 W 面投影到 OZ 轴的距离，即 $aa_x = a''a_z$。可以用 45°线（或者用圆弧）反映该关系，图 3-12b 中的斜线和图 3-12c 中的圆弧是为保证宽相等而作的辅助线。

例 3-1　如图 3-13a 所示，已知点 A 的投影 a' 和 a''，求点 A 的第三投影 a。

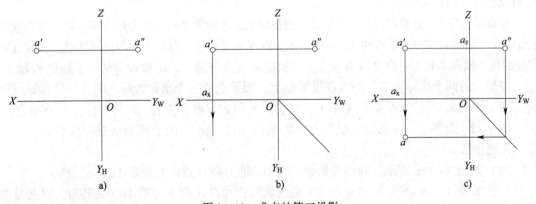

图 3-13　求点的第三投影

作图步骤：

（1）如图 3-13b 所示，过 a' 作 $a'a_x \perp OX$，并延长。

（2）如图 3-13c 所示，过 a'' 作宽相等的投射线，交点 a 就是点 A 的 H 面投影。

二、点的直角坐标与三面投影的关系

如果把三面投影体系看作空间直角坐标系，则 H 面、V 面、W 面为坐标面，OX、OY、OZ 为坐标轴，点 O 为坐标原点。由图 3-14 可知，点 A 的直角坐标 (x_a, y_a, z_a) 就是点 A 到三个投影面的距离，它们与点 A 的投影 a、a'、a'' 的关系如下：

点 A 到 W 面的距离：$Aa'' = a_x O = a'a_z = aa_y = x_a$

点 A 到 V 面的距离：$Aa' = a_y O = a''a_z = aa_x = y_a$

点 A 到 H 面的距离：$Aa = a_z O = a''a_y = a'a_x = z_a$

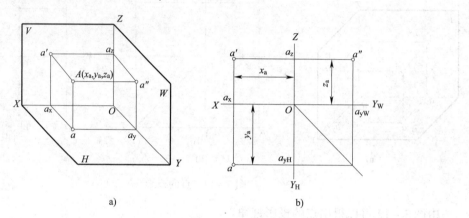

a)   b)

图 3-14　点的空间坐标与三面投影的关系

由此可知：

a 由点 A 的 x 和 y 两个坐标确定；a' 由点 A 的 x 和 z 两个坐标确定；a'' 由点 A 的 y 和 z 两个坐标确定。

所以，空间点 A (x_a, y_a, z_a) 在三面投影体系中有唯一确定的一组投影 a、a'、a''；反之，若已知点 A 的一组投影 a、a'、a''，即可确定 A 点的空间位置。如图 3-14 所示为点的空间坐标与三面投影的关系。

在特殊情况下，点也可以处于投影面上或投影轴上。如果点的一个坐标为零，则点在相应的投影面上。特殊位置点的投影如图 3-15 所示，点 N 在 V 面上，其投影 n' 与点 N 重合，投影 n 和 n'' 分别在 X 轴和 Z 轴上；点 M 在 H 面上，其投影 m 与点 M 重合，m' 和 m'' 分别在 X 轴和 Y_W 轴上。

如果点的两个坐标为零，则点在投影轴上，如果点的三个坐标为零，则点与坐标原点重合。如图 3-15c 所示，点 K 在 X 轴上，其投影 k 和 k' 与点 K 重合，k'' 与坐标原点 O 重合。

例 3-2　如图 3-16 所示，已知点 A 的坐标 （11，16，10），求点 A 的三面投影。

作图步骤：

（1）如图 3-16a 所示，画出投影轴，在 OX 轴上自 O 点向左量取 11 mm，得 a_x。

（2）如图 3-16b 所示，过 a_x 作 OX 轴的垂线，并自 a_x 向下量取 16 mm 得 a，向上量取 10 mm 得 a'。

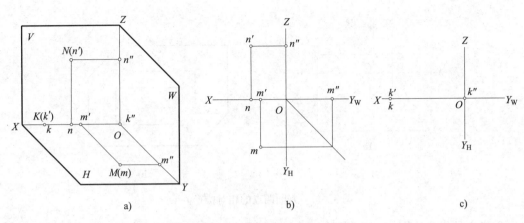

图 3 – 15　特殊位置点的投影

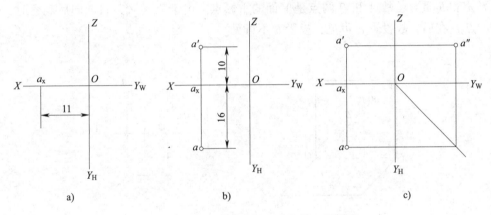

图 3 – 16　已知点的坐标，求点的三面投影

（3）如图 3 – 16c 所示，过 a 作宽相等的投射线，过 a' 作高平齐的投射线，得 a''，则 a、a'、a'' 就是 A 点的三面投影。

三、两点的相对位置

判断两点间的相对位置时，可以通过比较它们的坐标或到投影面的距离来确定。判断两点的相对位置关系如图 3 – 17 所示。

空间两点的左右关系由正面（V 面）和水平面（H 面）投影判断，x 值大则在左边，如图 3 – 17 所示，A 点在 B 点的左边。

空间两点的前后关系由侧面（W 面）和水平面（H 面）投影判断，y 值大则在前边，如图 3 – 17 所示，A 点在 B 点的前边。

空间两点的上下关系由正面（V 面）和侧面（W 面）投影判断，z 值大则在上边，如图 3 – 17 所示，A 点在 B 点的下边。

四、重影点及其投影的可见性

若空间两点位于某一投影面的同一条投射线上（即其有两个坐标值分别相等），则此两点在该投影面上的投影重合为一点，此空间两点称为对该投影面的重影点。

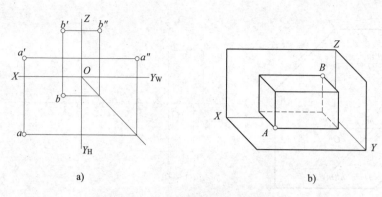

a)   b)

图 3 - 17　判断两点的相对位置关系

重影点的投影如图 3 - 18 所示，A 和 B 两点位于对 V 面的同一条投射线上，它们对 V 面的投影 a' 和 b' 重合，故 A 和 B 两点是 V 面的重影点。由于 $y_A > y_B$，自前向后观察时，点 A 在前，点 B 在后，故投影 a' 可见，投影 b' 不可见。

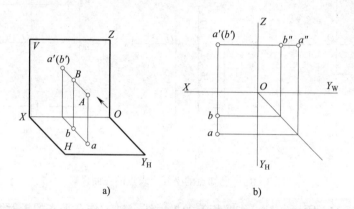

a)   b)

图 3 - 18　重影点的投影

不可见点的投影的字母通常加括号表示，如图 3 - 18 中的"(b')"。

综上所述：当空间两点有两个坐标值分别相等时，则该两点必有重合投影，其可见性由重影点的一个不等的坐标值来确定，坐标值大者为可见，小者为不可见。

第三节　　　　直线的投影

一、直线的投影图

直线的投影一般为直线，特殊情况下为点。由于两点决定一条直线，因此，求直线的投影就是分别求出两端点的投影，如图 3 -19a 所示。首先分别求出 A 和 B 两点的投影，如图 3 -19b 所示；然后把同一投影面上两点的投影用直线连接，即得到直线的投影，如图 3 -19c 所示。

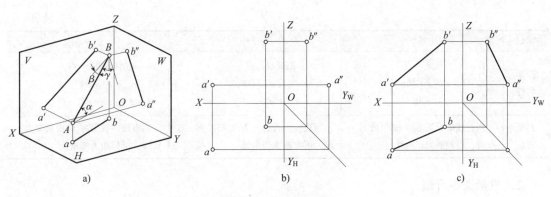

图 3-19 直线的投影

二、直线与投影面的相对位置及直线的投影特性

根据直线与投影面相对位置的不同，直线分为投影面垂直线、投影面平行线、一般位置直线三类。投影面的垂直线和平行线统称为特殊位置直线。直线与投影面 H、V 和 W 的夹角分别用 α、β、γ 表示，如图 3-19a 所示。

1. 投影面垂直线

垂直于一个投影面的直线称为投影面垂直线。其中，垂直于 H 面的直线称为铅垂线；垂直于 V 面的直线称为正垂线；垂直于 W 面的直线称为侧垂线。直线垂直于某一个投影面时，必然平行于另外两个投影面。正垂线、铅垂线和侧垂线的立体图、投影图、投影特性及判断方法见表 3-1。

表 3-1　　　投影面垂直线的立体图、投影图、投影特性及判断方法

项目	正垂线	铅垂线	侧垂线
立体图			
投影图			

项目	正垂线	铅垂线	侧垂线
投影特性	1. $a'b'$ 积聚成一点 2. ab、$a''b''$ // Y 轴 3. $ab = a''b'' = AB$	1. cd 积聚成一点 2. $c'd'$、$c''d''$ // OZ 3. $c'd' = c''d'' = CD$	1. $e''f''$ 积聚成一点 2. ef、$e'f'$ // OX 3. $ef = e'f' = EF$
判断方法	当直线的投影在 V 面积聚为一点时，可判断为正垂线	当直线的投影在 H 面积聚为一点时，可判断为铅垂线	当直线的投影在 W 面积聚为一点时，可判断为侧垂线

2. 投影面平行线

平行于一个投影面，同时与另两个投影面都倾斜的直线称为投影面平行线。其中，平行于 H 面的直线称为水平线；平行于 V 面的直线称为正平线；平行于 W 面的直线称为侧平线。正平线、水平线和侧平线的立体图、投影图、投影特性及判断方法见表 3 - 2。

表 3 - 2　　　　　　　　　投影面平行线的立体图、投影图、投影特性及判断方法

项目	正平线	水平线	侧平线
立体图	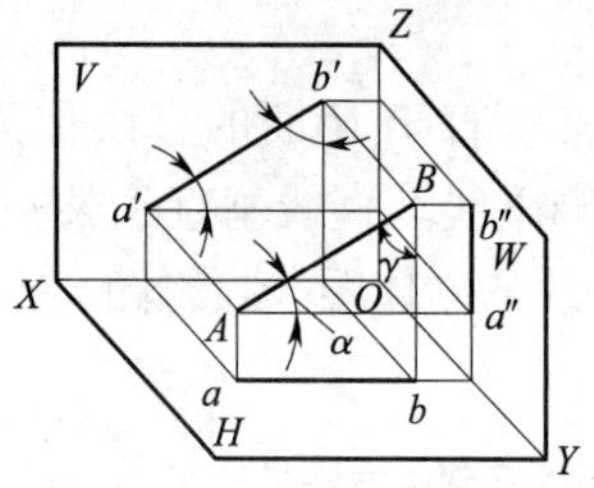	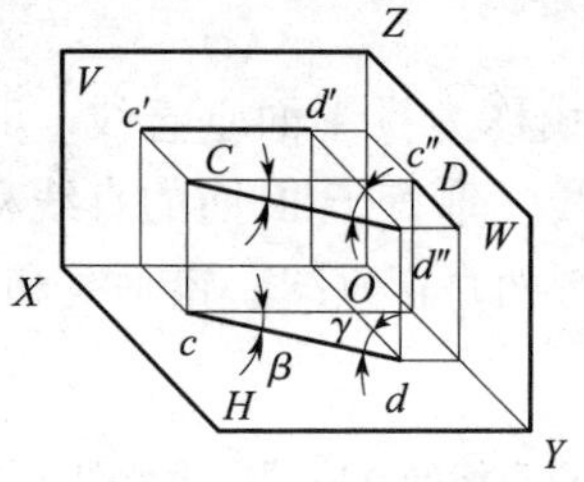	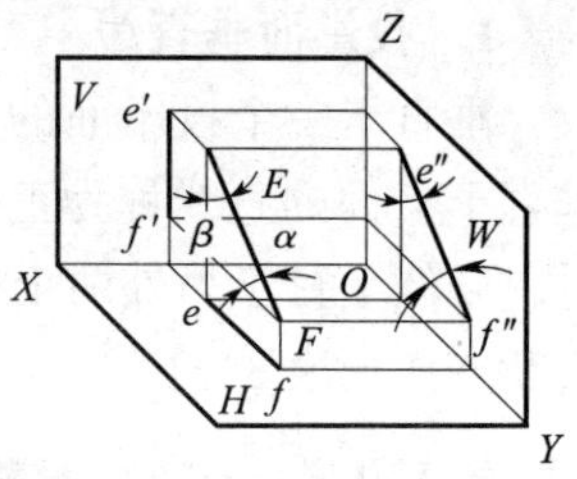
投影图	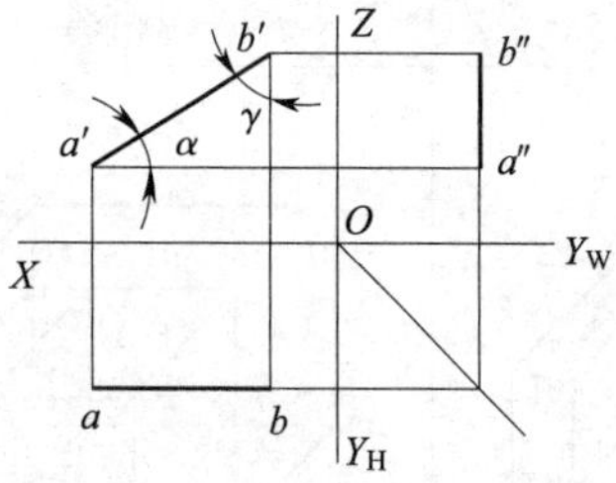	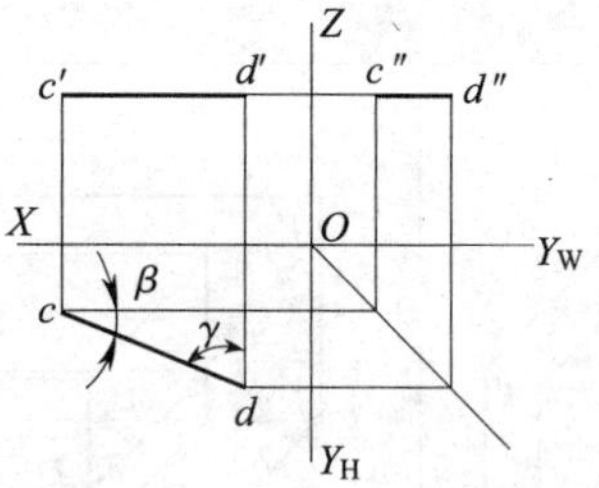	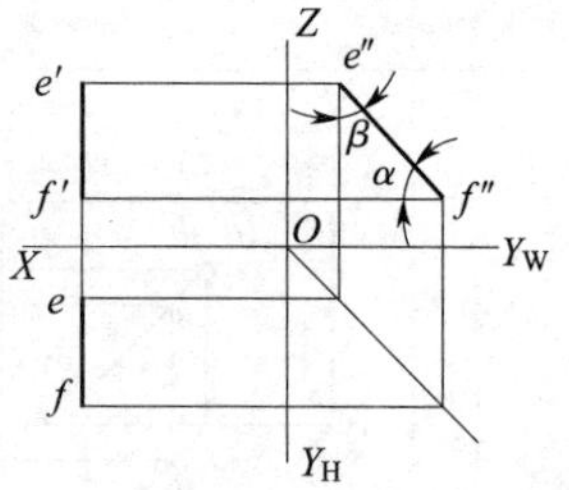
投影特性	1. $a'b' = AB$，即 V 面投影反映实长，正面投影反映倾角 α 和 γ 2. ab、$a''b'' \perp Y$ 轴	1. $cd = CD$，即 H 面投影反映实长，水平投影反映倾角 β 和 γ 2. $c'd'$、$c''d'' \perp OZ$	1. $e''f'' = EF$，W 面投影反映实长，侧面投影反映倾角 β 和 α 2. $e'f'$、$ef \perp OX$
判断方法	H 面和 W 面投影垂直于 Y 轴，V 面投影是斜线	V 面和 W 面投影垂直于 Z 轴，H 面投影是斜线	H 面和 V 面投影垂直于 X 轴，W 面投影是斜线

3. 一般位置直线

与三个投影面都倾斜的直线称为一般位置直线。

投影特点：一般位置直线对 H 面、V 面和 W 面都处于倾斜位置，它的三个投影都为斜线，且其长度小于空间线段实长，也不反映该直线对投影面的倾角，如图 3 - 20 所示。

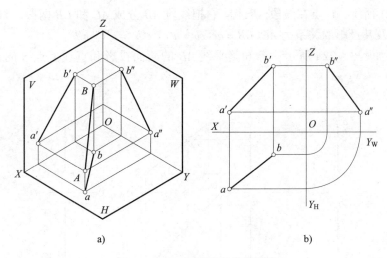

a)   b)

图 3 - 20   一般位置直线的投影

判断方法：当直线有两个投影是斜线时，就可以判断该直线为一般位置直线。

三、直线上的点

1. 直线上点的投影

直线与点的相对位置关系有两种，即点在直线上和点不在直线上。

若点在直线上，则点的各个投影必定在直线的同面投影上；反之，若点的各个投影均在直线的同面投影上，则点一定在直线上。

直线上点的投影如图 3 - 21 所示。如图 3 - 21a 所示，直线 AB 上有一点 C，则 C 点的三面投影 c、c′、c″必定分别在直线的同面投影 ab、a′b′、a″b″上；如图 3 - 21b 所示，如果 C 点的三面投影 c、c′、c″分别在直线的同面投影 ab、a′b′、a″b″上，则 C 点必定在直线 AB 上。

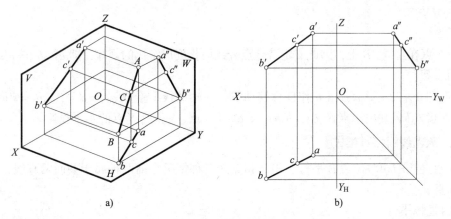

a)   b)

图 3 - 21   直线上点的投影

2. 点分线段长度成定比

若点分空间线段成一比例，则点的投影分割线段的各个同面投影长度之比等于其空间线段长度之比。

如图 3 – 21 所示，C 点在线段 AB 上，它把线段 AB 分成 AC 和 CB 两段。根据投影的基本特性，线段及其投影的关系为 $AC:CB = ac:cb = a'c':c'b' = a''c'':c''b''$。

例 3 – 3　如图 3 – 22a 所示，已知侧平线 AB 的两面投影和直线上点 S 的正面投影 s'，求水平投影 s。

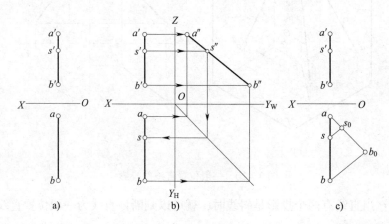

图 3 – 22　已知 s' 求水平投影

（1）方法一

分析：

因为 AB 是侧平线，故不能由 s' 直接求出 s，需先求出 s''，再由宽相等的投影规律求 s。

作图步骤：

1）如图 3 – 22b 所示，求出 AB 的侧面投影 $a''b''$，同时根据高平齐的投影规律求出 S 点的侧面投影 s''。

2）根据点的投影规律，由 s'' 作宽相等的投射线得 s。

（2）方法二

分析：

因为 S 点在直线 AB 上，因此必定符合点分线段长度成定比的规律，即 $as:sb = a's':s'b'$。

作图步骤：

1）如图 3 – 22c 所示，过 a 作任意辅助线，在辅助线上量取 $as_0 = a's'$，$s_0b_0 = s'b'$。

2）连接 b_0b，并由 s_0 点作 $s_0s/\!/b_0b$，交 ab 于 s 点，s 就是 S 点的水平投影。

四、两直线的相对位置

空间两直线的相对位置有平行、相交和交叉三种情况。前两种属于共面两直线，后一种为异面两直线。

1. 两直线平行

根据投影的基本特性可知：

若空间两直线平行，则其三面投影必定互相平行，因此，两平行直线在投影图上的各组同面投影必定互相平行；反之，如果两直线在三面投影图上的投影均互相平行，则空间两直线也必定互相平行，如图 3 – 23 所示。

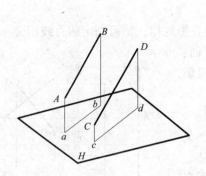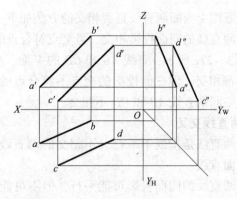

图 3 - 23　两直线平行

在投影图上判断两直线是否平行的方法如下：

（1）如果两直线均为一般位置直线，其两组同面投影平行，则可判定这两条直线平行。

（2）如果两直线是同一投影面的平行线，只有当它们在三个投影面上的投影都平行时，才可以判定其空间直线平行。

如图 3 - 24 所示，EF 和 CD 的 V 面、H 面投影互相平行，但由于 EF 和 CD 为侧平线，必须检查 EF 和 CD 在侧面的投影是否平行。由图 3 - 24 可知，EF 和 CD 的侧面投影不平行，所以 EF 与 CD 不平行。

2. 两直线相交

根据直线上点的投影特性可知：

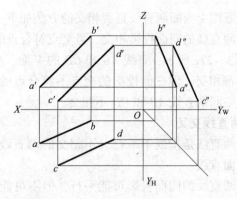

图 3 - 24　判定两直线是否平行

若空间两直线相交，则其三面投影必定相交，且各投影的交点必定符合点的投影规律；反之，如果两直线在三面投影图上的投影都相交，且投影的交点符合点的投影规律，则两直线在空间必定相交。如图 3 - 25 所示，空间两直线 AB 和 CD 相交于 K 点，则 AB 的 H 面、V 面、W 面投影也必定相交，且三面投影的交点 k、k'、k″必定符合点的投影规律。

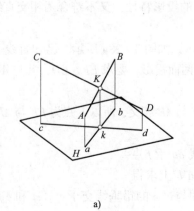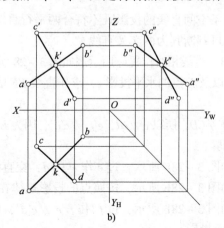

a)　　　　　　　　　b)

图 3 - 25　两直线相交

在投影图上判断两直线是否相交的方法如下：

如果两直线的同面投影相交，且交点符合点的投影规律，则可判定两直线相交。

如图 3 –27c 所示，直线 *AB* 和 *CD* 的 *V* 面、*H* 面、*W* 面投影都相交，但三面投影的交点不符合点的投影规律，故空间两直线 *AB* 和 *CD* 不相交。

3. 两直线交叉

交叉两直线是指既不平行又不相交的两直线，又称为两异面直线。

交叉两直线的同面投影可能平行，但不可能所有同面投影都平行，如图 3 –26 所示。

交叉两直线的同面投影也可能相交，但交点的投影不满足点的投影规律，如图 3 –27 所示，两交叉直线同面投影的交点是空间两重影点的投影。

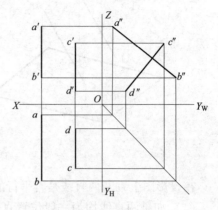

图 3 – 26　交叉两直线的投影（一）

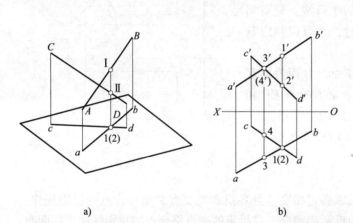

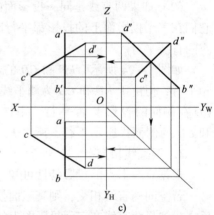

图 3 – 27　交叉两直线的投影（二）

判断方法：

当某两条空间直线的投影既不符合两平行直线的投影特性，又不符合两相交直线的投影特性时，就可判断其为两交叉直线。

例 3 – 4　直线相对位置应用示例如图 3 – 28 所示。如图 3 – 28a 所示，已知直线 *AB* 和 *CD* 的两面投影以及 *E* 点的水平投影 *e*，求作直线 *EF* 的两面投影，要求 *EF∥CD*，并与 *AB* 相交。

分析：

因为 *EF∥CD*，所以 *ef∥cd*，*e′f′∥c′d′*；因为 *EF* 与 *AB* 相交，所以 *F* 点为 *EF* 与 *AB* 的交点。

作图步骤：

（1）如图 3 – 28b 所示，过 *e* 作 *ef∥cd*，交直线 *ab* 于 *f* 点。

（2）如图 3 – 28b 所示，按照点的投影规律在 *a′b′* 上求得 *f′*。

（3）如图 3 – 28b 所示，过 *f′* 作 *f′e′∥c′d′*，并与过 *e* 的铅垂线交于 *e′*。*ef* 和 *e′f′* 就是直线 *EF* 的两面投影。

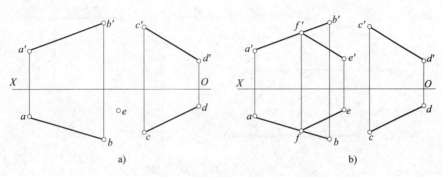

图 3 – 28　直线相对位置应用示例

例 3 – 5　如图 3 – 29a 所示，已知空间直线 *AB*、*CD*、*EF* 各自的正面投影和水平投影，求作一正平线 *MN*，使其与直线 *AB*、*CD*、*EF* 都相交。

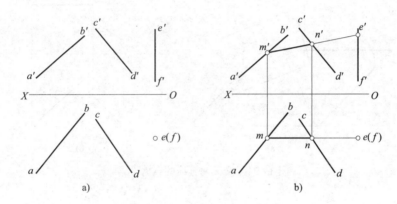

图 3 – 29　根据已知条件求作一正平线

分析：

因为 *MN* 是正平线，所以 *MN* 在 *H* 面的投影是一条平行于 *OX* 轴的直线，并且还要与 *EF* 相交，故必定经过 *EF* 的 *H* 面投影 *e*(*f*)。因而可先作出 *MN* 的 *H* 面投影，找出它与 *ab* 和 *cd* 的交点 *m* 及 *n*，根据直线上点的投影规律即可求出其正面投影 *m′* 和 *n′*。

作图步骤：

（1）如图 3 – 29b 所示，过 *e* 作 *OX* 轴的平行线，交直线 *ab* 和 *cd* 于 *m* 及 *n*。

（2）如图 3 – 29b 所示，按照点的投影规律分别在 *a′b′* 和 *c′d′* 上求得 *m′* 及 *n′*，延长 *m′n′* 与 *e′f′* 相交，*mn* 和 *m′n′* 就是正平线 *MN* 的两面投影。

五、直角投影定理

1. 垂直相交（或垂直交叉）的两直线，当其中一条直线为投影面的平行线时，则两直线在该投影面上的投影也必定互相垂直。

相交两直线的直角投影如图 3 – 30 所示，空间直线 *AB*⊥*AC*，且 *AB* 为水平线，则 *AB* 与 *AC* 在 *H* 面的投影 *ab*⊥*ac*。

2. 相交（或交叉）的两直线在某一投影面上的投影互相垂直，且其中有一条直线是该投影面的平行线，则这两条直线在空间的位置也必定互相垂直。

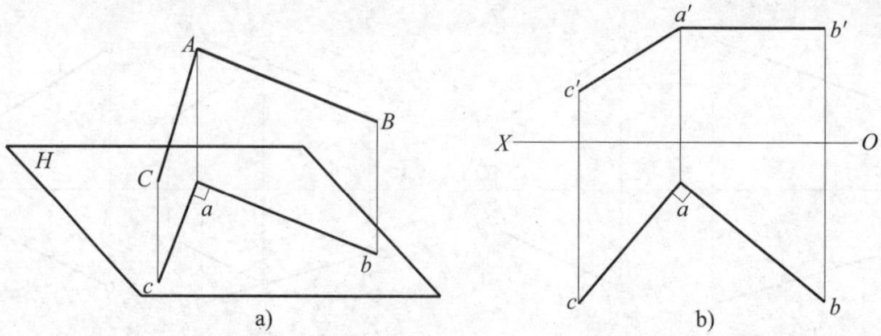

图 3－30　相交两直线的直角投影

交叉两直线的直角投影如图 3－31 所示，已知 $ab \perp cd$，且 $a'b'$ 平行于 OX 轴，即 AB 为水平线，根据直角投影定理，可判断出 $AB \perp CD$。

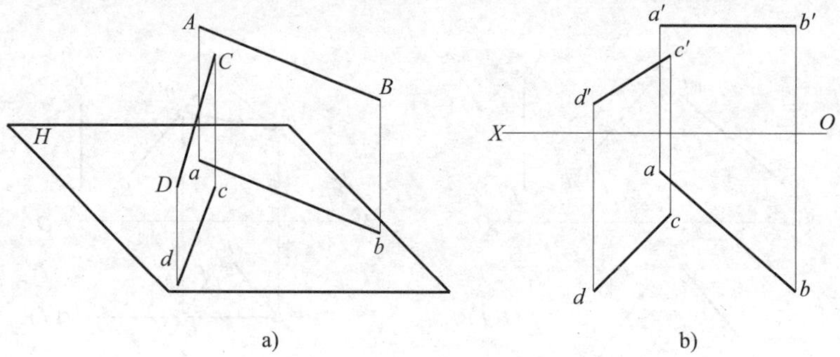

图 3－31　交叉两直线的直角投影

第四节　平面的投影

一、平面的投影

不在同一直线上的三个点决定一个平面。平面图形可以是三角形、四边形、圆和椭圆等。求多边形平面的投影，实际上就是求各平面多边形顶点的投影，然后将其按顺序连成平面多边形，如图 3－32 所示。

二、平面对投影面的相对位置及其投影特性

根据平面相对于投影面的位置不同，平面分为投影面垂直面、投影面平行面和一般位置平面三种。其中前两种又称为特殊位置平面。

空间平面与三个投影面 H、V、W 所形成的夹角分别用 α、β、γ 表示。

1．投影面平行面

平行于一个投影面，同时垂直于另两个投影面的平面称为投影面平行面。其中，平行于 H 面的称为水平面；平行于 V 面的称为正平面；平行于 W 面的称为侧平面。

投影面平行面的立体图、投影图、投影特性及判断方法见表 3－3。

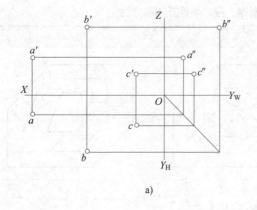

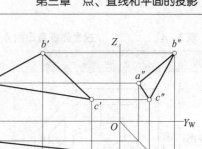

a)　　　　　　　　　　　　　　　b)

图 3 – 32　平面的投影

a）求三角形的顶点　b）连接各顶点的投影

表 3 – 3　　　　　　投影面平行面的立体图、投影图、投影特性及判断方法

项目	水平面	正平面	侧平面
立体图			
投影图			
投影特性	1. p 反映平面实形 2. p' 和 p'' 均具有积聚性 3. p'、$p'' \perp OZ$	1. q' 反映平面实形 2. q 和 q'' 均具有积聚性 3. $q \perp OY_H$，$q'' \perp OY_W$	1. r'' 反映平面实形 2. r' 和 r 均具有积聚性 3. r、$r' \perp OX$
判断方法	平面在 V 面或 W 面的投影积聚为横线	平面在 H 面的投影积聚为横线，平面在 W 面的投影积聚为竖线	平面在 V 面和 H 面的投影积聚为竖线

2. 投影面垂直面

垂直于一个投影面而与另外两个投影面都倾斜的平面称为投影面垂直面。其中只垂直于 H 面的称为铅垂面；只垂直于 V 面的称为正垂面；只垂直于 W 面的称为侧垂面。

投影面垂直面的立体图、投影图、投影特性及判断方法见表 3 – 4。

表 3 – 4 投影面垂直面的立体图、投影图、投影特性及判断方法

项目	铅垂面	正垂面	侧垂面
立体图			
投影图			
投影特性	1. p 在 H 面的投影积聚为一直线，并反映 β 和 γ 2. p' 和 p'' 为原实形的类似形	1. q' 在 V 面的投影积聚为一直线，并反映 α 和 γ 2. q 和 q'' 为原实形的类似形	1. r'' 在 W 面的投影积聚为一直线，并反映 β 和 α 2. r 和 r' 为原实形的类似形
判断方法	投影在 H 面积聚为一条斜线	投影在 V 面积聚为一条斜线	投影在 W 面积聚为一条斜线

3. 一般位置平面

一般位置平面与各投影面都是倾斜的，所以它在各投影面上的投影均为原实形的类似形，其三面投影不能直接反映该平面对投影面的真实倾角。一般位置平面的投影特性如图 3 – 33 所示。在图 3 – 33 中，空间平面 ABC 在 V 面、H 面、W 面的投影既无真实性，也无积聚性。

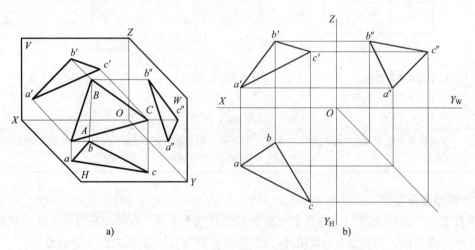

图 3 – 33 一般位置平面的投影特性

三、平面内的直线和点

1. 平面内的直线

平面内的直线如图 3 – 34 和图 3 – 35 所示。

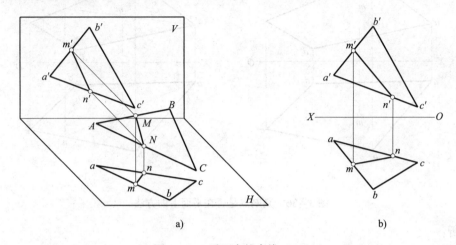

图 3 – 34　平面内的直线（一）

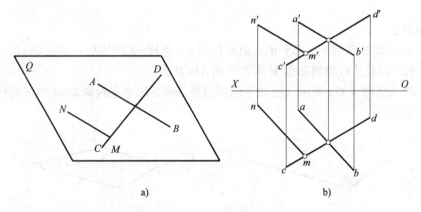

图 3 – 35　平面内的直线（二）

（1）若直线通过平面上的两个已知点，则此直线必定在该平面上。如图 3 – 34a 所示，△ABC 为一平面，由于点 M 和 N 分别在直线 AB 及 AC 上，故直线 MN 一定在平面 ABC 上。

（2）若一条直线通过平面上的一个已知点并平行于该平面上的一条已知直线，则此直线必定在该平面上。

如图 3 – 35a 所示，两相交直线 AB 和 CD 决定一个平面 Q，点 M 在直线 CD 上，过点 M 作直线 AB 的平行线 MN，则直线 MN 必定在两相交直线 AB 和 CD 所决定的平面上。

2. 平面上的点

如点在平面内的任一直线上时，则此点一定在该平面上。

如图 3 – 34a 所示，点 M 在直线 AB 上，点 N 在直线 AC 上，则点 M 和 N 都必定在 AB 和 AC 两相交直线所决定的平面 ABC 上。

上述几何原理是解决平面内直线和点的投影问题的依据。

例 3-6 如图 3-36 所示，试判断点 M 是否在平面 $ABCD$ 上。

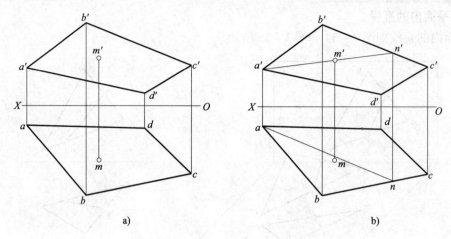

a)   b)

图 3-36 判断点是否在平面上的方法

分析：

若点 M 在平面 $ABCD$ 内，则该点一定在平面内过该点的一条直线上；否则就不在该平面上。

作图步骤：

连接 $a'm'$，延长并与 $b'c'$ 交于 n'；由 n' 作出 n，连接 an，因为 m 不在 an 上，故点 M 不在直线 AN 上，因此，可以判断点 M 不在平面 $ABCD$ 上。

例 3-7 如图 3-37a 所示，已知平面四边形 $ABCD$ 的水平投影 $abcd$ 和正面投影 $a'b'c'$，试完成其正面投影。

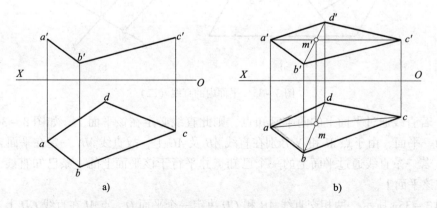

a)   b)

图 3-37 完成 $ABCD$ 的正面投影

分析：

由于 $ABCD$ 是一平面图形，因此，可以把 D 看成是该平面上的一点，也就是在 $ABCD$ 的正面投影中找出 D 的投影 d'。

作图步骤：

（1）如图 3-37b 所示，连接 bd 和 ac 交于 m。

（2）如图 3 - 37b 所示，连接 $a'c'$，根据 m 在 $a'c'$ 上这一条件，依据 m 可作出 m'，连接 $b'm'$。

（3）如图 3 - 37b 所示，过 d 向 OX 轴作垂线，与 $b'm'$ 的延长线交于 d'，连接 $a'd'$ 和 $d'c'$，则 $a'b'c'd'$ 就是 $ABCD$ 的正面投影。

第五节　求线段的实长及其对投影面的倾角

由第三节"直线的投影"可知，一般位置直线的投影在投影图上不能反映线段的真实长度和对投影面的倾角。但在工程实际中，有时需要在投影图上用作图方法解决这类问题，下面介绍三种作图方法，即直角三角形法、换面法和旋转法。

一、用直角三角形法求一般位置线段的实长及其对投影面的倾角

1. 作图原理

如图 3 - 38 所示，AB 为一般位置线段，过 A 点作 $AB_1 \perp Bb$，则得一直角三角形 AB_1B，其中 AB 为斜边，直角边 $AB_1 = ab$，$BB_1 = |z_B - z_A|$（即 A 和 B 两点的 z 坐标值之差的绝对值），AB 与 AB_1 的夹角就是 AB 对 H 面的倾角 α。

由此可见，根据一般位置线段 AB 的投影，求其实长和对 H 面的倾角 α 时，可归结为求直角三角形 AB_1B 的斜边长度和夹角 α。

如图 3 - 39 所示，求一般位置线段 AB 的实长及其对 V 面的倾角 β 时，同样也可以过 A 点作 $AB_2 \perp Bb'$，则得另一直角三角形 AB_2B，其中 AB 为斜边，直角边 $AB_2 = a'b'$，$BB_2 = |y_B - y_A|$（即 A 和 B 两点的 y 坐标值之差的绝对值），这时 AB 与 AB_2 的夹角则为 AB 对 V 面的倾角 β。

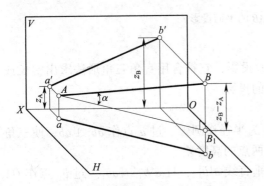

图 3 - 38　求线段的实长及 α 角

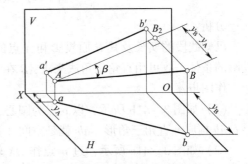

图 3 - 39　求线段的实长及 β 角

2. 作图步骤

如图 3 - 40a 所示，求线段 AB 的实长及其与水平投影面的夹角 α。

（1）如图 3 - 40b 所示，过 a 点作 $ab_1 \perp ab$，且 $ab_1 = z_B - z_A$。

（2）如图 3 - 40b 所示，连接 bb_1，则 bb_1 为空间线段 AB 的实长，bb_1 与 ab 的夹角就是空间线段 AB 与 H 面的夹角 α。

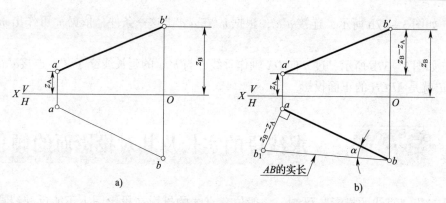

图 3-40　求线段的实长及 α 角

例 3-8　如图 3-41 所示，已知线段 AB 的实长及其 H 面投影和 A 点的 V 面投影，求线段 AB 的 V 面投影。

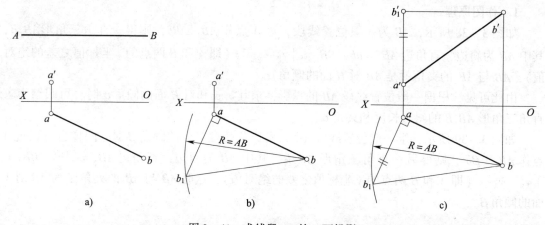

图 3-41　求线段 AB 的 V 面投影

分析：

已知线段的实长及其 H 面投影和 A 点的 V 面投影，它符合用直角三角形法求出实长或投影的条件，故可用直角三角法来求 AB 在 V 面的投影。

作图步骤：

（1）如图 3-41b 所示，以 b 点为圆心，AB 为半径作圆弧。过 a 点作 $ab_1 \perp ab$，使三角形 b_1ab 构成一直角三角形。ab_1 就是空间 A 和 B 两点的高度差。

（2）如图 3-41c 所示，过 a' 点作 OX 轴的垂直线 $a'b_1'$，且 $a'b_1' = ab_1$。过 b_1' 点作 OX 轴的平行线，过 b 点作 OX 轴的垂线，两线交于 b' 点。则 $a'b'$ 就是空间线段 AB 在 V 面的投影。

二、用换面法求一般位置线段的实长及其对投影面的倾角

1. 换面法的概念

如图 3-42 所示，AB 是一般位置线段，其 V 面投影和 H 面投影都不能反映线段 AB 的实长及其对 V 面和 H 面的倾角。这时，用一个与 AB 平行的铅垂面 V_1 来代替 V，其他几何元素不动。同时将 AB 向 V_1 面进行投影，则 V_1 面投影 $a_1{'}b_1{'}$ 就是线段 AB 的实长，$a_1{'}b_1{'}$ 与 O_1X_1 轴的夹角就是线段 AB 对 H 面的倾角 α。

这种使几何元素不动而改变投影面的位置，使几何元素在新的投影体系中处于有利于得到线段实长的位置的作图方法称为变换投影面法，简称换面法。

为便于解决问题，新的投影面必须符合以下两个条件：

（1）新的投影面必须垂直于原投影体系中的一个投影面，从而构成一个新的投影体系。

（2）新的投影面必须处于有利于解题的位置，例如，图 3 – 42 中 V_1 必须平行于直线 AB。

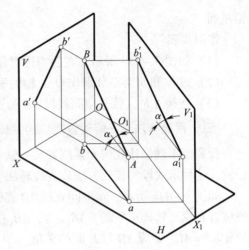

图 3 – 42　换面法

2. 用换面法求一般位置线段的实长及其与投影面夹角的方法

用换面法求一般位置线段的实长就是利用投影面平行线的投影特性来作图，下面通过实例说明用换面法求一般位置线段的实长及其与投影面夹角的方法和步骤。

例 3 – 9　如图 3 – 43a 所示，用换面法求空间线段 AB 的实长及其与 V 面的夹角。

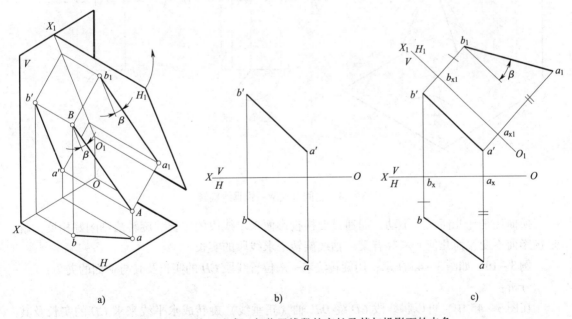

a)　　　　　　　　　　　b)　　　　　　　　　　　c)

图 3 – 43　用换面法求一般位置线段的实长及其与投影面的夹角

分析：

如图 3 – 43b 所示，空间线段 AB 为一般位置线段，下面用换面法来求出一般位置线段的实长。因需要求直线与 V 面的夹角，故这个辅助投影面设置为一个与 AB 平行的正垂面，如图 3 – 43c 所示。若需要求其与 H 面的夹角，则这个辅助投影面设置为一个与 AB 平行的铅垂面。

作图步骤：

（1）如图 3 - 43c 所示，在适当位置作新投影轴 $O_1X_1 /\!/ a'b'$，并标注 H_1/V。

（2）过 a' 和 b' 两点分别作 O_1X_1 轴的垂线并延长，量取 $a_1a_{x1} = aa_x$，$b_1b_{x1} = bb_x$。

（3）连接 a_1b_1，就是空间线段 AB 的实长，β 就是 AB 与 V 面的夹角。

三、用旋转法求一般位置线段的实长及其对投影面的倾角

投影面不动，让几何元素绕着某一轴线旋转，旋转到与投影面处于有利于求线段实长的位置，这种求线段实长的方法称为旋转法。

如图 3 - 44a 所示，将空间直线 AB 绕铅垂线 Aa 旋转，当 AB 旋转到 AB_1 位置时，即将一般位置直线旋转成正平线，$AB_1 /\!/ V$，AB_1 在 V 面的投影 $a'b_1'$ 反映 AB_1 的实长，而 $AB_1 = AB$，故 $a'b_1' = AB$，α 为 AB 与 H 面的夹角。

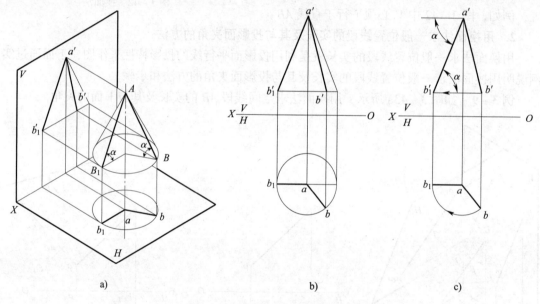

图 3 - 44　空间直线绕一铅垂线旋转

换面法是让几何元素不动，而通过变换投影面来求线段的实长。旋转法则刚好相反，就是投影面不变，而几何元素绕着某一轴线旋转来求线段的实长。

例 3 - 10　如图 3 - 45 所示，用旋转法求一般位置线段 CD 的实长及其与 V 面的夹角 β。

分析：

在图 3 - 45 中，可以将线段 CD 绕 Dd' 轴（正垂线）旋转成水平线来求 CD 的实长及其与 V 面的夹角 β。

作图步骤：

（1）如图 3 - 45b 所示，d' 不动，把 $d'c'$ 旋转到与 OX 轴平行的 $d'c_1'$ 位置。

（2）过 c_1' 作 OX 轴的垂线并延长，过 c 作 $cc_1 /\!/ OX$，得交点 c_1。

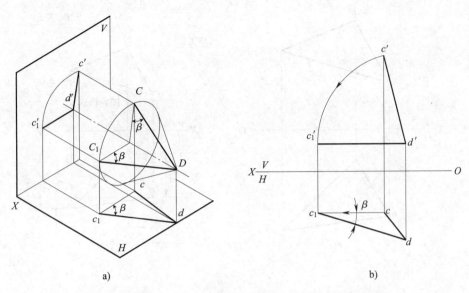

图 3 – 45　用旋转法求一般位置线段实长及其与投影面的夹角

（3）连接 $c_1 d$，则 $c_1 d$ 就是一般位置线段 CD 的实长，$c_1 d$ 与 OX 轴的夹角 β 就是 CD 与 V 面的夹角。

第六节　求平面图形的实形及其倾角

求平面实形与求线段实长的方法基本相同，下面通过一些实例来说明求平面实形的方法与步骤。

一、用直角三角形法求平面的实形

例 3 – 11　如图 3 – 46a 所示，求 $\triangle ABC$ 的实形。

分析：

对于一个三角形来说，只要求出三条边的长度，则这个三角形的真实形状就完全确定下来了。

作图步骤：

（1）如图 3 – 46b 所示，用直角三角形法分别求出三条边 AB、BC 和 CA 的实长。

（2）如图 3 – 46c 所示，按三条边的实长绘制一个三角形，则这个三角形即 $\triangle ABC$ 的实形。

对于平面四边形及多边形，只求出边长还不能完全确定其形状，如矩形和平行四边形，虽然边长完全相等，但形状有多种。因此，用直角三角形法求多边形的实形时，应在求出边长的同时求出对角线的长度。

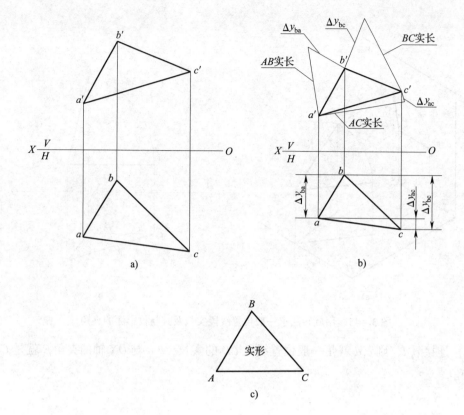

图 3 – 46   求△ABC 的实形

1. 求投影面垂直面的实形

如图 3 – 47a 所示，△ABC 为铅垂面，在 H 面的投影积聚为直线，在 V 面的投影有收缩性，投影不反映实形。这时，设置新的投影面 V_1，使 V_1 平行于△ABC。将△ABC 向 V_1 面进行投射，则 V_1 面的投影就反映△ABC 的真实形状。

若△ABC 是正垂面，则需设置一个新的投影面 H_1 来取代 H 面，使 H_1 面平行于△ABC，以求△ABC 的真实形状。

2. 求一般位置平面的实形

例 3 – 12   如图 3 – 48a 所示，△ABC 为一般位置平面，下面用换面法求其实形。

分析：

如图 3 – 48b 所示，△ABC 是一般位置平面，因而不管是设置铅垂面还是正垂面，通过作图都无法得到△ABC 的真实形状。

但是通过变换投影面，可以把一般位置平面变成投影面的垂直面，如图 3 – 48b 所示；然后进行换面，将投影面垂直面变换成投影面的平行面，从而求出一般位置△ABC 的实形。

---

* 表示此部分内容为选学内容。

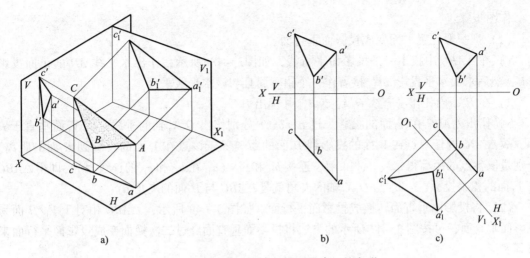

图 3-47   用换面法求投影面垂直面的实形

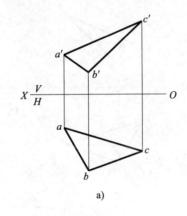

a)

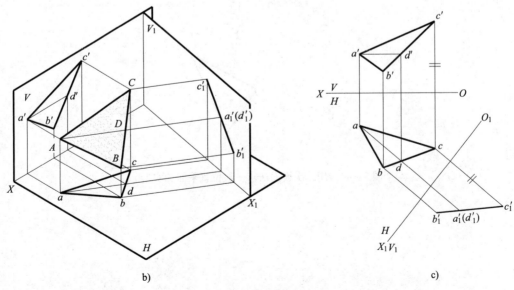

图 3-48   用一次换面法将一般位置平面变换成投影面垂直面

作图步骤：

（1）把一般位置平面变成投影面垂直面。

1）在△ABC中找出一条投影面平行线，如图3-48c所示，作出水平线AD的正面投影$a'd'$，然后求出水平投影ad；接着作一个铅垂面且与该水平线垂直。

2）在H面内任作一直线$O_1X_1 \perp ad$，并标出H/V_1。

3）作出△ABC在V_1面的投影。过a、b、c分别作出O_1X_1轴的垂线，因V_1面垂直于H面，故△ABC内任一点在V_1面的投影到H面的距离等于该点在V面的投影到H面的距离。分别量取各点的距离得a_1'、b_1'和c_1'，连接b_1'和c_1'（a_1'在b_1'和c_1'的连线上），即得△ABC在V_1面的积聚投影，$b_1'c_1'$与O_1X_1轴的夹角就是△ABC与H面的夹角α。

（2）将投影面垂直面转换成投影面平行面。如图3-49所示，△ABC相对于V_1/H面为投影面垂直面，可按图3-47所示的方法将投影面垂直面经过二次换面变成投影面平行面来求其实形。

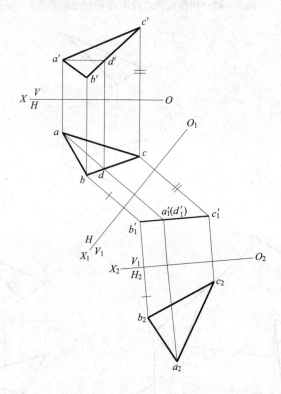

图3-49　用二次换面法求一般位置平面的实形

第四章　基　本　立　体

大多数零件不管多么复杂，都可以看成是由几个单一几何形体组成的，而这些单一几何形体被称为基本立体。如图4－1所示就是常见的一些基本立体。

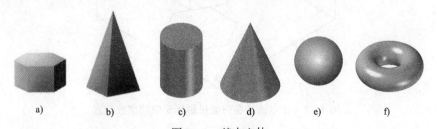

图4－1　基本立体
a）六棱柱　b）四棱锥　c）圆柱　d）圆锥　e）球体　f）圆环

基本立体分为平面立体和曲面立体两大类。表面由平面所围成的立体称为平面立体，如棱柱体、棱锥体等。由曲面和平面或完全由曲面所围成的立体称为曲面立体，如圆柱体、圆锥体、球体和圆环等。

本章主要介绍常见基本立体的投影以及表面上点、线投影的作图方法。

第一节　　棱　柱　体

由上、下两个底面和若干侧面（也叫棱面）所围成的立体称为棱柱体。各棱面的交线称为棱线，各条棱线互相平行。棱柱体包括直棱柱体和斜棱柱体，本节只介绍直棱柱体。常见的直棱柱体有正三棱柱、正四棱柱和正六棱柱等。不管是几棱柱，它们都有共同的几何特点，即上、下底面为多边形，各侧面为矩形。

一、棱柱体的投影

下面以正六棱柱为例说明棱柱体投影的作图方法和步骤。

1. 投影分析

为了便于作图，方便看图，常常把上、下底面摆成水平面，六个棱面摆成两个正平面和四个铅垂面，如图4－2所示为正六棱柱在三面投影体系中的摆放位置。通过分析可知，正六棱柱的上、下底面在 H 面反映实形，为正六边形，V 面和 W 面的投影均积聚为直线；两个正平面在 V 面反映实形，为矩形，H 面和 W 面的投影均积聚为直线；四个铅垂面在 H 面的投影积聚为直线，W 面和 V 面的投影具有类似性，不反映实形，为矩形。

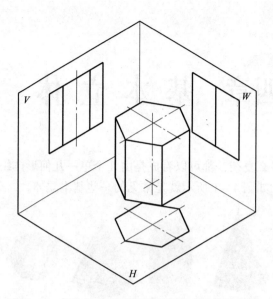

图4-2　正六棱柱在三面投影体系中的摆放位置

2. 作图步骤

正六棱柱的作图步骤见表4-1。

表4-1　　　　　　　　　　　　　正六棱柱的作图步骤

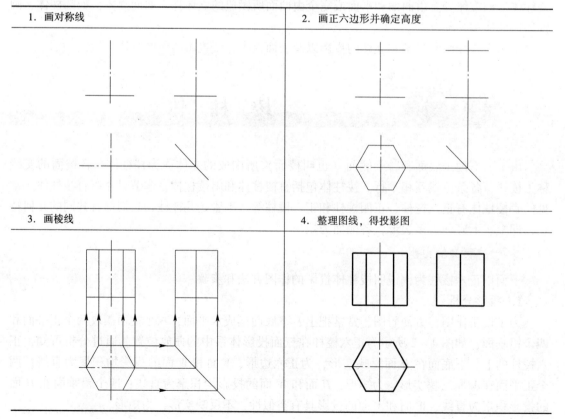

1. 画对称线	2. 画正六边形并确定高度
3. 画棱线	4. 整理图线，得投影图

3. 投影特征

顶面和底面的投影反映实形，为多边形，各侧面的投影为矩形。

二、求棱柱表面上点、线的投影

棱柱表面均处于特殊位置，棱柱表面上点的投影可利用平面投影的积聚性求出。在三个视图中，若平面处于可见位置，则该面上点的同面投影也是可见的；反之为不可见。

如图 4-3 所示为正六棱柱表面上点的投影，已知正六棱柱的棱面 $ABCD$ 上的点 M 的 V 面投影 m'，要求作该点的 H 面投影 m 和 W 面投影 m''。

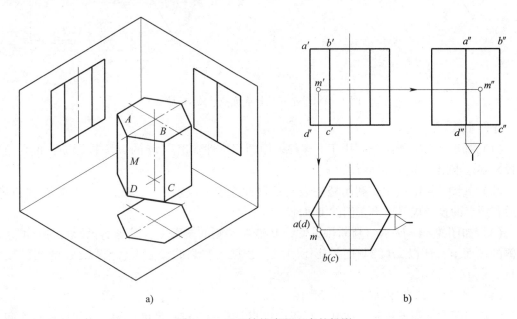

图 4-3　正六棱柱表面上点的投影

由于点 M 所在的棱面 $ABCD$ 为铅垂面，其 H 面的投影积聚为直线 $a(d)$ $b(c)$，因此，点 M 的 H 面投影在直线 $a(d)$ $b(c)$ 上，由此求出 m，然后由 m 和 m' 求出 m''。由于棱面 $ABCD$ 的 W 面投影可见，故 m'' 可见。

例 4-1　正三棱柱的表面上有点 M 和线 AC，如图 4-4a 所示，已知其 V 面投影 m' 和 $a'c'$，求点 M、线 AC 的 H 面和 W 面投影。

分析：

在棱柱表面上求直线，实际上就是求直线两个端点的投影。

如图 4-4a 所示，因 m' 可见，可知点 M 在左前侧棱面上，该棱面为铅垂面，其 H 面投影积聚为直线，故可直接求出 m 和 m''。

如图 4-4a 所示，由于 $a'c'$ 可见，同时又与棱线相交，故可判断它们分别位于左、右两个棱面上，且与棱线交于 B 点，其在立体中的位置如图 4-4b 所示，所以线 AC 是正三棱柱表面上的一条折线 ABC。利用棱柱表面积聚性原理可以求出 A、B、C 三点的 H 面投影，然后利用点的投影规律求出其 W 面投影，再按 A、B、C 的顺序连接各投影并判断可见性。

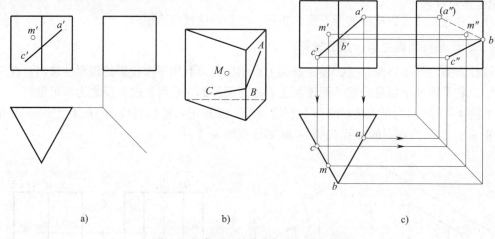

图 4 – 4　求正三棱柱表面点、线的投影

作图步骤：

（1）如图 4 – 4c 所示，利用正三棱柱表面的积聚性求出点 M 的 H 面投影 m，再利用点的投影规律求出点 M 的 W 面投影 m''。

（2）如图 4 – 4c 所示，利用棱柱表面积聚性原理可以求出 A、B、C 三点的 H 面投影，然后利用点的投影规律求出它们的 W 面投影。

（3）如图 4 – 4c 所示，判断可见性。M 点在左侧的棱面上，其侧面投影可见。A 点在右侧的棱面上，所以 AB 的侧面投影不可见。C 点在左侧的棱面上，所以 BC 的侧面投影可见。

（4）连接（a''）b'' 和 $b''c''$，得投影图。

注意：两点之间连线时，在某一投影面中只要有一个点是不可见的，一般这两点之间的连线也不可见，其连线为细虚线。

第二节　　　　　棱　锥　体

棱锥体由底面和棱面围成，且各棱面都是三角形，各棱线均相交于同一点，此点即棱锥的顶点。棱锥体包括正棱锥体和斜棱锥体，常见的正棱锥体有正三棱锥和正四棱锥等。

一、棱锥的投影

下面以正四棱锥为例说明棱锥体投影的作图方法和步骤。

1. 投影分析

正四棱锥的投影如图 4 – 5 所示。为了便于作图，方便看图，把正四棱锥的底面放置成水平位置，则正四棱锥底面的 H 面投影是正方形，反映底面的真实形状，V 面和 W 面的投影积聚为直线。正四棱锥的各棱面都是等腰三角形，各棱线均相交于顶点，将各棱面摆成正垂面或侧垂面，所以 V 面和 W 面的投影都是等腰三角形。

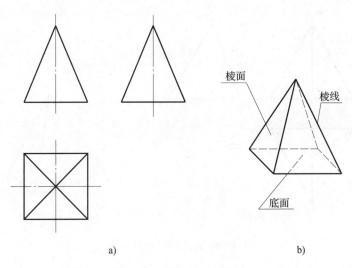

a)　　　　　　　　　　　　　　　　b)

图 4 – 5　正四棱锥的投影

2. 作图步骤

如图 4 – 5 所示，作正四棱锥的投影图时，先画对称线和底面的投影（先画反映真实形状的那个投影）；然后作顶点的投影；最后连接各棱线的投影。

3. 投影特征

底面的投影为多边形，各侧面的投影为三角形。

二、求棱锥表面上点、线的投影

1. 求棱锥表面上点的投影

棱锥表面有特殊位置平面，也有一般位置平面。对于特殊位置平面上的点，其投影可利用平面投影的积聚性直接求出；对于一般位置平面上的点，可通过作辅助线的方法求出。理论上可以过已知点并在该点所在的平面上作任意直线为辅助线，但作辅助线最简单的方法有以下两种：

一是把已知点和锥顶相连并延长至锥底，将此直线作为辅助线；二是过已知点作底边的平行线作为辅助线。

下面以求正三棱锥表面上点的投影为例，说明求棱锥表面上一般位置点的投影的作图方法。

例 4 – 2　正三棱锥的投影图如图 4 – 6 所示。如图 4 – 6a 所示，已知正三棱锥表面上点 M 的 V 面投影 m'，点 N 的 V 面投影 n'，求作投影 m、m'' 和 n、n''。

分析：

因 n' 是不可见的，故 N 点在正三棱锥后棱面 $\triangle SAC$ 上（见图 4 – 6b），$\triangle SAC$ 是侧垂面，可利用投影规律直接求出 N 点的 H 面投影和 W 面投影。

因 m' 是可见的，所以 M 点在正三棱锥左棱面 $\triangle SAB$ 上（见图 4 – 6b），$\triangle SAB$ 是一般位置平面，其三面投影均为类似形，无法利用积聚性直接求解 m 和 m''，故必须用辅助线法作图。

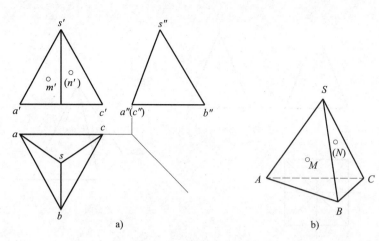

图4-6 正三棱锥的投影图

作图步骤：

（1）如图4-7所示为求 N 点的投影，过（n'）作高平齐的投射线，得 W 面投影 n"；再过（n'）作长对正的投射线，过 n"作宽相等的投射线，其交点即 N 点的 H 面投影 n。

（2）如图4-8所示为过顶点作辅助线求 M 点的投影。连接 m'和锥顶 s'并延长至锥底，与底边 a'b'相交于 d'点；过 d'作长对正的投射线得 d，连接 sd，过 m'作长对正的投射线与 sd 相交，交点为 m；最后过 m'作高平齐的投射线，过 m 作宽相等的投射线，得 M 点的 W 面投影 m"。

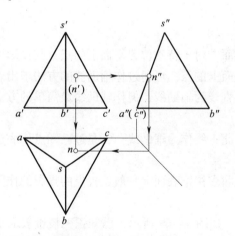

图4-7 求 N 点的投影

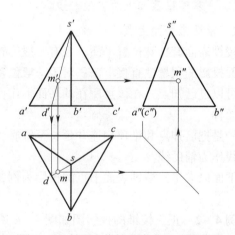

图4-8 过顶点作辅助线求 M 点的投影

在求正三棱锥侧面上点的投影时，还可以作与底边 AB 平行的辅助直线，如图4-9所示。过 m'作 a'b'的平行线，与棱线 s'a'交于 e'；过 e'作长对正的投射线与 sa 相交，交点为 e；过 e 作 ab 的平行线，过 m'作长对正的投射线与过 e 点所作 ab 的平行线相交，交点为 M 点的 H 面投影 m；最后过 m'作高平齐的投射线，过 m 作宽相等的投射线，得 M 点的 W 面投影 m"。

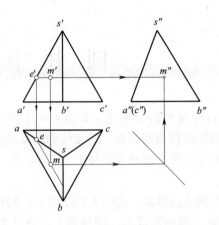

图4-9　作底边的平行线求 M 点的投影

2. 求棱锥表面上线的投影

在棱锥体表面求线的关键是求出已知线的端点、已知线与棱线交点的投影。

下面以求图4-10所示正四棱锥表面上线的投影为例，说明棱锥体表面求线的投影的方法与步骤。

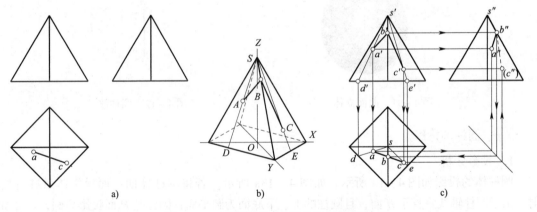

图4-10　棱锥体表面求线的投影的方法

例4-3　如图4-10a 所示，四棱锥的表面上有线 AC，已知其 H 面投影 ac，求它的 V 面投影和 W 面投影。

分析：

如图4-10a 所示，由于 ac 可见，故 A 点和 C 点分别位于前两个棱面上，且与棱线相交于 B 点，所以线 AC 是棱锥表面上的一条折线 ABC，如图4-10b 所示。只要分别求出 A、B、C 三点的投影，并判断可见性，然后按顺序连成线即可。

如图4-10c 所示，由于 B 点在棱线上，利用宽相等的投影规律直接求出 B 点的侧面投影 b″，再利用"长对正，高平齐"的投影规律求出 b′。连接 sa 并延长至锥底，与棱锥底边相交于 d 点；过 d 作长对正的投射线得 d′，连接 s′d′，过 a 作长对正的投射线与 s′d′ 相交，交点为 a′；最后过 a′ 作高平齐的投射线，过 a 作宽相等的投射线，求得 a″。同理可求得 c′ 和（c″）。分别连接 AB 和 BC 的同面投影，并判断可见性。

第三节　圆　柱　体

曲面立体由回转面或回转面与平面所围成，如图 4 – 11 所示。一动线（直线或曲线）绕另一固定的直线旋转而成的曲面称为回转面。该动线称为母线，母线在回转面上的任一位置称为素线。该固定的直线称为轴线。在曲面立体上，从某一方向进行投射，可见与不可见部分的分界线称为最外素线。

圆柱体由圆柱面与上、下两底面围成，如图 4 – 12 所示。圆柱面可以看作由一条直母线 AA' 绕与其平行的轴线 OO' 回转一周而形成的，圆柱面上任意一条平行于轴线的直线称为圆柱面的素线。

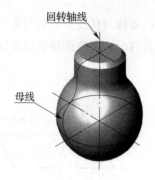

图 4 – 11　曲面立体

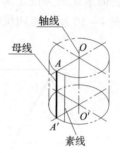

图 4 – 12　圆柱体

一、圆柱的投影

1. 投影分析

圆柱体的投影如图 4 – 13 所示。如图 4 – 13a 所示，若将圆柱体向三面投影体系进行投射，由于圆柱轴线垂直于 H 面，且圆柱的上、下底面为圆平面，因此其 H 面投影为圆，V 面和

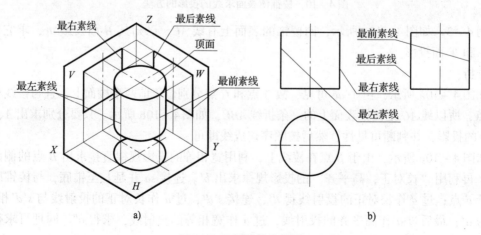

图 4 – 13　圆柱体的投影

W 面的投影积聚成直线。圆柱面的 H 面投影积聚为一圆周，与上、下底面的投影轮廓重合。在 V 面投影中，前、后两个半圆柱面的投影重合为一矩形，矩形的两条竖线分别是圆柱面最左、最右素线的投影，也是圆柱面前、后分界的转向轮廓线。在 W 面投影中，左、右两个半圆柱面的投影重合为一矩形，矩形的两条竖线分别是圆柱面最前、最后素线的投影，也是圆柱面左、右分界的转向轮廓线。

2. 作图步骤

作圆柱的三视图时，应先画出圆的中心线和轴线的投影，然后从投影为圆的视图画起，逐步完成其他视图，其作图步骤如图 4-14 所示。

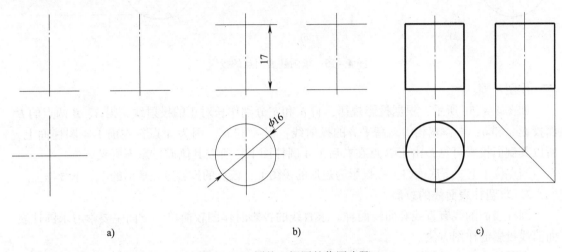

图 4-14　圆柱三视图的作图步骤

注意：在画圆柱体和其他回转体的投影时，一定要画出圆的中心线和轴线的投影。

3. 投影特点

在垂直于轴线的投影面上的投影为圆，在另两个投影面上的投影为矩形。

二、圆柱表面点、线的投影

1. 求圆柱表面点的投影

当圆柱轴线是投影面的垂直线时，圆柱面及上、下底面在其垂直的投影面上均有积聚性。圆柱表面取点可利用积聚性求得。

圆柱表面的点主要有两种情况，一种是点位于圆柱面上；另一种是点位于上、下底面上。

当点位于圆柱面上时，在投影为圆的视图上，该点的投影应在圆上。

例 4-4　如图 4-15a 所示，已知 A、B 两点的正面投影 a' 和 (b')，求水平投影 a、b 以及侧面投影 a''、b''。

分析：

因为 A、B 两点的 V 面投影 a' 和 b' 在矩形内，故 A、B 两点应在圆柱面上，因 a' 可见，所以 A 点在左前 1/4 圆柱面上；b' 不可见，所以 B 点在右后 1/4 圆柱面上，如图 4-15b 所示。

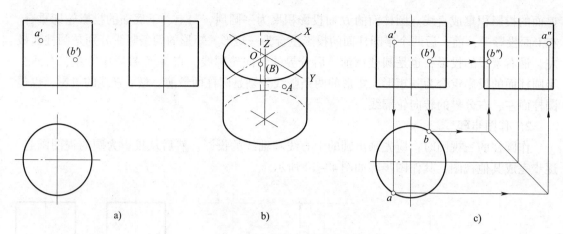

图 4 – 15　求圆柱表面点的投影

作图步骤：

如图 4 – 15c 所示，根据投影规律，自 a' 和 b' 分别作长对正的投射线，得 A、B 两点的 H 面投影 a 和 b；再作宽相等、高平齐的投射线，得 a'' 和 b''。因为 A 点在左前 1/4 圆柱面上，所以其侧面投影可见；由于 B 点在右后 1/4 圆柱面上，所以其侧面投影不可见。

当点位于上、下底面时，在投影为矩形的视图上，该点的投影应在矩形的上、下线框上。

2. 求圆柱表面线的投影

圆柱表面的线有直线和曲线两种。求直线的投影时作图较简单，下面主要学习求圆柱表面曲线投影的作图方法。

求圆柱表面曲线投影的作图方法一般采用描点法，其作图步骤如下：

（1）求特殊位置点（位于转向轮廓线上的点）的投影。

（2）求出一般位置点的投影。

（3）判断可见性后用光滑曲线连接各点。

例 4 – 5　如图 4 – 16a 所示，已知圆柱表面上曲线 AE 的 V 面投影 $a'e'$，求 AE 的 H 面投影 ae 和 W 面投影 $a''e''$。

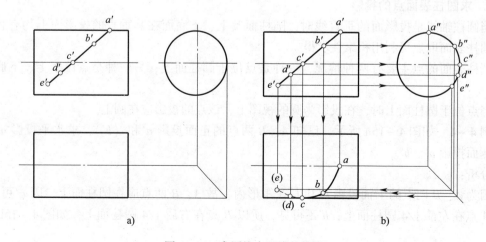

图 4 – 16　求圆柱表面线的投影

分析：

如图 4 – 16a 所示，因 *a′e′* 可见，可知 *AE* 在圆柱的前半部。因为圆柱面上所有的点在 *W* 面的投影均积聚在圆周上，*AE* 的侧面投影一定也在该圆周上。根据 *V* 面投影和 *W* 面投影，利用投影规律可求出 *H* 面投影。

作图步骤：

作图步骤如图 4 – 16b 所示。

（1）求特殊位置点 *A*、*C* 和曲线的端点 *E* 的投影。利用高平齐的投影规律可得 *a″*、*c″*、*e″*，过 *a′*、*c′*、*e′* 作长对正的投射线，过 *a″*、*c″*、*e″* 作宽相等的投射线，得 *a*、*c*、*e*。

（2）求一般位置点的投影。在 *a′e′* 上任取两点 *b′* 和 *d′*（若需要可取更多的点），先作高平齐的投射线，得 *b″* 和 *d″*。再过 *b′* 和 *d′* 作长对正的投射线，过 *b″* 和 *d″* 作宽相等的投射线，得 *b* 和 *d*。

（3）判断可见性。因 *AC* 段在圆柱的上半部，故 *H* 面投影应连成光滑的粗实线，*CE* 段在圆柱的下半部，故 *H* 面投影应连成细虚线。

第四节　　圆　锥　体

圆锥体由圆锥面和底面围成，如图 4 – 17 所示。圆锥面可以看成是由一条直母线绕与其相交的轴线回转一周而形成的，圆锥面上所有素线均汇交于锥顶。

一、圆锥体的投影

如图 4 – 18 所示为轴线垂直于水平面的正圆锥的三视图。圆锥的底面平行于水平投影面，其水平投影反映实形，正面和侧面投影积聚成直线。圆锥面的三个投影都没有积聚性，其水平投影与底面重合，全部可见。在正面投影中，前、后两个半圆锥面的投影重合为一等腰三角形，三角形的两腰分别是圆锥面最左、最右素线的投影，也是圆锥面前、后分界的转向轮廓线；在侧面投影中，左、右两个半圆锥面的投影重合为一等腰三角形，三角形的两腰分别是圆锥面最前、最后素线的投影，也是圆锥面左、右分界的转向轮廓线。

素线

母线

图 4 – 17　圆锥体

画圆锥的三视图时，应先画圆的中心线和圆锥轴线的各投影，再从投影为圆的视图画起，按圆锥的高度确定锥顶，逐步画出其他视图。

二、圆锥表面点、线的投影

按图 4 – 18a 所示摆放圆锥体时，底面在 *V* 面和 *W* 面上的投影积聚为直线，而圆锥面在三个投影面上的投影均无积聚性。因此，在圆锥表面上取点、线时，当点位于底圆平面或圆锥面转向轮廓线上时，可按投影关系直接求出，而圆锥面上其余的点必须利用辅助线法或辅助圆法求作。

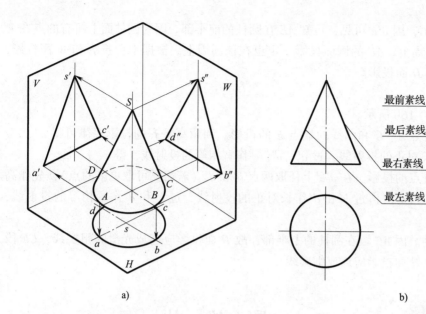

a)   b)

图 4 - 18 正圆锥的三视图

1. 求圆锥表面上点的投影

例 4 - 6 如图 4 - 19a 所示，已知圆锥表面上点 A 的水平投影（a），点 B 的正面投影 b'，求 a'、a'' 和 b、b''。

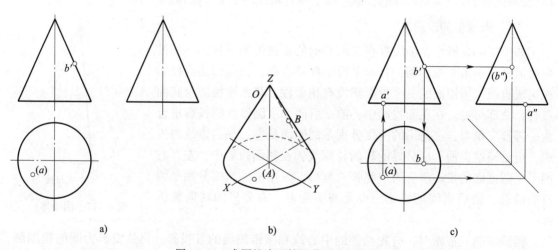

a)   b)   c)

图 4 - 19 求圆锥表面特殊位置点的投影

作图步骤：

如图 4 - 19a 所示，由于 A 点的水平投影 a 不可见，因此 A 点必定在底圆上（见图 4 - 19b），按"长对正，宽相等"的投影规律可直接求出 a' 和 a''，如图 4 - 19c 所示。根据 b' 点的位置，可知 B 点在圆锥最右的素线上（见图 4 - 19b），此素线在 H 面上的投影与圆的中心线重合，按长对正的投影规律可求出点 B 的 H 面投影 b，按高平齐的投影规律可求出其 W 面投影 b''，如图 4 - 19c 所示。由于 B 点在圆锥的右半部，因此 b'' 不可见，表示点的侧面投影的字母应加括号。

当点位于圆锥面上的一般位置时，求点的三面投影的方法有以下两种：

（1）过已知点与圆锥顶点作素线，这种方法称为辅助线法。

（2）过已知点作平行于底面的平面来切割圆锥，其交线为圆，这种方法称为辅助圆法。

下面通过求圆锥表面一般位置点的投影来说明辅助线法和辅助圆法的作图方法与步骤。

例 4-7 如图 4-20a 所示，已知圆锥表面上点 A 的 V 面投影 a'，求 a 和 a''。

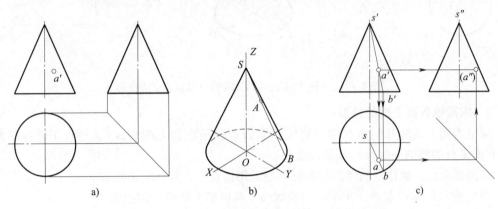

图 4-20 用辅助线法求圆锥表面一般位置点的投影

分析：

由图 4-20a 可知，a' 点可见，所以点 A 位于右前方的 1/4 圆锥面上。由于圆锥表面的投影不具有积聚性，因此必须过 a' 点在圆锥表面作一辅助线，为了作图方便，可在圆锥表面作过锥顶的辅助线，或者在圆锥表面作过该点的水平面切割圆锥体，其交线为圆，再根据点从属于线的特性求出 a 和 a''。

方法一：辅助线法

用辅助线法求圆锥表面上点的投影如图 4-20b、c 所示。

（1）连接 s' 和 a' 两点，并延长使其与底面相交于 b' 点，$s'b'$ 就是过点 A 的素线 SB 的正面投影。

（2）按直线的投影规律求出素线 SB 的水平投影 sb。点 A 在辅助直线 SB 上，根据点的从属性，点 A 的水平投影必定在辅助直线 SB 的水平投影 sb 上，按长对正的投影规律可求出点 A 的水平投影 a。

（3）根据 a 和 a' 两点，按投影规律可求得点 A 的侧面投影 a''。由于点 A 在右前方的 1/4 圆锥表面上，故点 A 的 H 面投影可见，W 面投影不可见。

方法二：辅助圆法

用辅助圆法求圆锥表面上点的投影如图 4-21b、c 所示。

（1）过 a' 点作一水平线使其与轮廓线相交，交点为 b' 和 c'，线段 $b'c'$ 的长度就是辅助圆的直径，由此可以作出辅助圆的水平投影。

（2）根据点的从属性，点 a 必定在该辅助圆的水平投影上，按长对正的投影规律可得点 A 的水平投影 a（交点有两个，由于点 A 在前半部，故前一个交点为 a）。

（3）根据 a 和 a' 两点，按投影规律即可求得点 A 的 W 面投影（a''）。

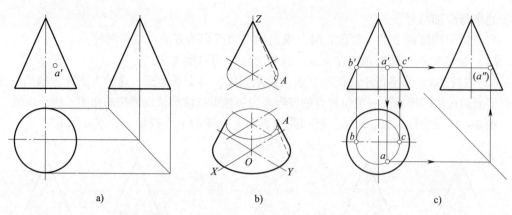

图 4 - 21　用辅助圆法求圆锥表面一般位置点的投影

2. 求圆锥表面上线的投影

圆锥表面上线的几何形状包括直线（素线或位于底面上的直线）、垂直于轴线的圆弧（与底面平行的圆的一部分）和其他曲线。

求圆锥表面一般位置曲线的投影时一般采用描点法，其作图步骤如下：

（1）先求特殊位置点（位于转向轮廓线上和底圆上的点）的投影。

（2）用辅助平面法或辅助圆法求一般位置点的投影，判别可见性后，用曲线光滑连接即可。

例 4 - 8　如图 4 - 22a 所示，已知圆锥表面上曲线 AC 的水平投影 ac，试求 AC 的 V 面投影和 W 面投影。

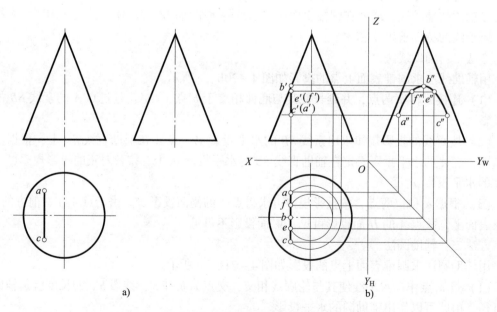

图 4 - 22　求圆锥表面上线的投影

分析：

如图 4 - 22 所示，由于曲线 AC 的水平投影与 OX 轴垂直，故曲线 AC 是圆锥表面上的一条平面曲线，且曲线所在的平面为侧平面，因此曲线 AC 的 V 面投影与圆锥轴线平行。作图时，应先求特殊位置点 B 的投影，再求一般位置点的投影。

作图步骤：

求圆锥表面上曲线 AC 未知投影的步骤如图 4-22 所示。

（1）求特殊位置点 B 的投影。点 B 在圆锥的最左素线上。根据长对正的投影规律可得 B 点的 V 面投影 b'，然后根据"高平齐，宽相等"的投影规律求出其 W 面投影 b''。

（2）求一般位置点的投影。在 ac 上任取两点 e 和 f（若需要可取更多的点），用辅助圆法（或辅助线法）求出点 A、C、E、F 的 V 面投影和 W 面投影。

（3）判断投影的可见性。将曲线 AC 的侧面投影光滑连接。由于曲线 AC 在左半个圆锥面上，故曲线 AC 的 W 面投影可见。

第五节　　　球　　体

球体可以看成是由半圆形母线以它的直径为轴线回转一周而形成的。球体的表面是曲面，且表面没有直线。

一、球体的投影

球体的三面投影均为圆，其直径与球的直径相等，但三个投影面上的圆是不同的转向轮廓线的投影。

球体的投影如图 4-23 所示，球的正面投影圆是球体前、后两半球的分界线（又称前后转向轮廓圆）A 的正面投影。球的水平投影圆是球体上、下两半球的分界线（又称上下转向轮廓圆）B 的水平投影。球的侧面投影圆是球体左、右两半球的分界线（又称左右转向轮廓圆）C 的侧面投影。

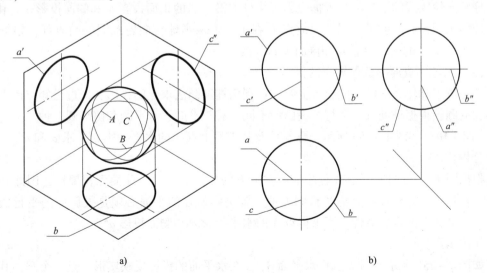

a)　　　　　　　　　　　　　　　b)

图 4-23　球体的投影

二、球体表面点、线的投影

1. 求球体表面上点的投影

（1）求位于球体表面转向轮廓线上点的投影

当点位于球体表面转向轮廓线上时，可利用点的投影规律直接求出其投影。

例 4－9　如图 4－24 所示，已知球体表面上 A 和 B 两点的水平投影 a 及 b，求 a'、a'' 和 b'、b''。

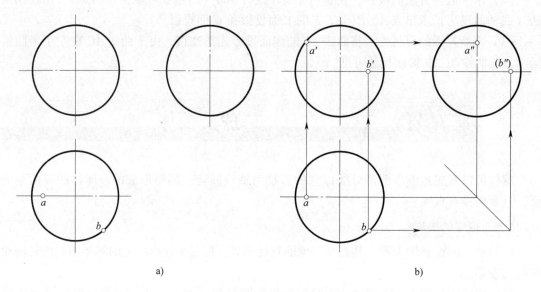

a)   b)

图 4－24　求球面上特殊位置点的投影

作图步骤：

如图 4－24 所示，由于 a 点可见，又在球体水平投影的横向中心线上，故点 A 在前、后两半球转向轮廓线的上半部，根据投影规律可求得点 A 的正面投影 a' 和侧面投影 a''。由于 b 点在球体水平投影的前半圆周上，故点 B 在上、下两半球转向轮廓线的前半部，根据投影规律可求得点 B 的正面投影 b' 和侧面投影（b''）。

（2）求球体表面一般位置点的投影

当点位于球体表面的一般位置上时，可利用辅助圆法求点的投影，即过已知点作平行于投影面的圆，根据辅助圆所平行的投影面不同，有正平圆、水平圆和侧平圆三种。

例 4－10　如图 4－25a 所示，已知球及其表面上点 A 的水平投影 a'，求 a 和 a''。

分析：

根据图 4－25a 可知，点 A 位于前面左上方的球面上。由于球面无积聚性，因此必须过点 A 在球体表面作辅助圆。为了作图方便，辅助圆所在的平面必须是投影面的平行面。再按点在辅助圆上的投影特性，可求得点 A 的水平投影 a 和侧面投影 a''。

作图步骤：

如图 4－25b 所示，过 A 点作水平面 S，S 在水平面的投影反映实形，是一个圆，其正面投影和侧面投影具有积聚性，为水平线。因此，过 a' 点作水平线与球体的正面投影（圆）

相交，以两个交点之间的距离为直径在 H 面上作圆，则点 A 的 H 面投影 a 在该圆上，按长对正的投影规律可求得点 A 的水平投影 a，再根据 a' 和 a 可求得 a''。点 A 在球体的左、上、前部，所以 a 和 a'' 可见，如图 4 – 25c 所示。

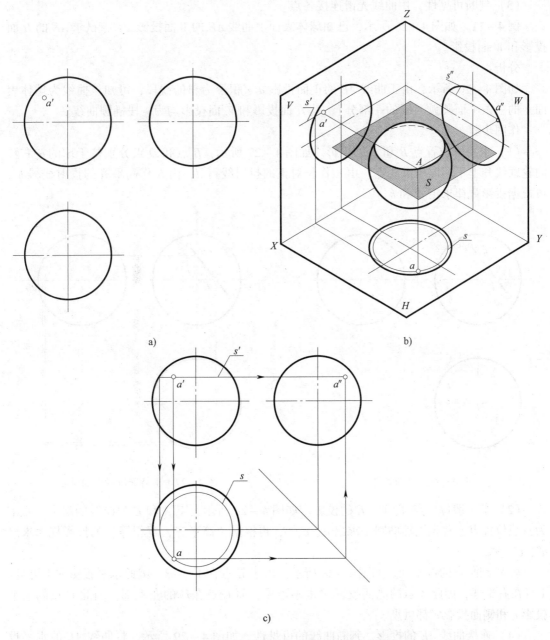

图 4 – 25   用辅助圆法求球体表面一般位置点的投影

2．求球体表面上线的投影

圆球表面上的线都是曲线，根据曲线与投影面之间位置关系的不同，曲线的投影可能是直线，也可能是曲线。

求球体表面上线的投影时一般采用描点法，其作图步骤如下：

（1）利用投影规律直接求出特殊位置点的投影。

（2）用辅助圆法求若干一般位置点的投影。

（3）判断可见性，用曲线光滑连接各点。

例 4 – 11 如图 4 – 26 所示，已知球体表面上曲线 AE 的 V 面投影 $a'e'$，试求 AE 的 H 面投影和 W 面投影。

分析：

如图 4 – 26 所示，由于曲线 AE 的正面投影 $a'e'$ 积聚为斜的线段，可知该曲线为球体表面上的一条平面圆弧（圆的一部分），其 H 面投影和 W 面投影均为一段椭圆曲线。

作图步骤：

（1）求特殊位置点 B 和 D 的投影。如图 4 – 27 所示，B 点和 D 点分别位于球的左右转向轮廓线和上下转向轮廓线上。由 d' 作长对正的投射线得 d，由 b' 作高平齐的投射线得 b''，再根据投影规律求出 d'' 和 b。

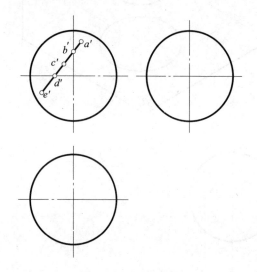

图 4 – 26　已知条件

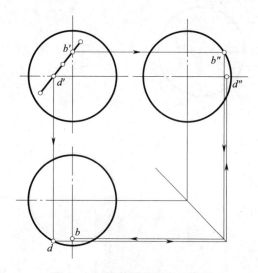

图 4 – 27　求特殊位置点的投影

（2）求一般位置点 A、C、E 的投影。如图 4 – 28 所示，点 A 和 E 为曲线的端点，点 C 为一般位置点，首先用辅助圆法求出 a、c、e，再根据"高平齐，宽相等"的投影规律求出 a''、c''、e''。

（3）判断点的可见性。如图 4 – 28 所示，由于 E 点在下半球，因此水平投影 e 不可见；A 点在右半球，因此 A 点的侧面投影 a'' 也不可见；而 C 点在球的左上部，因此 C 点的水平投影 c 和侧面投影 c'' 都可见。

（4）连接曲线 AE 的投影，判断曲线的可见性。如图 4 – 29 所示，将曲线 AE 的水平投影和侧面投影依次连成光滑曲线。球面上曲线 $ABCD$ 位于上半球面，水平投影 $abcd$ 可见，画成粗实线；而曲线 DE 位于下半球面，水平投影 de 不可见，画成细虚线。球面上曲线 $BCDE$ 位于左半球面，侧面投影 $b''c''d''e''$ 可见，画成粗实线；而曲线 AB 位于右半球面，侧面投影 $a''b''$ 不可见，画成细虚线。

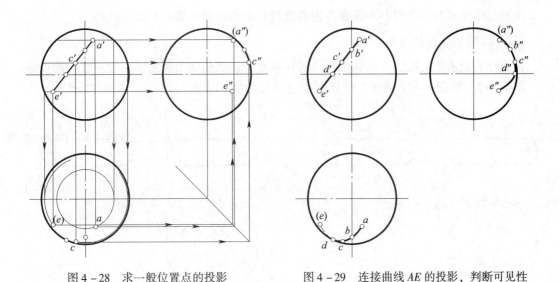

图 4 - 28　求一般位置点的投影　　　　图 4 - 29　连接曲线 *AE* 的投影，判断可见性

第六节　　　　　　　　圆　　环

如图 4 - 30a 所示，圆环是由环面组成的几何体，它可以看作平面圆绕圆平面上不通过圆心的轴线旋转而成的。靠近轴线的半圆所形成的环面称为内环面，远离轴线的半圆所形成的环面称为外环面。

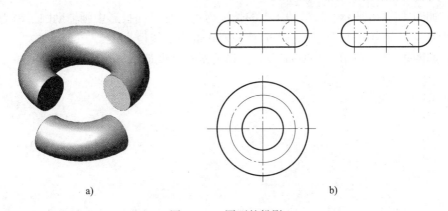

a)　　　　　　　　　　　　　　　　b)

图 4 - 30　圆环的投影

一、圆环的投影

如图 4 - 30 所示，当轴线垂直于 *H* 面时，俯视图为两个同心轮廓圆，它表示上下两部分分界线的投影；主视图由最左、最右素线圆（内半圈不可见）和上、下两条轮廓线组成；左视图由最前、最后素线圆（内半圈不可见）和上、下两条轮廓线组成。

注意：画圆环的投影时，一定要用细点画线画出圆环母线圆心回转的轨迹。

二、圆环表面点的投影

在圆环表面求点的投影方法如下：一般作垂直于轴线的辅助圆来求一般位置点的投影。

例 4 – 12 如图 4 – 31 所示，已知圆环表面上点 M 的正面投影 m'，求 m 和 m''。

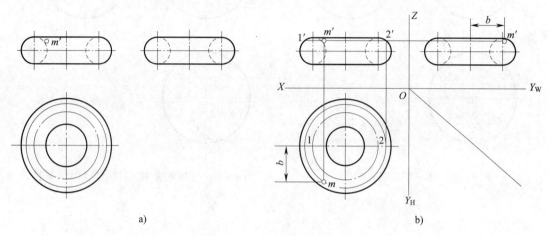

图 4 – 31 求圆环表面上点的投影

分析：

如图 4 – 31a 所示，由于 m' 点可见，故 M 点在环面前半部的外环面上。同时，M 点属于圆环表面上的一般位置点，故可采用过 M 点作一辅助圆的方法求出 M 点的另外两个投影 m 和 m''。

作图步骤：

（1）如图 4 – 31b 所示，在 V 面投影图中，过 m' 作 OZ 轴的垂直线，此线为过 M 点纬圆的投影，此线与轮廓线的交点为 $1'$ 和 $2'$。

（2）如图 4 – 31b 所示，以线段 $1'2'$ 的长度为直径在 H 面投影中画辅助圆，因为 m' 点可见，所以 M 点在前半个外环面上，过 m' 作长对正的投射线得 m。

（3）如图 4 – 31b 所示，根据 m' 和 m，利用投影规律即可求得 m''。

第五章　立体表面的截交线

许多机械零件是由简单立体根据不同的要求切割而成的，因此，在立体表面上就会出现一些交线。如图 5 – 1 所示，用平面切割立体，则该切割面称为截平面，如图 5 – 1c 中的平面 P 和平面 Q。截平面与立体表面的交线称为截交线，如图 5 – 1a 中的直线 AB、BC、CD 和 DA。由截交线所围成的平面称为截断面，如图 5 – 1a 中的平面 $ABCD$。

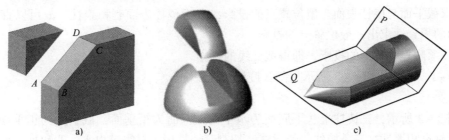

图 5 – 1　用平面切割立体

a）切割平面立体　b）切割曲面立体　c）切割回转组合体

由于各种立体的形状不同，截平面与立体的相对位置不一样，其截交线的形状也各不相同。截交线的两个基本性质如下：

1．共有性

截交线是截平面与立体表面的共有线，截交线上的点是截平面与立体表面的共有点。

2．封闭性

由于立体表面是封闭的，因此截交线是封闭的平面曲线（或直线），截断面是封闭的平面图形。

因此，求作截交线的问题可以归结为求截平面与立体表面共有点和共有线的问题。

如果是多个截平面截切时，可在基本体上形成切口或穿孔，则截交线是各截平面所截的交线的组合。求作截交线时，应分别作出各截平面与基本体相交形成的截交线以及相邻两截平面之间的交线，如图 5 – 1c 所示的顶尖头部的切口就是由 P 和 Q 两个平面截切圆柱、圆锥所形成的，该切口是由两条截交线所组成的空间封闭图形。

第一节　　　　棱柱表面的截交线

棱柱的表面是由平面围成的，棱线为直线，故截平面与棱柱表面相交时所得截交线的形状是平面多边形，截平面与棱线的交点是多边形的顶点，多边形的边是棱柱表面与截平面的交线。如图 5 – 2 所示为切割长方体和正六棱柱。

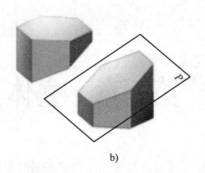

a)   b)

图 5 - 2   切割长方体和正六棱柱

求棱柱表面截交线的步骤如下：

1. 求截平面与棱线交点的投影。

2. 求截平面与棱柱表面一般位置点的投影，由于棱柱表面有积聚性，故可以直接利用棱柱表面的积聚性求出一般位置点的投影。

3. 按顺序连接各点的投影，即得截交线的投影。

例 5 - 1   绘制如图 5 - 3 所示切割三棱柱的左视图。

分析：

如图 5 - 3 所示，三棱柱上、下底面为水平面，侧面为铅垂面，截平面为正垂面，在 V 面的投影具有积聚性。三条棱线为铅垂线，切割三棱柱后，只需求出 Ⅰ 、Ⅱ 和 Ⅲ 三个点的 W 面投影，就可以绘制切割三棱柱的左视图。

作图步骤：

（1）如图 5 - 4 所示，作三棱柱的 W 面投影。

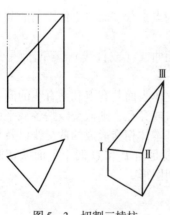
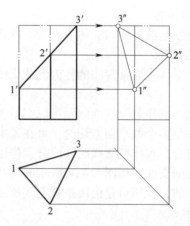

图 5 - 3   切割三棱柱   图 5 - 4   求 Ⅰ 、Ⅱ 和 Ⅲ 三点的投影

（2）如图 5 - 4 所示，根据棱线上点的投影规律，作高平齐的投射线，得 Ⅰ 、Ⅱ 和 Ⅲ 三点的投影 $1''$、$2''$、$3''$。

（3）如图 5 - 4 所示，按顺序连接各点的投影。

（4）判断可见性，整理并加深可见轮廓线，得切割三棱柱的左视图。如图 5 - 5 所示为切割三棱柱的投影图。

例 5 – 2 绘制如图 5 – 6 所示切割正六棱柱的左视图。

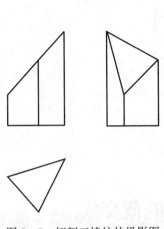

图 5 – 5 切割三棱柱的投影图

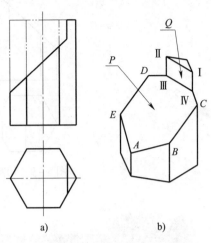

a)

b)

图 5 – 6 切割正六棱柱

分析：

由图 5 – 6b 可以看出，正六棱柱被侧平面 Q 和正垂面 P 切割。正六棱柱的 V 面投影和 H 面投影已知，因而先求出正六棱柱的 W 面投影，接着求 A、B、C、D、E 点的投影，最后求出 Ⅰ、Ⅱ、Ⅲ、Ⅳ点的投影，并按顺序连接各点，即可得投影图。

作图步骤：

（1）如图 5 – 7 所示，作出正六棱柱的 W 面投影，并根据点的投影规律求出截平面 P 与棱线的交点 A、B、C、D、E 的 W 面投影 a″、b″、c″、d″、e″。

（2）如图 5 – 8 所示，根据点的投影规律，求出截平面 Q 与棱柱表面的交点 Ⅰ、Ⅱ、Ⅲ、Ⅳ的 W 面投影 1″、2″、3″、4″。

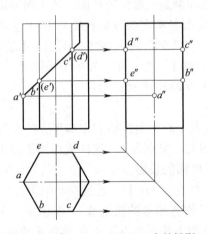

图 5 – 7 求 A、B、C、D、E 点的投影

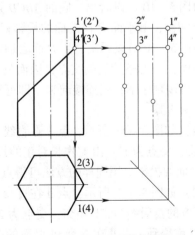

图 5 – 8 求 Ⅰ、Ⅱ、Ⅲ、Ⅳ点的投影

（3）按顺序将各点的投影连接起来，判断可见性，描深可见轮廓线，补齐细虚线，得切割正六棱柱的左视图。切割正六棱柱的投影图如图 5 – 9 所示。

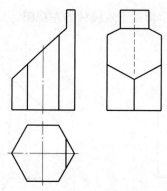

图 5 – 9　切割正六棱柱的投影图

第二节　棱锥表面的截交线

由于棱锥的表面是由平面围成的，棱线为直线，故截平面与棱锥相交的截交线是平面多边形，棱线与截平面的交点是多边形的顶点，多边形的边是棱锥表面与截平面的交线。

求棱锥表面截交线的步骤如下：

1. 求截平面与棱线交点的投影。

2. 求截平面与棱锥表面一般位置点的投影。对于有积聚性的棱锥表面上的点，可利用投影规律直接求出；对于一般位置棱锥表面上的点，可用辅助线法或辅助平面法求点的投影。

3. 按顺序连接各点的投影，即得截交线的投影。

例 5 – 3　完成如图 5 – 10 所示切割正四棱锥的俯视图和左视图。

分析：

由图 5 – 10 可以看出，底面 ABCD 是水平面，棱面都是一般位置平面。该正四棱锥被正垂面 P 切割，截平面 P 在 V 面的投影积聚为直线，需要补画它的 H 面投影和 W 面投影。

由图 5 – 10 可以看出，用 P 面去切割正四棱锥时，截交线是一个四边形，该四边形的顶点是平面 P 与四条棱线的交点，因而只需求出四个交点 Ⅰ、Ⅱ、Ⅲ、Ⅳ 的 H 面投影和 W 面投影，再按顺序把它们连接起来，即可得到截交线在 H 面和 W 面的投影。

作图步骤：

（1）如图 5 – 11 所示，点 Ⅰ 在直线 SA 上，通过点 Ⅰ 的 V 面投影 1′作高平齐的投射线与 s″a″相交，交点为 1″；由 1′作长对正的投射线与 sa 相交，交点为 1，这样就得到了点 Ⅰ 在 H 面和 W 面的投影。用同样的方法可得点 Ⅲ 在 H 面和 W 面的投影。

（2）如图 5 – 12 所示，点 Ⅱ 在直线 SB 上，点 Ⅳ 在直线 SD 上。通过点 Ⅱ 的 V 面投影 2′作高平齐的投射线与 s″b″相交，交点为 2″；再通过 2″作宽相等的投射线与 sb 相交，交点为 2，这样就得到了点 Ⅱ 在 H 面和 W 面的投影。用同样的方法可得点 Ⅳ 在 H 面和 W 面的投影。

（3）如图 5 – 13 所示，将 H 面及 W 面各交点的投影按顺序连接起来。

（4）判断可见性，擦除多余的图线及符号，描深可见轮廓线，注意补上 W 面投影上的细虚线，即可得切割正四棱锥的投影图。

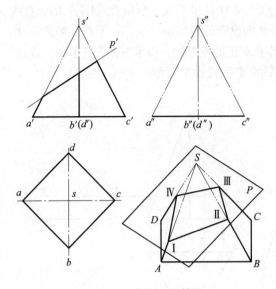

图 5 – 10　切割正四棱锥

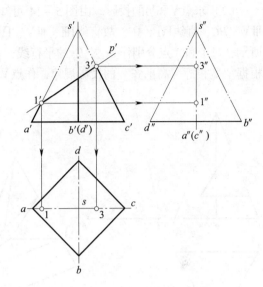

图 5 – 11　求点 Ⅰ 和 Ⅲ 的投影

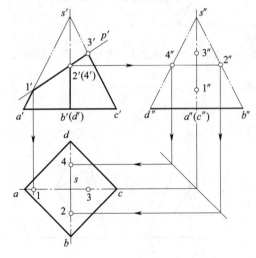

图 5 – 12　求点 Ⅱ 和 Ⅳ 的投影

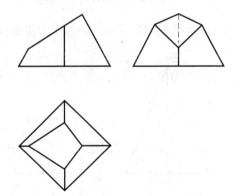

图 5 – 13　切割正四棱锥的投影图

例 5 – 4　如图 5 – 14 所示，完成带切口的正三棱锥的俯视图和左视图。

分析：

由图 5 – 14 可以看出，正三棱锥的底面 *ABC* 是水平面，棱面 *SAC* 是侧垂面，棱面 *SAB* 和 *SBC* 是一般位置平面。

如图 5 – 14 所示，用正垂面 *P* 和水平面 *Q* 切割正三棱锥，平面 *P* 及 *Q* 与棱线 *SA* 和 *SB* 分别交于 Ⅱ、Ⅰ、Ⅳ、Ⅲ 四个点，棱线上点的投影可直接求出。点 Ⅵ 在棱面 *SAC* 上，可直接利用侧面投影的积聚性和点的投影规律求出点 Ⅵ 的另外两个投影。

作图步骤：

（1）求特殊位置点 Ⅰ、Ⅱ、Ⅲ、Ⅳ 的投影。如图 5 – 15 所示，Ⅰ 和 Ⅱ 在棱线 *SA* 上，Ⅲ 和 Ⅳ 在棱线 *SB* 上，可直接利用直线上求点的方法求出点 Ⅰ、Ⅱ、Ⅲ、Ⅳ 的另外两面投影。

(2) 求点Ⅴ和Ⅵ的投影。由图5-14可知，截平面Q是水平面，所以直线ⅢⅤ∥AB，直线ⅢⅤ∥BC，直线ⅢⅥ∥AC，故直线ⅢⅤ、ⅢⅤ、ⅢⅥ的H面投影分别与ab、bc、ac平行。如图5—16所示，过1和3点分别作ac及bc的平行线，再作长对正的投射线，得水平投影5和6，最后，根据"宽相等，高平齐"的投影规律，作点Ⅴ和Ⅵ的W面投影5″和6″。

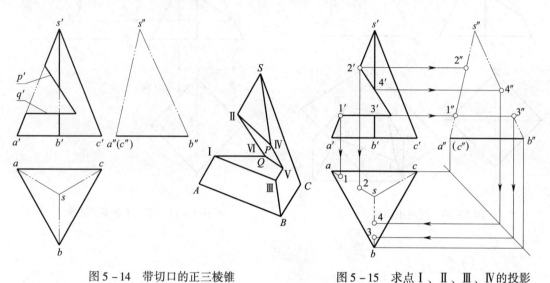

图5-14　带切口的正三棱锥　　　　　　　图5-15　求点Ⅰ、Ⅱ、Ⅲ、Ⅳ的投影

(3) 如图5-17所示，把各点的投影连接起来。

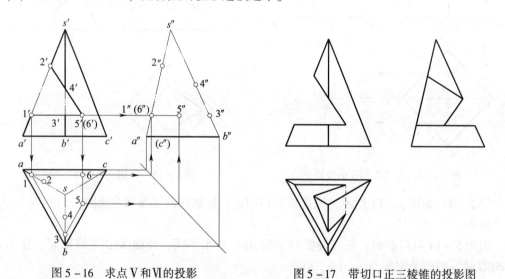

图5-16　求点Ⅴ和Ⅵ的投影　　　　　　　图5-17　带切口正三棱锥的投影图

(4) 判断可见性，整理并加深可见轮廓线，擦除多余的作图线，即可得到带切口正三棱锥的投影图，如图5-17所示。

注意：直线ⅤⅥ在俯视图中不可见，要画成细虚线。直线SA和SB被P面和Q面在Ⅱ、Ⅰ和Ⅳ、Ⅲ处切断，在投影图中不应连线。

第三节　圆柱表面的截交线

截平面与回转体相交时，截交线一般是封闭的平面曲线或平面曲线与直线的组合，在特殊情况下为平面多边形。作图的一般方法和步骤：首先看懂回转体的三视图，并分析截平面与回转体的相对位置，从而了解截交线的形状；再根据回转体表面取点的方法作出截交线。求作截交线的一般方法如下：

1. 先求特殊位置点

特殊位置点一般是截平面与回转体的转向轮廓线的交点，或是截交线上的极限位置点以及椭圆长轴、短轴的端点。

2. 再求一般位置点

为使作图准确，需作出一定数量的一般位置点。

3. 光滑连接各点

判断这些点的可见性，并将其顺序连接成截交线。

由于圆柱表面的投影具有积聚性，故直接用点的投影规律求圆柱的截交线。

圆柱表面的截交线有三种不同的形状，见表5-1。

表5-1　　　　　　　　　　　　　圆柱表面的截交线

截平面的位置	立体图	投影图	截交线的形状
截平面平行于轴线			矩形
截平面垂直于轴线			圆

续表

截平面的位置	立体图	投影图	截交线的形状
截平面倾斜于轴线	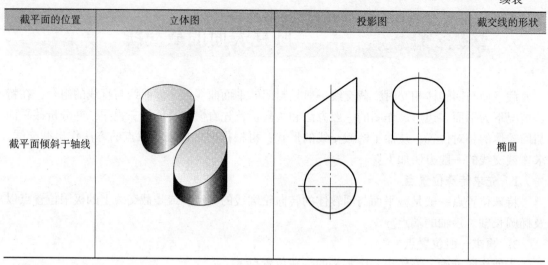		椭圆

例 5 – 5 如图 5 – 18 所示，绘制切割圆柱的左视图。

分析：

从图 5 – 18 可以看出，截平面平行于圆柱轴线，截交线为矩形，在 V 面和 H 面的投影积聚为直线，在 W 面的投影反映真实形状。作图时可直接利用点的投影规律求出 A、B、C、D 四点的投影。

作图步骤：

（1）如图 5 – 19 所示，作出圆柱的 W 面投影，并根据点的投影规律求出截断面上 A、B、C、D 四个顶点（特殊位置点）的 W 面投影 a''、b''、c''、d''。

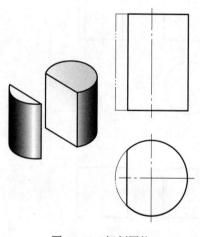

图 5 – 18　切割圆柱

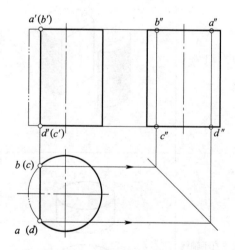

图 5 – 19　求特殊位置点的投影

（2）按顺序连接截交线，判断可见性，整理图线，加深可见轮廓线，得切割圆柱的左视图。如图 5 – 20 所示为切割圆柱的投影图。

例 5 – 6 如图 5 – 21 所示，绘制用正垂面切割圆柱的左视图。

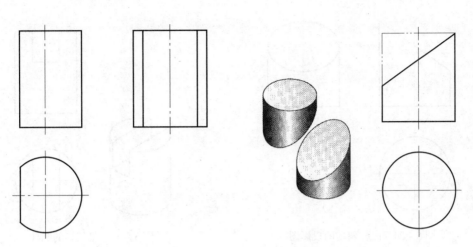

图 5-20　切割圆柱的投影图　　　　　图 5-21　用正垂面切割圆柱

分析：

如图 5-21 所示，截平面倾斜于圆柱轴线，截交线为椭圆。截交线在 V 面的投影积聚为直线，在 H 面的投影与圆重合，在 W 面的投影有相似性（类似性），仍为椭圆。

作图步骤：

（1）求特殊位置点的投影。如图 5-22 所示，作出圆柱的 W 面投影，并求出特殊位置点 A、B、C、D 的投影。

（2）求一般位置点的投影。如图 5-23 所示，先在截交线的 V 面投影上任取两对重影点的 V 面投影点 $1'$（$2'$）和 $3'$（$4'$），再根据圆柱面的积聚性作出其 H 面投影 1、2、3、4，然后利用点的投影规律求出其 W 面投影 $1''$、$2''$、$3''$、$4''$。

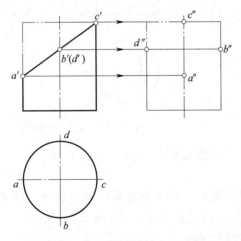

图 5-22　求特殊位置点的投影

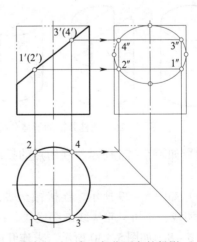

图 5-23　求一般位置点的投影

（3）完成左视图。如图 5-24 所示，按点的投影顺序光滑连接截交线，判断可见性，整理并加深可见轮廓线，得圆柱斜切的投影图。

例 5-7　如图 5-25 所示，绘制带切口的圆柱的左视图。

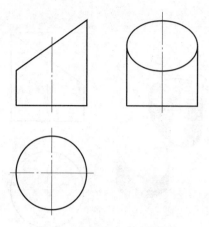

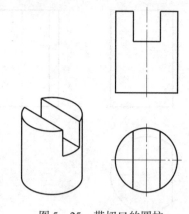

图 5-24　圆柱斜切的投影图　　　　　　图 5-25　带切口的圆柱

分析：

如图 5-26 所示为圆柱开槽的形体分析。圆柱上部开槽，可以看成用两个侧平面 Q 和一个水平面 P 切割而形成，形体前后、左右对称，水平面 P 在 W 面的投影积聚为直线，侧平面 Q 在 W 面的投影反映真实形状，利用点的投影规律可以直接求出点 A、B、C、D 的 W 面投影。

作图步骤：

（1）如图 5-27 所示，画出圆柱体的 W 面投影，利用水平面在 W 面有积聚性的特性作出 P 面（槽底）的投影。

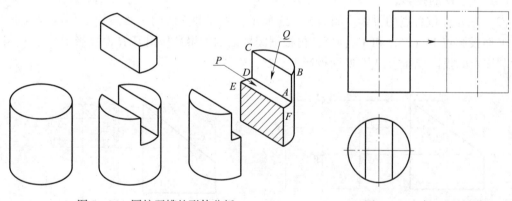

图 5-26　圆柱开槽的形体分析　　　　　　图 5-27　求 P 面的投影

（2）如图 5-28 所示，利用点的投影规律，求出截断面上四个顶点 A、B、C、D 的 W 面投影。

（3）如图 5-29 所示，连接截交线，判断可见性，整理并加深可见轮廓线。可见轮廓线画粗实线，不可见轮廓线画细虚线。带切口圆柱的投影如图 5-29 所示。

例 5-8　如图 5-30 所示，求作开槽圆筒的左视图。

分析：

如图 5-31 所示为圆筒开槽的形体分析。圆筒可以看成是从一个实心的大圆柱中先抽出一个小圆柱，然后在圆筒上开槽（如例 5-7）。因而作投影图的方法是先画两个圆柱的左视图，再分别作出两个圆柱槽的投影，即得到开槽圆筒的投影图。

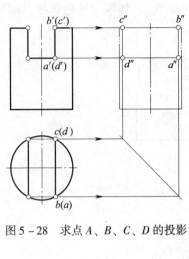

图 5-28　求点 A、B、C、D 的投影

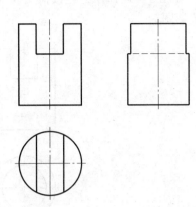

图 5-29　带切口圆柱的投影图

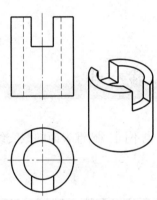

图 5-30　开槽圆筒

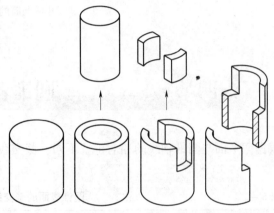

图 5-31　圆筒开槽的形体分析

作图步骤:

(1) 如图 5-32 所示,作圆筒的左视图。

(2) 如图 5-33 所示,分别作两个圆柱槽的投影(作图方法与例 5-7 完全一样)。

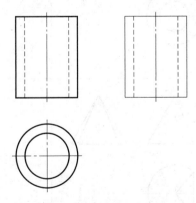

图 5-32　作圆筒的左视图

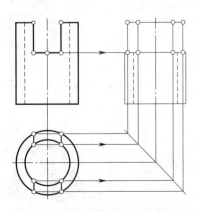

图 5-33　作两个圆柱槽的投影

（3）如图5-34所示，连接截交线（注意判断可见性），加深可见轮廓线，即可得开槽圆筒的投影图。

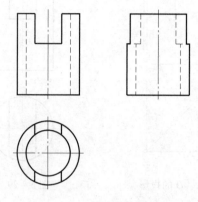

图5-34　开槽圆筒的投影图

第四节　圆锥表面的截交线

根据截平面与圆锥轴线的相对位置不同，截交线的形状也不同，圆锥表面的截交线见表5-2。

表5-2　　　　　　　　　　　圆锥表面的截交线

截平面与轴线的位置关系	立体图	投影图	截交线的形状
截平面垂直于轴线			圆
截平面通过锥顶			三角形

续表

截平面与轴线的位置关系	立体图	投影图	截交线的形状
截平面倾斜于轴线，并与所有的素线相交			椭圆
截平面倾斜于轴线，并与某一条素线平行			抛物线
截平面平行于轴线			双曲线

由于圆锥表面的投影没有积聚性，因而求圆锥表面的截交线时，不能像求圆柱表面的截交线那样，直接利用投影规律求点的投影。求圆锥表面截交线的步骤如下：

1. 利用点的投影规律，求出截交线上特殊位置点的投影。
2. 用辅助线法或辅助平面法求截交线上一般位置点的投影。

3. 按顺序光滑连接各点的投影，即得截交线的投影。

例5-9 如图5-35所示，完成切割圆锥的左视图。

分析：

用一侧平面切割圆锥，截交线为双曲线，截交线上有三个特殊位置点：最高点 C，最低点 A 和 B（又是最前点和最后点）。A、B、C 三点的投影可直接利用点的投影规律求出。一般位置点需用辅助平面法或辅助线法求出。

作图步骤：

(1) 求截交线上特殊位置点 A、B、C 的投影。如图5-36所示，利用点的投影规律直接求出特殊位置点 A、B、C 的投影。

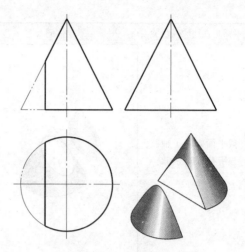

图5-35　切割圆锥

(2) 求截交线上一般位置点的投影。如图5-37所示，在截交线上任取点 I 的 V 面投影 1′。过 I 作水平面切割圆锥，交线为圆，该圆在 V 面和 W 面的投影积聚为直线，在 H 面的投影为圆。利用长对正的投影规律得 1，过 1 作宽相等的投射线得 1″；再利用对称性得 4″。用同样的方法可求出其他一般位置点的投影。

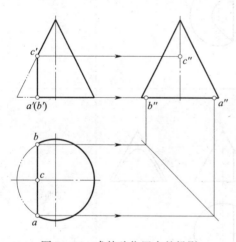

图5-36　求特殊位置点的投影

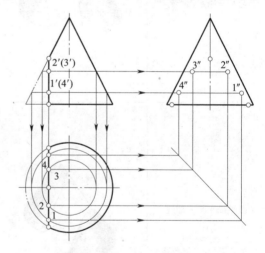

图5-37　求一般位置点的投影

(3) 完成左视图。如图5-38所示，按顺序光滑地连接截交线，判断可见性，整理并加深可见轮廓线，即可得切割圆锥的投影图。

例5-10 如图5-39所示，完成带切口圆锥的俯视图和左视图。

分析：

如图5-39所示，带切口的圆锥实际上可以看成是一个圆锥被水平面 P 和正垂面 Q 切割而成的，P 面垂直于圆锥轴线，其截交线为圆的一部分；Q 面倾斜于圆锥轴线，其截交线为椭圆的一部分。

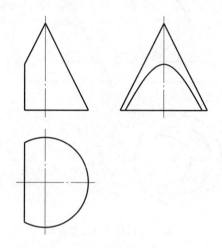
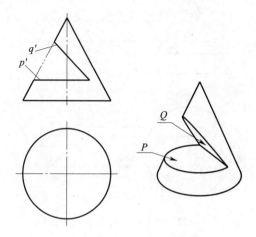

图 5 - 38　切割圆锥的投影图　　　　　　　　　　图 5 - 39　带切口圆锥

作图步骤：

（1）如图 5 - 40 所示，先作出圆锥在 W 面的投影。接着作水平面 P 与圆锥表面截交线的投影。

（2）作正垂面 Q 与圆锥表面截交线的投影。先在截交线上找出特殊位置点 Ⅰ、Ⅱ、Ⅲ 的 V 面投影，并求出其 H 面投影和 W 面投影，如图 5 - 41 所示；再在截交线上找出一般位置点 Ⅳ、Ⅴ、Ⅵ、Ⅶ 的 V 面投影，并利用投影规律求出其 H 面投影和 W 面投影，如图 5 - 42 所示。

（3）连接截交线，判断可见性，整理并加深可见轮廓线，得带切口圆锥的投影图，如图 5 - 43 所示。

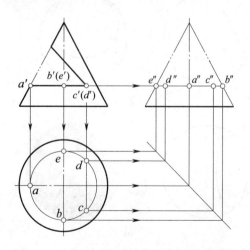
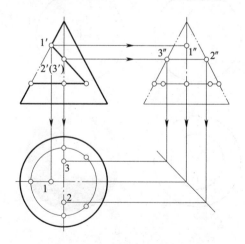

图 5 - 40　作 P 面与圆锥表面截交线的投影　　　　图 5 - 41　作 Q 面特殊位置点的投影

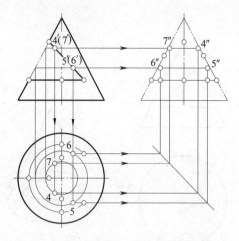

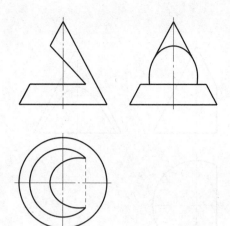

图 5-42　作 Q 面一般位置点的投影　　　　图 5-43　带切口圆锥的投影图

第五节　　球体表面的截交线

　　球体被任何平面切割时截交线都是圆，但由于截平面相对于投影面的位置不同，其截交线的投影可能为直线、圆或椭圆。

　　如图 5-44a 所示，球被水平面切割，则 V 面和 W 面的投影积聚为直线，H 面的投影为圆。如图 5-44b 所示，球被正垂面切割，则 V 面投影积聚为直线，H 面投影和 W 面投影为椭圆。

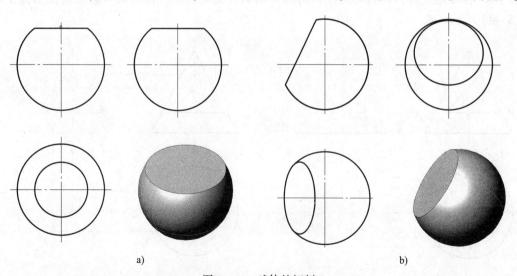

a)　　　　　　　　　　　　　　　　b)

图 5-44　球体的切割

a）球被水平面切割　　b）球被正垂面切割

　　因球体的表面不可能有直线，故只能用辅助平面法求球体表面的截交线。

　　求球体表面截交线的步骤如下：

1. 当截平面为投影面平行面时，可直接利用积聚性和真实性求出其投影。
2. 当截平面为投影面垂直面时：
(1) 求截断面上特殊位置点的投影。
(2) 用辅助平面法求截交线上一般位置点的投影，然后依次连接各点。

例 5 – 11　如图 5 – 45 所示，画出螺钉头的俯视图和左视图。

分析：

如图 5 – 45 所示，螺钉头上部开槽，实际上就是一个半球体被两个侧平面 P 和一个水平面 Q 截割而成，用平面 P 截切半球后，截交线在左视图上的投影是圆的一部分，在俯视图上的投影积聚为直线；用平面 Q 截切半球后，截交线在俯视图上的投影是圆的一部分，在左视图上的投影为直线；平面 P 与 Q 的交线都是正垂线，在左视图上有部分轮廓不可见。

作图步骤：

(1) 如图 5 – 46 所示，先作出半球在 H 面和 W 面的投影。

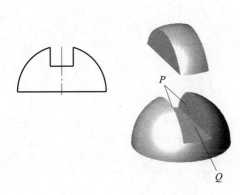

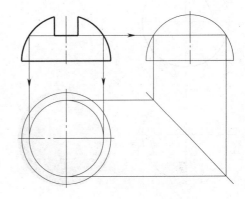

图 5 – 45　螺钉头切割示例　　　　　　　图 5 – 46　作 Q 面的投影

(2) 用水平面 Q 切割半球，Q 面在 W 面的投影积聚为直线，在 H 面的投影为圆的一部分，绘制其俯视图和左视图。

(3) 如图 5 – 47 所示，用侧平面 P 切割半球，截交线在 H 面的投影积聚为直线，在 W 面的投影反映真实形状，为圆的一部分。绘制其俯视图和左视图。

(4) 如图 5 – 48 所示，判断可见性，整理图线，可见轮廓绘制粗实线，不可见轮廓画成细虚线。螺钉头的投影图如图 5 – 48 所示。

例 5 – 12　如图 5 – 49 所示，绘制用正垂面切割球的俯视图和左视图。

分析：

球被一正垂面切割，其截交线是圆，截交线在 V 面的投影为直线，在 H 面和 W 面的投影为椭圆。因而求截交线 H 面和 W 面的投影时，需先求出四个特殊位置点的投影，再用辅助平面法求一般位置点的投影。

作图步骤：

(1) 如图 5 – 50 所示，作出球的 H 面和 W 面投影，并求出截交线上特殊位置点的投影。

(2) 如图 5 – 51 所示，求截交线上一般位置点的投影。在截交线上任取一点，用水平辅助平面切割球体，求出其 H 面和 W 面投影。用同样的方法可求出截交线上更多点的投影。

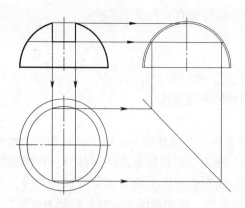

图 5 – 47　作 P 面的投影

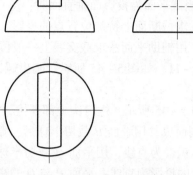

图 5 – 48　螺钉头的投影图

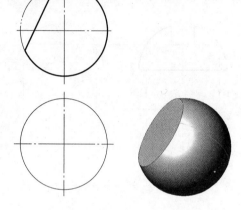

图 5 – 49　用正垂面切割球

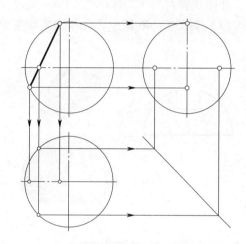

图 5 – 50　求截交线上特殊位置点的投影

（3）如图 5 – 52 所示，按顺序光滑连接各点的投影，判断可见性，整理图线并加深可见轮廓线，得球斜切的投影图。

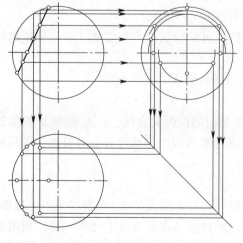

图 5 – 51　求截交线上一般位置点的投影

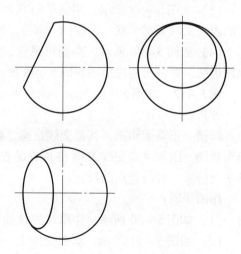

图 5 – 52　球斜切的投影图

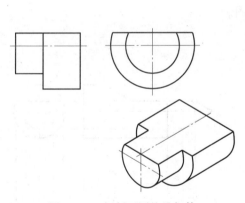

图 5 – 53　切割两圆柱叠加体

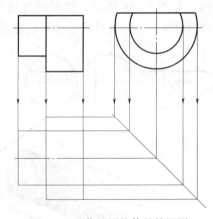

图 5 – 54　作两圆柱体的俯视图

第六节　　组合回转体表面的截交线

组合回转体是指由几个基本回转体叠加而形成的形体。

求组合回转体表面截交线的步骤如下：

1. 把组合回转体分成几个单独的基本回转体，画出各基本回转体之间表面交线的投影。

2. 分别求出每个回转体的截交线。

3. 把各段截交线组合在一起，就构成组合回转体表面的截交线。

例 5 – 13　如图 5 – 53 所示，求作切割两圆柱叠加体的俯视图。

分析：

从图 5 – 53 可以看出，这是一个同轴圆柱体叠加后被水平面切割而形成的立体，水平切割平面平行于圆柱轴线，所以截交线为矩形，其侧面投影积聚成直线，水平投影反映实形。作图时，先画左边圆柱体的截交线，再作右边圆柱体的截交线，最后将其组合在一起。

作图步骤：

（1）如图 5 – 54 所示，分别作出左、右两圆柱体的俯视图。

（2）如图 5 – 55 所示，分别作出左、右两圆柱体的截交线。

（3）如图 5 – 56 所示，把截交线组合在一起，判断可见性，整理并加深可见轮廓线，补画不可见轮廓线，即可得切割两圆柱叠加体的投影图。

例 5 – 14　如图 5 – 57 所示，求作柱锥组合回转体的俯视图。

分析：

如图 5 – 57 所示，柱锥组合回转体是由同轴的圆柱和圆锥组合而成的。被平面 P 和 Q 截切，其中截平面 Q 为水平面，平行于回转体轴线。截平面 Q 截切圆锥所得的截交线为双曲线，截切圆柱所得的截交线为矩形，它们的水平投影反映实形，侧面投影积聚成直线。截平面 P 倾斜于圆柱轴线，截切圆柱所得的截交线为椭圆弧，其水平投影、侧面投影不反映实形，具有相似性。作图时可先画出圆锥的截交线，再画出圆柱的截交线，最后把它们组合在一起。

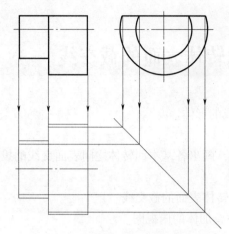

图 5-55　作两圆柱体的截交线

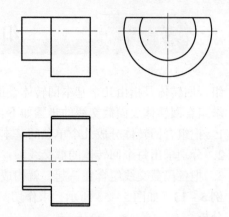

图 5-56　切割两圆柱叠加体的投影图

作图步骤：

（1）如图5-58所示，作出圆锥和圆柱的水平投影。

（2）如图5-58所示，作切割圆锥的截交线。

（3）如图5-59所示，作切割圆柱的截交线。

（4）如图5-60所示，整理组合截交线，判断可见性，加深可见轮廓线，不可见轮廓线画成细虚线，即可得柱锥组合回转体的投影图。

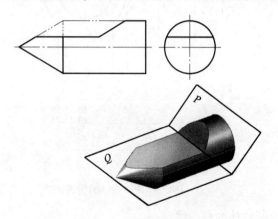

图 5-57　柱锥组合回转体

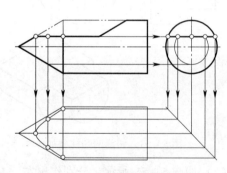

图 5-58　求切割圆锥的截交线

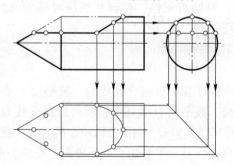

图 5-59　求切割圆柱的截交线

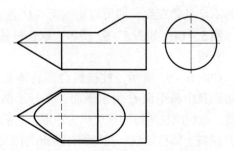

图 5-60　柱锥组合回转体的投影图

第六章　立体表面的相贯线

机械零件往往是由两个或两个以上的基本立体通过不同的方式组合而形成的。两立体相交称为相贯，此时两立体表面产生的交线称为相贯线。两立体常见的相贯形式有三种，即两平面立体相贯、平面立体与回转体相贯、两回转体相贯，如图6-1所示。

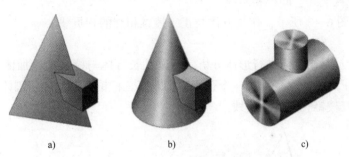

图6-1　两立体常见的相贯形式

a) 两平面立体相贯　b) 平面立体与回转体相贯　c) 两回转体相贯

由于两立体的形状不一样，相对位置不同，因而相贯时产生的相贯线的形状也各不相同。但都有以下两个基本性质：

1. 由于立体的表面是封闭的，因此，相贯线一般也是封闭空间曲线或直线。但当两立体的表面处在同一平面上时，两立体在此平面上没有共有线，相贯线是不封闭的。

2. 相贯线是两立体表面的共有线，也是两立体表面的分界线，故相贯线上所有的点都是两立体表面的共有点。

如图6-2所示为圆锥与棱柱相贯，假设把棱柱从圆锥中抽出来，这时圆锥与棱柱相交时的相贯线可以看成是由一个水平面、一个正垂面和一个侧平面切割圆锥而产生的截交线。因此，求两立体的相贯线实际上可以看成是求立体表面的截交线，本章将介绍不同立体相交时求相贯线的方法和步骤。

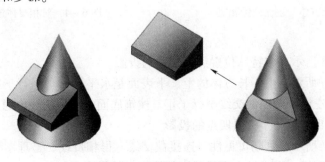

图6-2　圆锥与棱柱相贯

第一节　两平面立体相交时的相贯线

平面立体与平面立体相交，其相贯线是由若干段直线所围成的封闭空间图形（特殊情况为平面图形），每一段直线都是棱面与平面立体的截交线。

求两平面立体相交时相贯线的作图步骤如下：

1. 求特殊位置点的投影。

2. 用积聚性法、辅助线法或辅助平面法求棱线与棱面交点的投影。

3. 连接各段截交线，即得相贯线。

例 6 – 1　如图 6 – 3 所示，作长方体与正三棱锥相交的相贯线。

分析：

如图 6 – 4 所示对相贯体进行形体分析。可以从长方体与棱锥的叠加体中向前抽出长方体，相贯体变成了用两个水平面和一个正平面切割正三棱锥而形成的切割体。这时的截交线就是长方体与正三棱锥相交的相贯线。

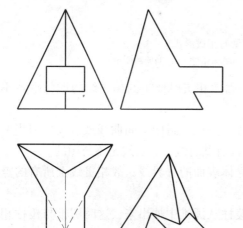

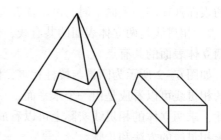

图 6 – 3　长方体与正三棱锥相贯　　　　　图 6 – 4　对相贯体进行形体分析

作图步骤：

（1）如图 6 – 5 所示，求特殊位置点Ⅰ和Ⅱ的投影。

（2）如图 6 – 6 所示，由于长方体的上、下表面是水平面，它平行于底面，因此，长方体上、下表面与正三棱锥侧面的交线平行于正三棱锥底面的相应棱线。通过 1 和 2 作相应底边的平行线，求出Ⅲ、Ⅳ、Ⅴ、Ⅵ四点的投影。

（3）如图 6 – 7 所示，判断可见性，连接截交线，得相贯线。整理图线，加深可见轮廓线，绘制不可见轮廓线，完成长方体与正三棱锥相贯的投影图。

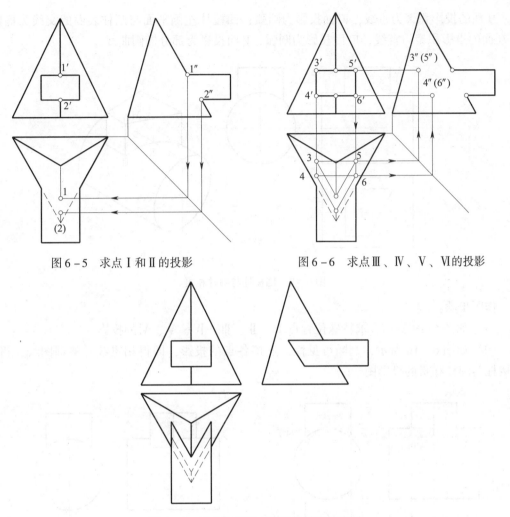

图 6 - 5 求点Ⅰ和Ⅱ的投影　　　　　　图 6 - 6 求点Ⅲ、Ⅳ、Ⅴ、Ⅵ的投影

图 6 - 7 长方体与正三棱锥相贯的投影图

第二节 平面立体与回转体相交时的相贯线

　　由于平面立体各表面均为平面，因此，平面立体与回转体相交的相贯线均是由平面曲线和直线组合而成的。每段平面曲线（或直线）可以看成是平面切割回转体而形成的截交线，两截平面与回转表面的交点为两段截交线的交点。

　　例 6 - 2　如图 6 - 8 所示，作四棱柱与圆柱的相贯线，并补全三视图上的轮廓线。

　　分析：

　　如图 6 - 8 所示为四棱柱与圆柱相贯，其相贯线可以看作四棱柱的四个棱面与圆柱表面相交。如图 6 - 8b 所示，四棱柱前、后两个面与圆柱表面的交线为侧垂线，在 V 面和 H 面的投影反映实长，W 面投影积聚为一个点；四棱柱右侧平面与圆柱表面的交线为圆弧，在 V

面、H 面的投影积聚为直线，W 面投影为圆弧；四棱柱左侧平面与圆柱表面的交线为椭圆，在 H 面的投影积聚为直线，W 面投影为圆弧，V 面投影为部分椭圆曲线。

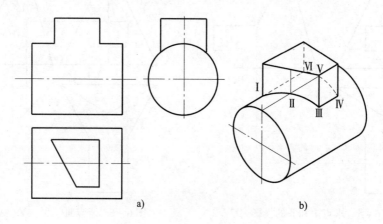

图 6 - 8　四棱柱与圆柱相贯

作图步骤：

（1）如图 6 - 9 所示，求特殊位置点 I 、II 、III 、IV 、V 、VI 的投影。

（2）如图 6 - 10 所示，判断可见性，连接各点的投影，即得相贯线。整理图线，得到四棱柱与圆柱相贯的投影图。

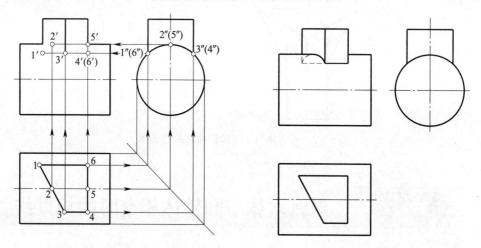

图 6 - 9　求特殊位置点的投影　　　　图 6 - 10　四棱柱与圆柱相贯的投影图

例 6 - 3　如图 6 - 11 所示，补画俯视图上三棱柱与圆锥相交的相贯线。

分析：

如图 6 - 11 所示为三棱柱与圆锥相贯，可以看成是把三棱柱从圆锥中抽出，这时圆锥就是一个由正垂面和水平面截割而形成的切割体。画投影图时，先求特殊位置点 I 、II 、III 、IV 、V 、VI 在圆锥上的投影；然后利用水平面在 H 面投影的真实性求贯穿点 III 和 IV 的投影，作出三棱柱底面与圆锥面的截交线；再用辅助平面法求出正垂面与圆锥的截交线上一般位置点的投影；最后将两截交线组合起来就是两立体相交时的相贯线。

作图步骤：

（1）如图 6 - 12 所示，求出特殊位置点Ⅰ和Ⅱ的投影。

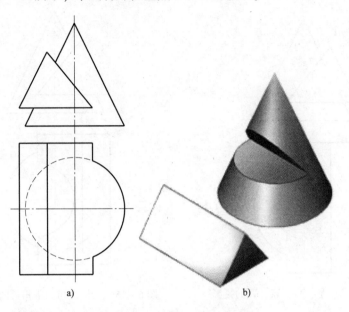

图 6 - 11　三棱柱与圆锥相贯

a）视图　b）立体图

（2）如图 6 - 13 所示，求作水平面、正垂面与圆锥表面公共交点（贯穿点）Ⅲ和Ⅳ的投影。

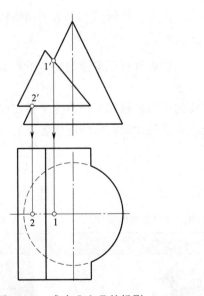
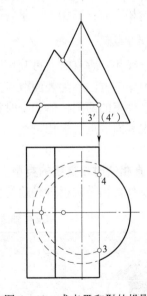

图 6 - 12　求点Ⅰ和Ⅱ的投影　　　　图 6 - 13　求点Ⅲ和Ⅳ的投影

（3）如图 6 - 14 所示，用辅助平面法求正垂面与圆锥截交线上特殊位置点Ⅴ、Ⅵ及一般位置点Ⅶ、Ⅷ的水平投影。

（4）如图 6 – 15 所示，判断可见性，整理图线，描深可见轮廓线，得到三棱柱与圆锥相贯的投影图。

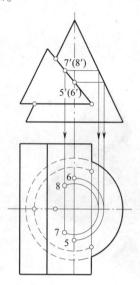
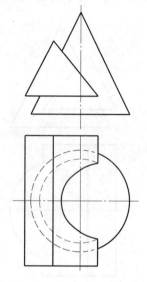

图 6 – 14　求点 Ⅴ、Ⅵ、Ⅶ、Ⅷ的投影　　　　图 6 – 15　三棱柱与圆锥相贯的投影图

第三节　两回转体相交时的相贯线

当两回转体相交时，其相贯线是封闭的空间曲线，特殊情况下为平面曲线。

一、表面取点法

当两圆柱轴线相互垂直时，可利用圆柱表面投影具有积聚性的特点求相贯线上一般位置点的投影，这种作图方法称为表面取点法。

求轴线相互垂直的两圆柱体相交时相贯线的作图步骤如下：首先求相贯线上特殊位置点的投影；然后用表面取点法求相贯线上一般位置点的投影；最后连接各点的投影，即得圆柱与圆柱的相贯线。

1. 轴线垂直相交时相贯线的类型

两圆柱轴线垂直相交时相贯线的类型见表 6 – 1。

表 6 – 1　　　　　　　　　　两圆柱轴线垂直相交时相贯线的类型

$d > D$	$D = d$	$d < D$

续表

$d > D$	$D = d$	$d < D$
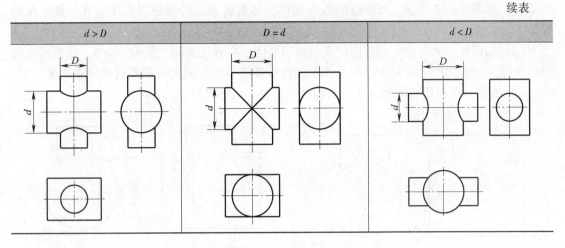		

例 6 – 4　如图 6 – 16 所示，求两圆柱轴线垂直相交时的相贯线。

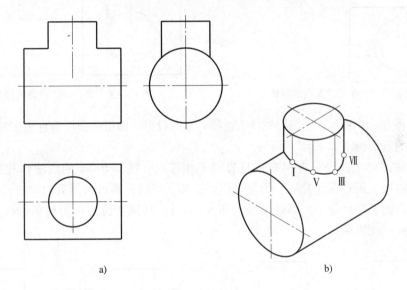

a)　　　　　　　　　　　　　　b)

图 6 – 16　两圆柱相贯

a）三视图　b）立体图

分析：

从图 6 – 16 可知，这是直径不同、轴线垂直相交的两圆柱相贯，其相贯线为一封闭的、前后、左右对称的空间曲线。因圆柱表面的投影有积聚性，故对于相贯线上一般位置点的投影可用表面取点法直接求出。

小圆柱和大圆柱的轴线分别垂直于 H 面和 W 面，因此，相贯线的 H 面投影与小圆柱的 H 面投影重合，为一个圆；相贯线的 W 面投影与大圆柱的 W 面投影重合，为一段圆弧。只要求出相贯线的 V 面投影即可。由于相贯线前后对称，因此它的 V 面投影中前半部分曲线与后半部分曲线重合。

作图步骤：

（1）如图 6-17 所示，根据点的投影规律，可直接求出特殊位置点 Ⅰ、Ⅱ、Ⅲ、Ⅳ 的投影。

（2）如图 6-18 所示，利用圆柱表面的积聚性，在 H 面投影上任取一点 5，作宽相等的投射线得 5″，再利用"长对正，高平齐"的投影规律得 5′。同时可根据对称性求出 6′、7′、8′。如果需要，可利用相同的方法求出相贯线上更多点的投影。

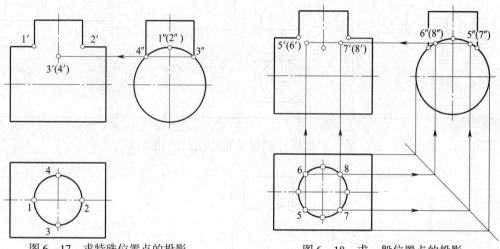

图 6-17　求特殊位置点的投影　　　　图 6-18　求一般位置点的投影

（3）如图 6-19 所示，判断可见性，连接各点的投影，即得两圆柱垂直相交时的相贯线。相贯线的近似画法如下：

当两圆柱正交（轴线垂直相交）且直径不相等时，按例 6-4 的画法作相贯线时太麻烦，且手工连线也很难保证光滑。为简化作图，相贯线的投影可采用近似画法，即用圆弧代替非圆曲线。圆弧半径等于大圆柱半径，即 $R = D/2$，其圆心位于小圆柱的轴线上，具体作图方法如图 6-20 所示。

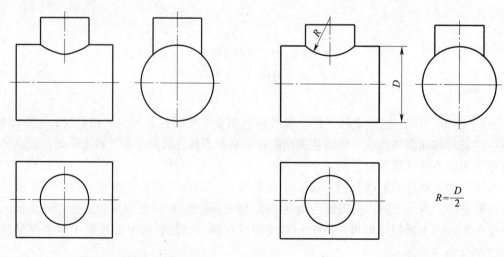

图 6-19　两圆柱垂直相交时的相贯线　　　　图 6-20　相贯线近似画法

2. 从圆柱相贯到圆筒相贯的演变过程

从圆柱相贯到圆筒相贯的演变过程见表 6 - 2。

表 6 - 2　　　　　　　　　　从圆柱相贯到圆筒相贯的演变过程

两圆柱外表面相交	圆柱外表面与圆柱孔内表面相交	两圆柱孔内表面相交

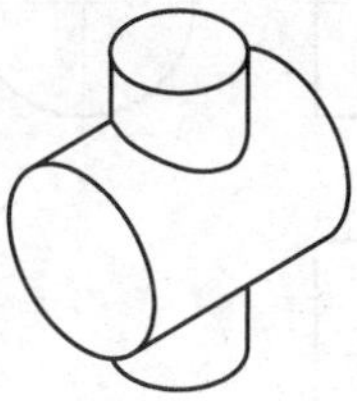

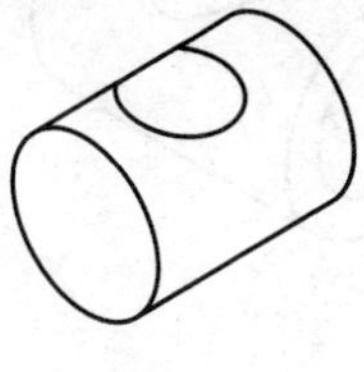

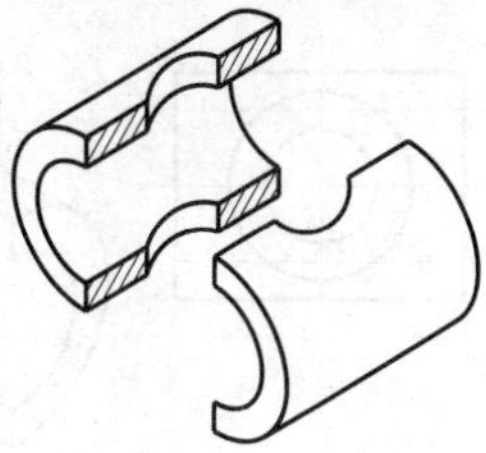

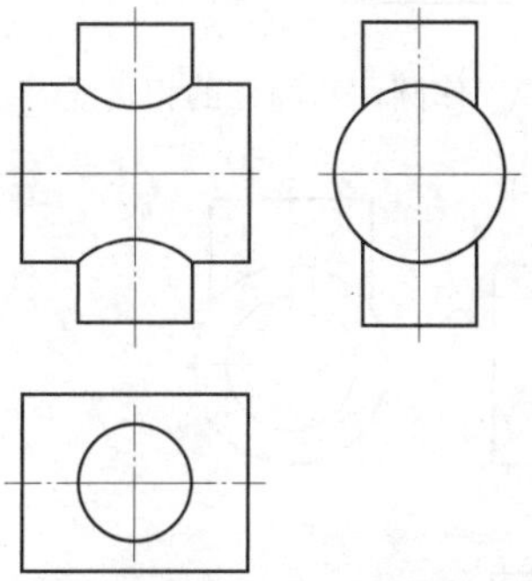

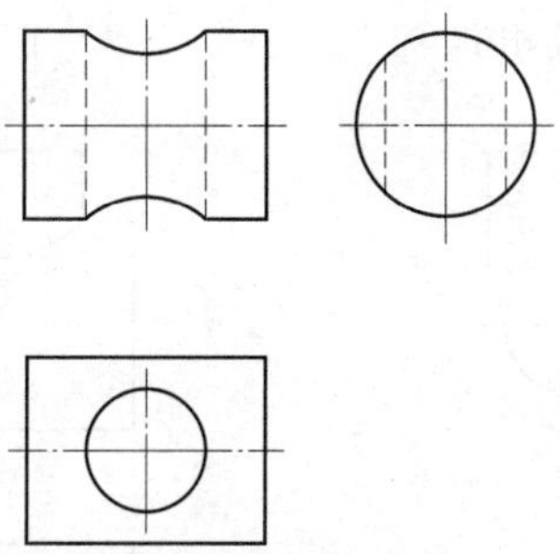

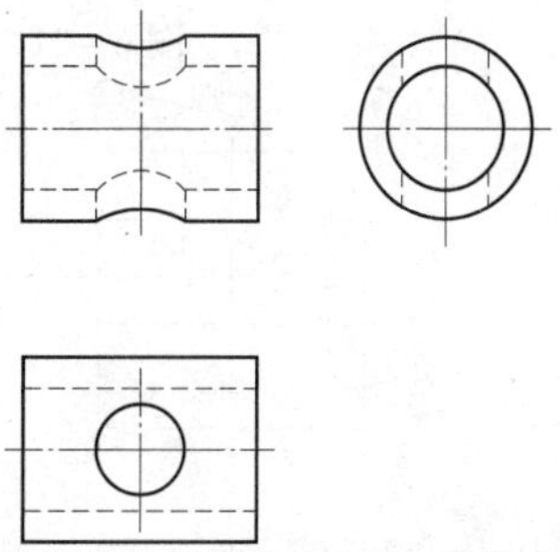

从表 6 - 2 可以看出：圆柱打孔的相贯线和两圆柱相交的相贯线的形状相同；圆筒打孔外形的相贯线与圆柱打孔的相贯线也是一样的，孔与孔相贯和两圆柱相交的相贯线的形状也一样，但相贯线是不可见的，为细虚线。

例 6 - 5　如图 6 - 21 所示，作圆筒与圆筒相交时的相贯线。

分析：

解本例题的关键是要想象两圆筒相交的内、外相贯线的形状。解题时，可先考虑外形，再想象内形，如图 6 - 21 所示。

作图步骤：

（1）如图 6 - 22 所示，作圆柱与圆柱的相贯线。

（2）如图 6 - 23 所示，作内孔与内孔的相贯线。

（3）如图 6 - 24 所示，整理图线，判断可见性，按线型描深图线，即得两圆筒相交时的相贯线。

3. 轴线的相对位置改变，直径不变时的圆柱相贯线变化情况

轴线的相对位置改变但直径不变时，圆柱的相贯线会发生变化，两圆柱轴线垂直但不相交时相贯线的变化趋势见表 6 - 3。

铅垂圆柱轴线前移，两圆柱全贯，相贯线是围绕在铅垂圆柱上的空间曲线，此时，相贯线前后不对称，其正面投影前后不重合，前面是可见曲线，后面是不可见曲线。若铅垂圆柱轴线再前移，两圆柱互贯，相贯线更为复杂。

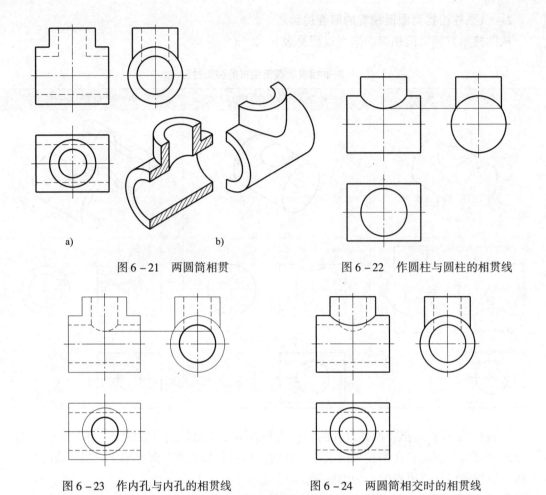

a)   b)

图 6 – 21　两圆筒相贯　　　　　　　图 6 – 22　作圆柱与圆柱的相贯线

图 6 – 23　作内孔与内孔的相贯线　　图 6 – 24　两圆筒相交时的相贯线

表 6 – 3　　　　　　　　两圆柱轴线垂直但不相交时相贯线的变化趋势

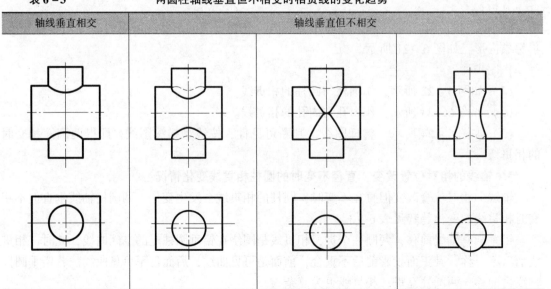

轴线垂直相交		轴线垂直但不相交	

二、辅助平面法

两回转体中至少有一个表面没有积聚性时，不能直接用积聚性法求相贯线上一般位置点的投影，这时应采用辅助平面法。辅助平面法采用三面共点的原理，即作一辅助平面同时截切相贯的两基本体，得到两条截交线，这两条截交线的交点必定为两基本体表面的共有点，即相贯线上的点，如图 6 - 25 所示。为了作图简便和准确，辅助平面的选择原则如下：

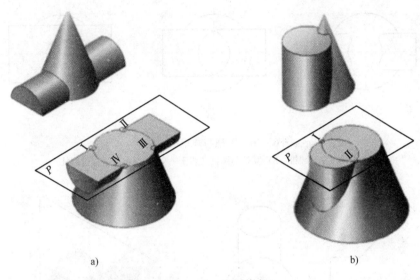

a)　　　　　　　　　　b)

图 6 - 25　三面共点

1. 辅助平面的位置应取在两回转体有共有点的范围内。

2. 辅助平面与两回转体截交线的投影应同时都是圆或直线。为了得到直线截交线，常选取平行于圆柱轴线和通过圆锥锥顶的辅助平面；为了得到圆截交线，对于回转体应取垂直于轴线的辅助平面，如图 6 - 25 所示。

随着圆柱直径的改变，圆柱与圆锥相交的相贯线的形状也是变化的。

如图 6 - 26a 所示，当圆柱贯穿于圆锥时，相贯线是围绕在圆柱面上的空间曲线，左右各一条，且相互对称；如图 6 - 26b 所示，当圆柱与圆锥共切于一个球时，相贯线的形状为两相交的椭圆，在主视图的投影为两相交的直线，俯视图的投影为两相交的椭圆，每个椭圆上半部可见，下半部不可见；如图 6 - 26c 所示，当圆锥贯穿圆柱时，其相贯线为围绕在圆锥面上的空间曲线，上下各一条。

例 6 - 6　如图 6 - 27 所示，求圆柱与圆柱斜交时的相贯线。

分析：

圆柱与圆柱轴线斜交时，相贯线为封闭的空间曲线。由于这两个回转体前后对称，因此相贯线也前后对称。又由于正圆柱的侧面投影积聚成圆，相贯线的投影也必然重合在这个圆周上。此时需要求出相贯线的正面投影和水平投影。可选择正平面作辅助平面，它与两圆柱体表面的交线均为直线，直线与直线的交点就是相贯线上的点，如图 6 - 27 所示。

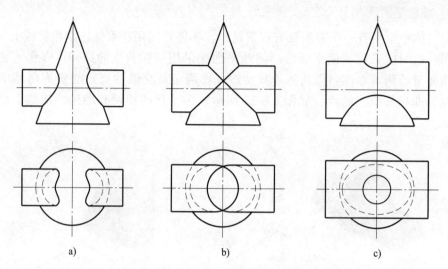

图 6 – 26　圆柱与圆锥的相贯线

a）圆柱穿过圆锥　b）圆柱与圆锥共切于一个球　c）圆锥穿过圆柱

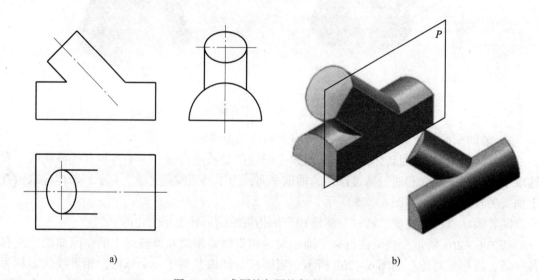

图 6 – 27　求圆柱与圆柱斜交的相贯线

作图步骤：

（1）如图 6 – 28 所示，利用点的投影规律直接求出特殊位置点Ⅰ、Ⅱ、Ⅲ、Ⅳ的投影。

（2）如图 6 – 29 所示，用辅助平面 P 切割两圆柱体，求相贯线上一般位置点Ⅴ、Ⅵ、Ⅶ、Ⅷ的投影。

（3）如图 6 – 30 所示，整理图线，判断可见性，连接相贯线，加深可见轮廓线，即得圆柱斜贯的投影图。

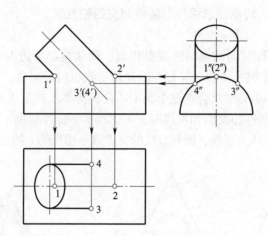

图 6 – 28　求特殊位置点的投影

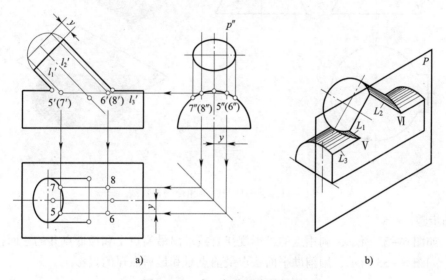

a)　　　　　　　　　　　　　　　　b)

图 6 – 29　求一般位置点的投影

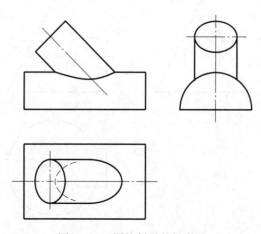

图 6 – 30　圆柱斜贯的投影图

例 6 – 7 如图 6 – 31 所示，求圆柱与圆锥相交的相贯线。

分析：

如图 6 – 31a 所示，圆柱与圆锥轴线垂直相交，圆柱全部穿进左半圆锥，相贯线为封闭的空间曲线。由于这两个回转体前后对称，因此相贯线也前后对称。又由于圆柱的侧面投影积聚成圆，相贯线的投影也必然重合在这个圆上。此例需要求相贯线的正面投影和水平投影。求图 6 – 31a 所示圆柱与圆锥相交的相贯线时，可选择水平面作辅助平面，它与圆锥表面的交线为圆，与圆柱表面的交线为直线，圆与直线的交点就是相贯线上的点，如图 6 – 31b 所示。

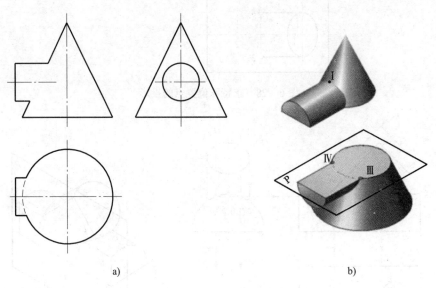

a)   b)

图 6 – 31　求圆柱与圆锥相交的相贯线

作图步骤：

（1）如图 6 – 32 所示，利用点的投影规律直接求出最高点 Ⅰ 和最低点 Ⅱ 的三面投影。

（2）如图 6 – 33 所示，用辅助平面法求最前点 Ⅲ 和最后点 Ⅳ 的投影。

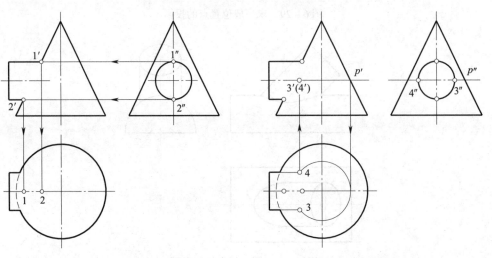

图 6 – 32　求 Ⅰ 和 Ⅱ 两点的投影　　　　图 6 – 33　求 Ⅲ 和 Ⅳ 两点的投影

（3）如图 6 - 34 所示，用辅助平面法求出一般位置点 Ⅴ、Ⅵ、Ⅶ、Ⅷ的投影。

（4）如图 6 - 35 所示，判断可见性，连接相贯线，整理图线，描深可见轮廓线，即得圆柱与圆锥相贯的投影图。

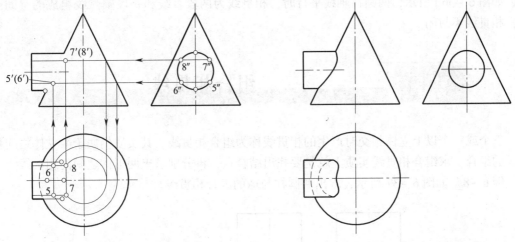

图 6 - 34　求一般位置点的投影　　　　　图 6 - 35　圆柱与圆锥相贯的投影图

三、圆柱、圆锥和球同轴（或轴线平行）时的相贯线

如图 6 - 36 所示，圆柱、圆锥和球同轴或轴线平行时，两立体相交时相贯线的形状分为以下几种情况。

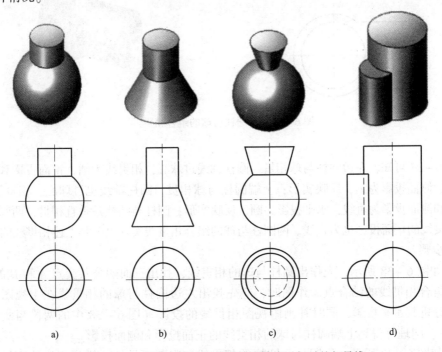

图 6 - 36　圆柱、圆锥和球同轴或轴线平行时的相贯线

a）圆柱与球相贯　b）圆柱与圆锥相贯　c）圆锥与球相贯　d）圆柱与圆柱相贯

如图 6-36a 所示，球心在圆柱轴线上，相贯线的形状为一平面圆。

如图 6-36b 所示，圆柱与圆锥同轴时，相贯线的形状为一平面圆。

如图 6-36c 所示，球心在圆锥轴线上，相贯线的形状为一平面圆。

如图 6-36d 所示，两圆柱轴线平行时，相贯线为两段直线和一段圆弧线组成的空间线框，相贯线不封闭。

第四节　组合相贯线

三个或三个以上立体相交时产生的相贯线称为组合相贯线。其实质仍属于两立体之间相贯线的组合，求组合相贯线实质上就是要找出结合点，再分别求出两形体之间的相贯线。

例 6-8　如图 6-37 所示，求出两圆柱与球的组合相贯线。

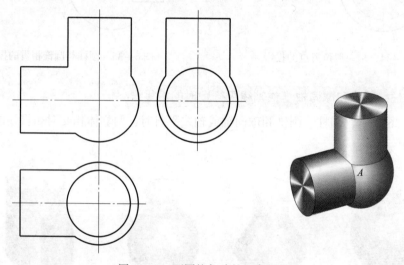

图 6-37　两圆柱与球的组合相贯

分析：

由图 6-37 可知，左边圆柱与球相贯，圆柱轴线过球心，相贯线为圆，正面投影和水平投影为直线，侧面投影为圆，反映实形；上端圆柱与球相贯，圆柱轴线也过球心，相贯线为圆，正面投影和侧面投影为直线，水平投影为圆，反映实形；圆柱与圆柱是垂直相贯，两圆柱直径相等，相贯线的正面投影也为直线。两圆柱与球的组合相贯线实际上就是上述相贯线的组合。

作图步骤：

（1）如图 6-38 所示，先作出圆柱与球的相贯线，找出三面的公共交点 A 和 B 的投影，该交点为组合相贯线的结合点。作图时，应先找出左边圆柱与球的相贯线在主视图上的投影，然后分析其水平投影，同时补画俯视图相贯线的投影（图 6-38 中的两段粗实线和一段细虚线）。同理可得到上端圆柱与球的相贯线的正面投影和侧面投影。

（2）如图 6-39 所示，作圆柱与圆柱的相贯线，判断可见性，描深可见轮廓线，即得两圆柱与球组合相贯的投影图。

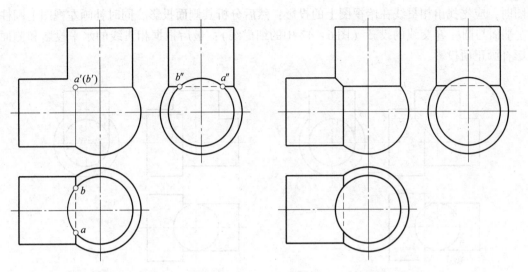

图 6 – 38　求三表面结合点的投影　　　　图 6 – 39　两圆柱与球组合相贯的投影图

例 6 – 9　如图 6 – 40 所示，求三个圆柱的组合相贯线。

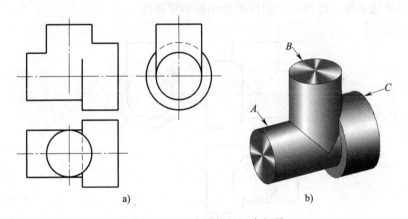

a)　　　　　　　　　　　b)

图 6 – 40　三个圆柱的组合相贯

分析：

如图 6 – 40b 所示，该相贯体由三个圆柱 A、B、C 组成，形体前后对称，其中圆柱 A 和 C 同轴，端面叠加，其 W 面投影积聚为两个同心圆；圆柱 B 的轴线与圆柱 A 和 C 的轴线垂直相交，H 面投影积聚为圆；圆柱 C 的左端面与圆柱 B 截交。圆柱 A 和 B 以及 B 和 C 分别相贯，相贯线都是空间曲线；圆柱 C 的左端面与圆柱 B 之间的截交线是两段直线。由于圆柱 B 的水平投影有积聚性，故这些交线的水平投影都是已知的。因而要求出 A、B、C 三个圆柱表面的交线，就要逐个求出 A 与 B、B 与 C 以及 C 与 A 表面的交线，最后把各段交线综合起来，得组合相贯体的相贯线。

作图步骤：

（1）如图 6 – 41 所示，按等直径圆柱相贯的作图方法作出圆柱 A 与圆柱 B 的相贯线。

（2）如图 6 – 42 所示，按圆柱与圆柱相贯的作图方法作出圆柱 B 与圆柱 C 的相贯线。

作图时，应先找出相贯线在俯视图上的投影；然后分析其侧面投影，同时补画左视图上圆柱
C 左端面与圆柱 B 交线的投影（图 6 – 42 中的细虚线）；最后根据相贯线的水平投影和侧面
投影补画正面投影。

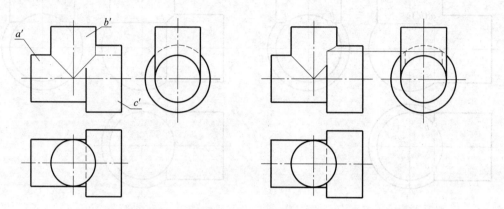

图 6 – 41　作 A 和 B 两圆柱的相贯线　　　　　图 6 – 42　作 B 和 C 两圆柱的相贯线

（3）如图 6 – 43 所示，判断可见性，连接圆柱表面之间的交线，得组合相贯线，整理
图线，描深可见轮廓线，即得三个圆柱组合相贯的投影图。

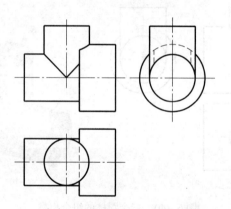

图 6 – 43　三个圆柱组合相贯的投影图

第七章 轴测图

在机械工程中，常用如图7-1a所示的多面正投影图来表达机件的形状和大小，它的特点是能完整、正确、清晰地表达机件的形状和大小，且作图简单，但缺乏立体感。轴测图就是常说的立体图，如图7-1b、c所示，它直观性好，立体感强，可以帮助想象机件的空间形状，促进空间想象力和空间思维能力的提高。轴测图常作为三视图的辅助图样来帮助想象机件的空间形状。

本章主要介绍轴测图的基本知识和画法。

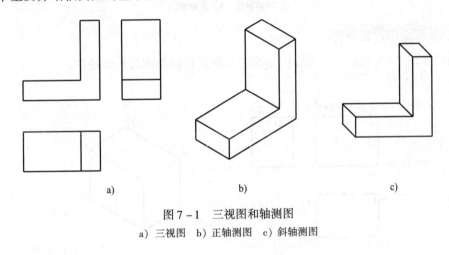

图7-1 三视图和轴测图

a) 三视图　b) 正轴测图　c) 斜轴测图

第一节　轴测图的基本知识

一、轴测图的概念

将物体连同其参考坐标系，沿不平行于任一坐标面的方向，用平行投影法将物体投射在单一投影面上所得的图形称为轴测图。轴测图的形成如图7-2所示，投影面 P 称为轴测投影面，空间坐标轴在 P 面的投影 x、y、z 称为轴测轴。两相邻轴测轴的夹角称为轴间角。轴测轴方向上线段的长度与空间坐标轴方向上线段的长度的比值称为轴向伸缩系数，x、y、z 方向的轴向伸缩系数分别用 p、q、r 表示。

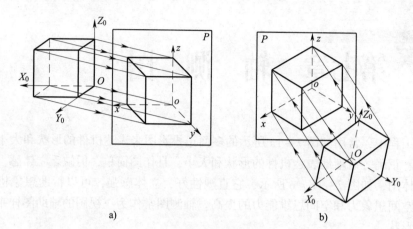

图 7－2　轴测图的形成

a）斜轴测图　b）正轴测图

二、轴测图的投影特性

下面以如图 7－3 所示的长方体的轴测图为例分析轴测图的投影特性。

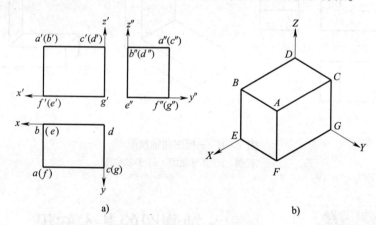

图 7－3　长方体的轴测图

a）三视图　b）轴测图

1. 物体上与坐标轴平行的线段，在轴测图中也必定与相应的轴线平行，如图 7－3a 中的 $ab /\!/ y$ 轴，在图 7－3b 中 $AB /\!/ Y$ 轴。

2. 物体上相互平行的线段，在轴测图中也必定相互平行，如图 7－3a 中的 $ac /\!/ bd$，则在轴测图中 $AC /\!/ BD$。

3. 物体上平面多边形在轴测图上变成原形的类似形，如图 7－3a 中的矩形 $abdc$ 在轴测图上变成平行四边形 $ABDC$。

4. 所谓"轴测"，就是指只能沿轴测轴方向测量尺寸，不平行于轴线的线段不能从投影图中直接量取尺寸。

三、轴测图的种类

根据投影方向与轴测投影面的相对位置不同，轴测图可分为以下两类：

1. 正轴测图

将物体斜放，使投影方向与轴测投影面垂直所得到的轴测图称为正轴测图。在正轴测图中，物体的三个坐标面都倾斜于轴测投影面，如图 7 - 2b 所示。正轴测图包括正等轴测图、正二等轴测图、正三等轴测图。

2. 斜轴测图

将物体正放，使投影方向与轴测投影面倾斜所得到的轴测图称为斜轴测图。为了作图方便，通常取轴测投影面 P 平行于 X_0OZ_0 坐标面，如图 7 - 2a 所示。斜轴测图包括斜等轴测图、斜二等轴测图、斜三等轴测图。

在机械工程中常用的是正等轴测图、正二等轴测图和斜二等轴测图，本章只介绍正等轴测图和斜二等轴测图的画法。

四、轴测图的画法

根据物体的形状特点，画轴测图有以下三种方法：

1. 坐标法

按照点的坐标，找出各点在轴测图中的位置，再按点的顺序连线，构成物体的轴测图，这种方法称为坐标法。坐标法是画轴测图的最基本方法。

2. 切割法

对于不完整的形体，可先按完整的形体画出，然后用切割的方式画出其不完整的部分，这种方法称为切割法。

3. 形体分析法

对于一些较复杂的物体，常采用形体分析法，将物体分成几个基本形体，再按各基本形体的位置逐一叠加画出。

轴测图只要求画出可见轮廓线，不可见轮廓线一般不画出。完成轴测图后，擦除多余的作图线，描深可见轮廓线。

第二节　正等轴测图

一、正等轴测图的轴间角和轴向伸缩系数

将立体按三条坐标轴对轴测投影面的倾斜角度相同的位置放置，用正投影法进行投射，所得的轴测图称为正等轴测图，简称正等测，如图 7 - 4 所示。

1. 轴间角

在正等测中，由于物体上的三条直角坐标轴与轴测投影面的倾角相等，因此，与之相对应的轴测轴之间的夹角即轴间角也必然相等，都为 120°。正等轴测图轴测轴和轴间角的画法如图 7 - 4b 所示。

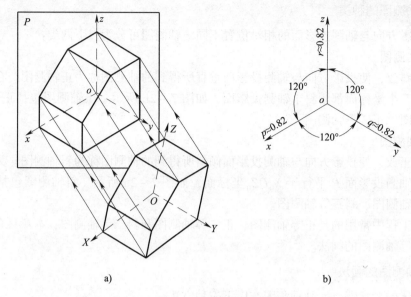

a)   b)

图 7 - 4　正等轴测图

a）正等轴测图的形成　b）正等轴测图轴测轴和轴间角的画法

2. 轴向伸缩系数

正等轴测图中 OX、OY、OZ 的轴向伸缩系数都相等，即 $p = q = r$，经数学推证，$p = q = r \approx 0.82$。在画图时，物体的长、宽、高三个方向的尺寸均要缩小至原尺寸的 82%。为了作图方便，通常采用轴向的简化伸缩系数 $p_1 = q_1 = r_1 = 1$。也就是说，各轴测方向的尺寸均按实际尺寸绘制。

二、平面立体的正等轴测图画法

1. 用坐标法画正等轴测图的基本步骤

（1）画坐标原点和轴测轴。

（2）按立体表面上各顶点的坐标作出各顶点的轴测投影。

（3）按顺序连接各点的轴测投影，整理图线，即得轴测图。

2. 正等轴测图画法示例

例 7 -1　画正六棱柱的正等轴测图。

分析：

从投影图可知，正六棱柱前后、左右对称。因而选择上底面的中心作为坐标原点，找出上底面正六边形各顶点的位置，再连接六个顶点得正六边形的正等轴测图；然后利用棱线平行于 Z 轴以及下底面与上底面全等的性质完成正六棱柱的轴测图。

正六棱柱正等轴测图的作图步骤见表 7 -1。

表 7 −1	正六棱柱正等轴测图的作图步骤	
1. 已知条件	2. 作轴测轴上的点 【提示】在 X 轴上按 1∶1 的比例量取点 Ⅰ 和 Ⅳ，在 Y 轴上量取点 A 和 B	3. 求正六边形的顶点 【提示】过 A 点和 B 点分别作 X 轴的平行线，在平行线上按 1∶1 的比例量取点 Ⅱ、Ⅲ 以及 Ⅴ、Ⅵ
（图示）	（图示）	（图示）
4. 连接正六边形的顶点，作棱线	5. 作底边 【提示】量取正六棱柱的高度	6. 检查图线，描深可见轮廓线，完成正六棱柱的轴测图
（图示）	（图示）	（图示）

例 7 −2　试根据如图 7 −5 所示的截割长方体的三视图作正等轴测图。

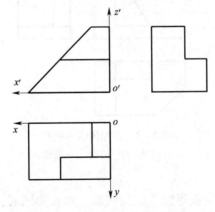

图 7 −5　截割长方体的三视图

分析：

该立体的基本形状为长方体，由主视图可知，在长方体上用一个正垂面截去一个三棱柱，得梯形块；由左视图可知，在梯形块上用一个水平面和一个正平面切去一个小梯形块，从而得到切割体。

作图步骤：

截割长方体正等轴测图的作图步骤如图 7 - 6 所示。

（1）绘制长方体的正等轴测图，如图 7 - 6a 所示。

（2）绘制用正垂面切去三棱柱后的正等轴测图，如图 7 - 6b 所示。

（3）绘制用正平面和水平面切去一个小梯形块后的正等轴测图，如图 7 - 6c 所示。

（4）擦除多余的作图线，描深可见轮廓线，如图 7 - 6d 所示。

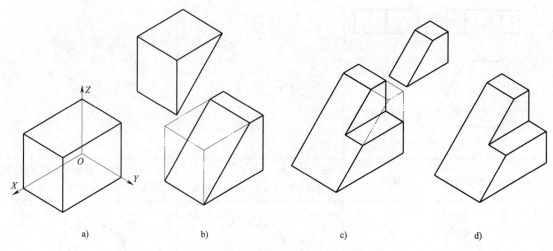

a)   b)   c)   d)

图 7 - 6   截割长方体正等轴测图的作图步骤

例 7 - 3   试根据如图 7 - 7 所示的叠加体的三视图作正等轴测图。

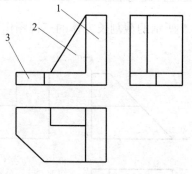

图 7 - 7   叠加体的三视图
1—竖板   2—肋板   3—底板

分析：

该形体由底板 3、竖板 1 和肋板 2 叠加而成，画轴测图时，应先画出底板的正等轴测图，再在右上方叠加一块长方体竖板，最后叠加三棱柱形肋板，即得叠加体的正等轴测图。

作图步骤：

叠加体正等轴测图的作图步骤如图 7 - 8 所示。

（1）如图 7 - 8a 所示，按长、宽、高的尺寸画出底板的正等轴测图。先画出长方体的正等轴测图，再切去左前方的三棱柱块。

（2）如图7-8b所示，画右上方叠加竖板的轴测图。

（3）如图7-8c所示，画叠加三棱柱形肋板的轴测图，肋板的后表面与底板及竖板平齐。整理图线，描深可见轮廓线，即得叠加体的正等轴测图。

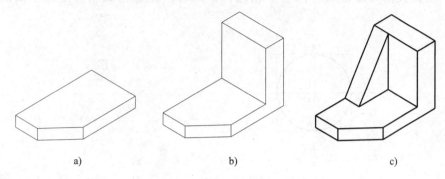

a)　　　　　　　　　　b)　　　　　　　　　　c)

图7-8　叠加体正等轴测图的作图步骤

三、回转体的正等轴测图画法

1. 圆的正等轴测图的画法

平行于各坐标平面的圆的正等轴测图如图7-9所示。

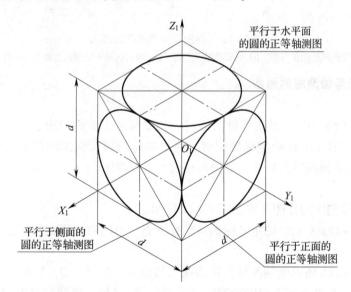

图7-9　平行于各坐标平面的圆的正等轴测图

圆的正等轴测图的画法采用内切菱形法，如图7-10所示。图7-10a所示为平行于水平投影面的圆，其正等测椭圆的画法如下：

（1）如图7-10b所示，在轴测轴上找到A、B、C、D四点，并过这四个点绘制菱形。

（2）如图7-10c所示，连接2A和2B（或1C和1D），则1和2为大圆弧的圆心，3和4为小圆弧的圆心。

（3）如图7-10d所示，分别以1和2为圆心，1C（或2B）为半径画大圆弧$\overset{\frown}{CD}$和$\overset{\frown}{AB}$；

以 3 和 4 为圆心，$3C$（或 $4A$）为半径画小圆弧 $\overset{\frown}{BC}$ 和 $\overset{\frown}{AD}$。

注意：在图 7 – 9 所示的圆的正等轴测图中，三个坐标平面上椭圆的形状和大小完全相同。但其长轴和短轴的方向各不相同，作图时应注意构成相应坐标平面的两条轴测轴。

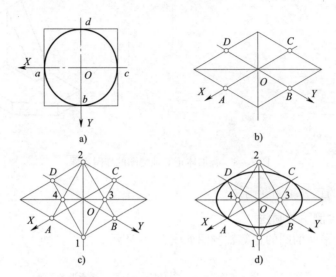

图 7 – 10　圆的正等轴测图的画法

a）作圆的外切正方形　b）画轴测轴及菱形　c）确定椭圆 4 段圆弧的圆心　d）完成

2. 圆柱的正等轴测图的画法

分析：

画图 7 – 11a 所示的圆柱的正等轴测图时，先要确定上底面的中心，再把上、下底圆画成椭圆（可采用平移法，即画底面椭圆时，将已画好的顶面椭圆的圆心、切点平移一个高度），最后作上、下椭圆的公切线，即得圆柱的正等轴测图。

作图步骤：

圆柱的正等轴测图的作图步骤如图 7 – 11 所示。

（1）如图 7 – 11a 所示，选定坐标轴及坐标原点。由圆柱上底圆与坐标轴的交点定出点 a、b、c、d。

（2）如图 7 – 11b 所示画轴测轴，定出四个切点 A、B、C、D，过四个点分别作出 X 轴和 Y 轴的平行线，得外切正方形的轴测图（菱形）。沿 Z 轴量取圆柱高度 H，用同样的方法作出下底菱形。

（3）如图 7 – 11c 所示，过菱形顶点 1，连接 $1C$ 和 $1B$，分别与菱形的长对角线相交于 3 点和 4 点。1、2、3、4 就是形成近似椭圆的四段圆弧的圆心，画出上底面的轴测椭圆。将构成椭圆的三个圆心 2、3、4 沿 Z 轴平移一段距离 H，作出下底椭圆，不可见的圆弧不必画出。

（4）如图 7 – 11d 所示，作上、下椭圆的公切线，擦除多余的作图线，描深可见轮廓线，即得圆柱的正等轴测图。

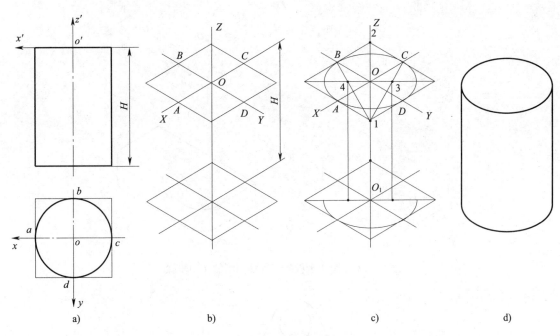

a)　　　　　　　　　　b)　　　　　　　　　　c)　　　　　　　　　　d)

图 7 – 11　圆柱的正等轴测图的作图步骤

3. 圆角平板的正等轴测图的画法

分析：

如图 7 – 12 所示为圆角平板的投影图，该平板左、右两个角为 1/4 圆柱体。画轴测图时，应先作长方体的轴测图，再画 1/4 圆柱体的轴测图。

作图步骤：

圆角平板的正等轴测图的作图步骤如图 7 – 13 所示。

（1）如图 7 – 13a 所示，根据平板的长、宽、高作长方体的轴测图。

（2）如图 7 – 13a 所示，根据圆弧半径 R 作出Ⅰ、Ⅱ、Ⅲ、Ⅳ四个点。

（3）如图 7 – 13b 所示，过点Ⅰ、Ⅱ、Ⅲ、Ⅳ作各边的垂线，求出轴测圆的圆心 O_1 和 O_2，切点为点Ⅰ、Ⅱ、Ⅲ、Ⅳ。

（4）如图 7 – 13c 所示，作出左、右 1/4 圆柱体的轴测图。

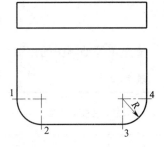

图 7 – 12　圆角平板的投影图

（5）如图 7 – 13d 所示，擦除多余作图线，描深可见轮廓线，即得圆角平板的正等轴测图。

例 7 – 4　试根据如图 7 – 14 所示的支座的视图作正等轴测图。

分析：

由图 7 – 14 可知，支座可以看成是底板和立板的叠加体，因而画轴测图时，应先画底板的轴测图，切圆角及底板的圆孔；然后将立板叠加，上半部画半圆柱体的轴测图，再切圆孔得到支座的轴测图。

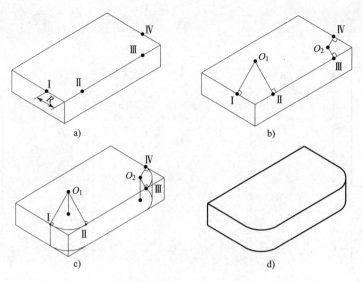

图 7 – 13 圆角平板的正等轴测图的作图步骤

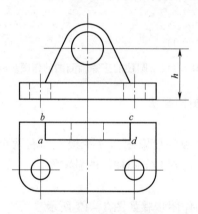

图 7 – 14 支座的视图

支座正等轴测图的作图步骤见表 7 – 2。

表 7 – 2 支座正等轴测图的作图步骤

1. 画长方体底板和圆角	2. 画底板两侧的圆孔，定位画立板顶部的圆弧，定下角点 A、B、C、D 并作圆的切线
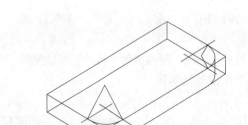	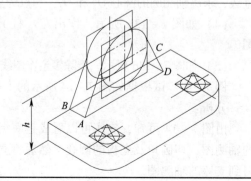

右上角：续表

3．画立板中间的圆孔	4．检查图线，擦除多余作图线，描深可见轮廓线，完成轴测图

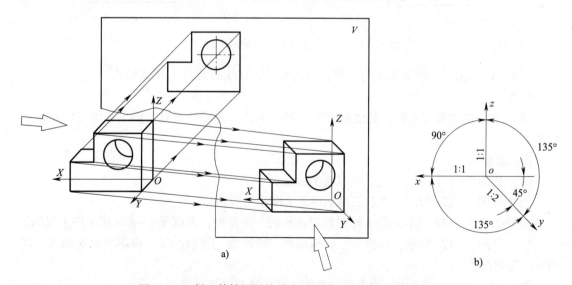

第三节　　斜二等轴测图

一、斜二等轴测图的形成

斜二等轴测图的形成如图 7-15a 所示，物体上的 *OX* 和 *OZ* 坐标轴与投影面平行，*OY* 坐标轴与投影面垂直。进行主视图的投射时，投射线垂直于正投影面；进行斜二等轴测投射时，投射线从物体的斜上方投射，因此，投射线同时通过物体的前面、左面、上面。斜二等轴测图简称斜二测。不难看出，斜二等轴测图采用的是斜投影法。

图 7-15　斜二等轴测图的形成以及轴间角和轴向伸缩系数
a）斜二等轴测图的形成　b）斜二等轴测图的轴间角和轴向伸缩系数

二、斜二等轴测图的轴间角和轴间伸缩系数

在进行斜二等轴测投射时，由于 OX 和 OZ 坐标轴与投影面平行，因此斜二等轴测图的轴间角 $\angle XOZ = 90°$，且 OX 和 OZ 轴的轴向伸缩系数都为 1。调整投影方向，可使 $\angle XOY = \angle YOZ = 135°$，且使 OY 轴的轴向伸缩系数为 1/2，如图 7–15b 所示。因此，在三视图宽度方向上量取的尺寸画斜二等轴测图时应减半。

三、斜二等轴测图的作图方法和实例

在斜二等轴测图中，由于物体上平行于 XOZ 坐标面的直线和平面图形均反映实长和实形，因此，当物体上有较多的圆或圆弧平行于 XOZ 坐标面时，采用斜二等轴测作图比较方便。斜二等轴测图的作图方法和步骤与正等轴测图基本相同。

例 7–5 如图 7–16a 所示为割槽长方体的视图，试作其斜二等轴测图。

作图步骤：

（1）如图 7–16b 所示，画出长方体的斜二等轴测图（注意：画斜二测时宽度尺寸要减小一半）。

（2）如图 7–16c 所示，在长方体中切出一个小长方体，即得割槽长方体的斜二等轴测图。

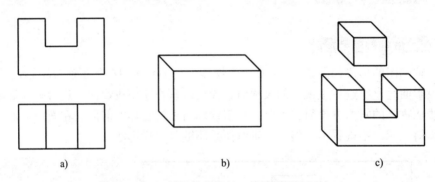

a)   b)   c)

图 7–16 割槽长方体斜二等轴测图的画法

例 7–6 如图 7–17a 所示为带圆孔板的视图，试绘制其斜二等轴测图。

分析：

图 7–17a 的主视图有圆，其他视图没有圆。作斜二等轴测图时，则主视图上的圆仍画成圆。

作图步骤：

（1）如图 7–17b 所示，建立斜二测坐标系。

（2）如图 7–17c 所示，在斜二测坐标系上画出主视图。

（3）如图 7–17d 所示，沿 Y 轴向后量出板的一半宽度，再画图 7–17a 所示的主视图。

（4）如图 7–17e 所示，连接前、后端面间的轮廓线，整理图线，描深可见轮廓线，即得斜二等轴测图。

例 7–7 如图 7–18 所示为支架的视图，试作其斜二等轴测图。

分析：

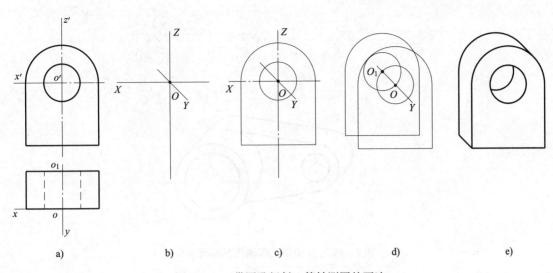

a)   b)   c)   d)   e)

图 7 – 17   带圆孔板斜二等轴测图的画法

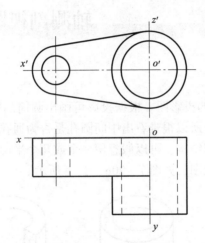

图 7 – 18   支架的视图

由图 7 – 18 可知，只是主视图有圆，其他视图上没有圆，这时采用斜二测作图比正等测简便，但在画这类机件的斜二测时应注意以下三点：

第一，先要找出各圆或圆弧的圆心。

第二，在 y 轴方向上尺寸要减半。

第三，作圆柱或半圆柱时，应注意画前、后圆或圆弧的公切线。

作图步骤：

（1）如图 7 – 19a 所示，绘制轴测轴，找出各段圆及圆弧的圆心。

（2）如图 7 – 19b 所示，根据圆及圆弧的圆心，画出所对应的圆或圆弧。

（3）如图 7 – 19c 所示，作公切线，整理图线，描深可见轮廓线，得支架的斜二等轴测图。

注意：对于圆筒的前、后圆弧应作公切线。

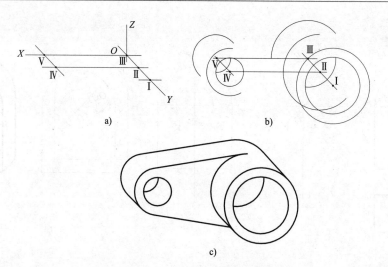

a)

b)

c)

图 7 - 19   支架斜二等轴测图的画法

第四节   轴测剖视图

一、轴测剖视图的概念

如图 7 - 20a 所示为圆筒的投影图。根据投影可画出圆筒的轴测图，如图 7 - 20b 所示。因轴测图上一般不画细虚线，所以很难看出中间圆孔是否为通孔。若不通，也看不出孔有多深。为了表达清楚零件的内部结构，可以假想用一个或几个平面将机件的一部分剖开，这种剖切后的轴测图称为轴测剖视图，如图 7 - 20c、d、e 所示。

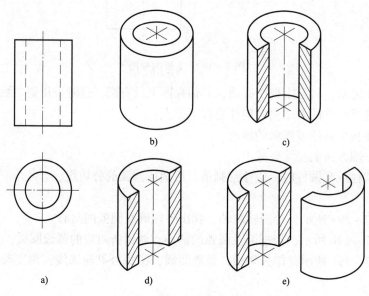

b)

c)

a)

d)

e)

图 7 - 20   轴测图和轴测剖视图

注意：剖切平面一般选择与基本投影面平行的平面，剖切位置一般应通过所需表达的内部结构（如孔、槽等）的对称面或轴线。图7-20c所示为用一个正平面和一个侧平面将圆筒剖掉1/4，形状表达得很清楚；图7-20d所示为用一个正平面将机件一分为二，内部结构表达得很清楚，但外形表达得不太清楚，因而不可取；图7-20e所示为用一个正平面将机件一分为二，并把前半部的外形画在轴测剖视图附近，这样也可将圆筒表达清楚。

为了区分剖切部位的实体部分与空心部分，规定在轴测剖视图剖切面的实体部位画出剖面线。水平面、侧平面、正平面剖面线的画法如图7-21所示，剖面线为细实线。

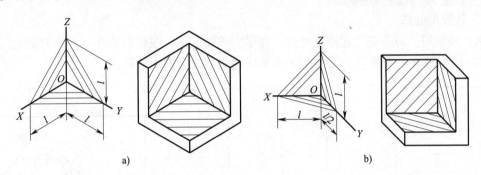

图7-21 水平面、侧平面、正平面剖面线的画法
a）正等测剖面线的画法 b）斜二测剖面线的画法

二、轴测剖视图的画法

如图7-22a所示为机件的投影图。先把机件的轴测图完整地画出来，如图7-22b所示，然后用剖切平面将物体剖开，并在剖切平面的实体部分画上剖面线，得到如图7-22c所示的轴测剖视图。

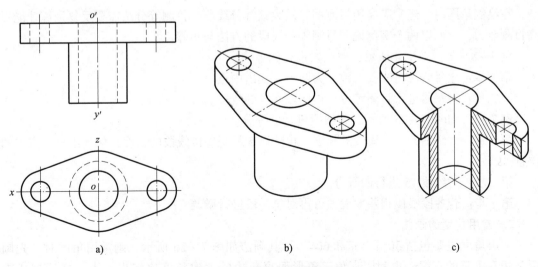

图7-22 轴测剖视图的画法
a）机件的投影图 b）机件的轴测图 c）机件的轴测剖视图

第五节　　　轴测草图的画法

不用绘图工具，仅通过目测机件各部分的形状和大小，徒手画出的机件图样称为草图。草图虽是徒手绘制的，但绝不是潦草的图，仍应做到：图形正确，粗细分明，字体工整，图面整洁。随着计算机绘图技术的普及，草图的应用更加普遍。

一、徒手绘制平面图形

1. 线段的画法

画长线段时，应先确定起点和终点，将笔尖放在起点，眼睛盯着终点，均匀运笔，切忌一小段一小段地画，如图7-23所示为水平线、垂直线和斜线的画法。

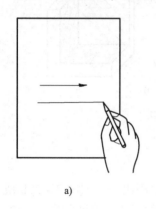 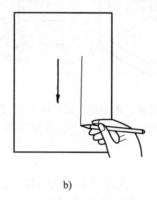 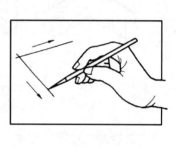

a)　　　　　　　　　　b)　　　　　　　　　　c)

图7-23　水平线、垂直线和斜线的画法

a) 画水平线　b) 画垂直线　c) 画斜线

在绘制草图时，经常需要用目测的方法大致等分线段。目测等分法需要反复训练才能提高目测能力，下面以两个实例说明目测等分线段的方法与步骤。

例7-8　如图7-24所示，对线段进行四等分。

第一步：用目测法将线段大致分为两半，找出中点。

第二步：对每段进行目测等分，得四段相等的线段。

例7-9　如图7-25所示，将线段进行五等分。

第一步：大致估计一下线段的长度，再除以5就是每段线段的长度，估计出第一点1的位置。

第二步：对线段15进行四等分。

第三步：若各段线段相差太大，可再对每一段进行微调。

2. 常用角度的画法

常用角度主要包括30°、45°和60°等，其画法如图7-26所示，画常用角度时，先画两条相互垂直的直线，再利用直角三角形两直角边的大致长度比定出端点，最后连成直线。

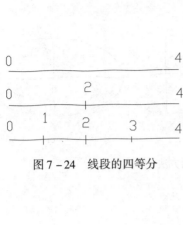

图 7 - 24 线段的四等分

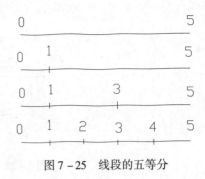

图 7 - 25 线段的五等分

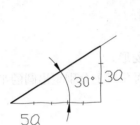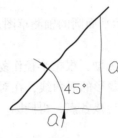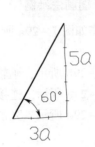

图 7 - 26 常用角度的画法

3. 圆的画法

平面圆的画法如图 7 - 27 所示。

如图 7 - 27a 所示，画较小的圆时，先画两条垂线，再在两条垂线上定出半径，最后根据四个顶点画出圆的草图。

若画较大的圆，按上面的画法找四个点就不够了，则需再加上通过圆心的两条或四条直线，如图 7 - 27b 所示，再估计半径，最后徒手连接圆。

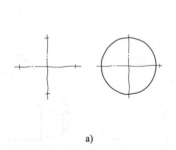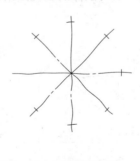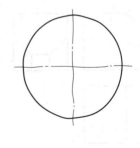

a)   b)

图 7 - 27 平面圆的画法

4. 椭圆的画法

徒手画椭圆的方法如图 7 - 28 所示：第一步，作两条相互垂直的细点画线，并按长轴、短轴的长度定出四个端点；第二步，根据四个端点作矩形，并在顶点处画四段短弧线；第三步，连接四段短弧线即可得椭圆。

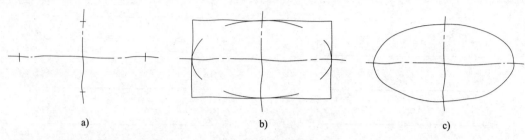

a)   b)   c)

图 7 – 28　　徒手画椭圆的方法

二、轴测草图画法举例

例 7 – 10　　作如图 7 – 29a 所示平面圆的轴测草图。

作图步骤：

（1）如图 7 – 29b 所示，画轴测轴，根据半径作菱形。

（2）如图 7 – 29c 所示，连接菱形的对角线，在对角线上分别定出圆的半径。

（3）如图 7 – 29d 所示，光滑连接各点，得椭圆。

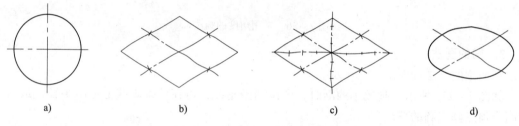

a)   b)   c)   d)

图 7 – 29　　平面圆轴测草图的画法

例 7 – 11　　根据如图 7 – 30a 所示切割体的三视图绘制轴测草图。

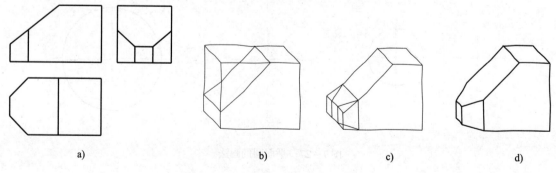

a)   b)   c)   d)

图 7 – 30　　切割体轴测草图的画法

作图步骤：

如图 7 – 30a 所示，该物体可看成是由长方体截割而成的。第一步，先画长方体的轴测图，再用一个正垂面切除一个三棱柱块，如图 7 – 30b 所示；第二步，绘制用两个铅垂面切除左前部和左后部的三棱柱块，如图 7–30c 所示；第三步，擦除多余的作图线，描深可见轮廓线，即得切割体的轴测草图，如图 7–30d 所示。

例 7–12　根据如图 7–31 所示圆筒的投影图绘制轴测草图。

作图步骤：

（1）如图 7–32a 所示，画出轴测椭圆。

（2）如图 7–32b 所示，根据圆筒的高度画圆柱体的轴测草图。

（3）如图 7–32c 所示，根据内孔直径画内孔的轴测椭圆。

（4）如图 7–32d 所示，擦除多余的作图线，描深可见轮廓线，即得圆筒的轴测草图。

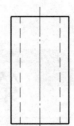

图 7–31　圆筒的投影图

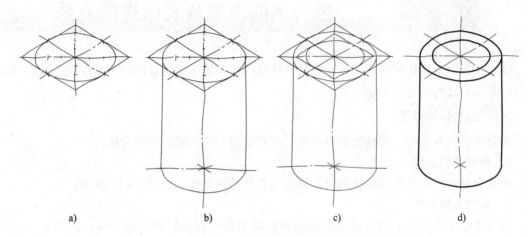

图 7–32　圆筒轴测草图的画法

第八章 组 合 体

任何复杂的机械零件，从形体构成来看，都是由一些基本几何体通过切割和叠加组合而成的。这些由基本几何体通过切割和叠加组合而成的物体称为组合体。本章主要讲述组合体视图的画法、组合体的尺寸标注以及读组合体视图的基本方法。

第一节 组合体的类型及表面连接关系

要想掌握组合体视图的画法并读懂组合体视图，必须了解组合体的类型以及各基本形体组合时各表面之间的连接关系。

一、组合体的类型

组合体有三种类型，即叠加类组合体、切割类组合体和综合类组合体。

1. 叠加类组合体

由几个基本几何体叠加而成的组合体称为叠加类组合体，如图 8 - 1a 所示。

2. 切割类组合体

在一个基本几何体上切去某些形体而形成的组合体称为切割类组合体，如图 8 - 1b 所示。

3. 综合类组合体

既有叠加又有切割的组合体称为综合类组合体，如图 8 - 1c 所示。

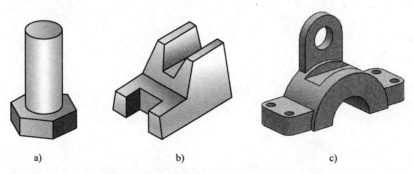

图 8 - 1　组合体的类型

a）叠加类组合体　b）切割类组合体　c）综合类组合体

二、组合体的表面连接关系

组合体是由若干基本形体按照一定的组合形式组合而成的，因此，构成整体的各形体表面之间必定存在着一定的表面连接关系。表面连接关系反映了组合体各部分的相对关系。组合体中的表面连接关系可归纳为共面、错位、相切、相交四种情况。

1. 共面

共面是指同方向的两表面平齐，即两立体表面处于同一平面内，两相邻表面之间无分界线，如图 8 - 2 所示。

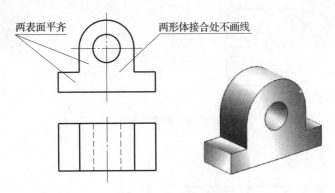

图 8 - 2 两立体共面

2. 错位

错位是指同方向的两表面不平齐，即两表面不在同一平面内，两相邻表面之间有分界线，如图 8 - 3 所示。

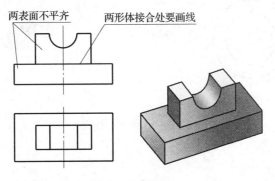

图 8 - 3 两立体错位

3. 相切

相切是指相邻两表面（平面与曲面或曲面与曲面）光滑过渡。在相切处不存在轮廓线，即在视图上的相切处不画线，如图 8 - 4 所示。

4. 相交

相交是指相邻两表面之间在相交处产生交线（截交线或相贯线），如图 8 - 5 所示。

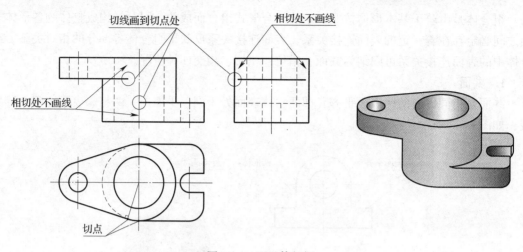

图 8 - 4　两立体相切

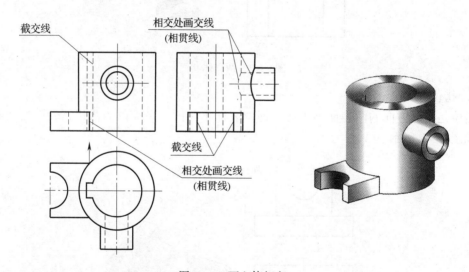

图 8 - 5　两立体相交

第二节　组合体三视图的画法

一、形体分析法

　　组合体的形状比较复杂，为了画图、读图及标注尺寸，可设想把组合体分解成若干简单部分（通常称为简单形体）。这些简单部分可以是一个基本体，也可以是基本体经截切、挖孔后形成的不完整的基本体，或是基本体的简单组合。分析各基本体的形状、相对位置、组合形式及表面连接关系，从而变难为易。这种把复杂形体分解成若干基本形体的分析方法称为形体分析法。

形体分析法是画图与看图的基本方法，概括地讲，是一种"先分后合"的分析方法。掌握形体分析法，能够建立一种形象思维，培养画图与看图的能力。

复杂的组合体可分解成若干基本形体，因此，画组合体的三视图，实际上就是把各基本体的三视图按一定的位置关系组合起来。如图8-6所示的支架可分解为底板、圆筒、凸台、耳板和肋板五个部分。

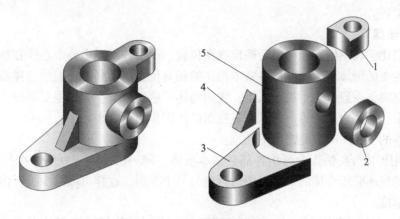

图8-6 支架的形体分析
1—耳板 2—凸台 3—底板 4—肋板 5—圆筒

二、叠加类组合体三视图的画法

叠加类组合体是由基本形体组合而成的，因此，根据点、线、面的投影性质和基本体的画法，分别画出各组成部分的三视图，并分析各部分的位置和表面连接关系，即可完成整个组合体的三视图。下面以如图8-7所示的轴承座为例说明画三视图的方法与步骤。

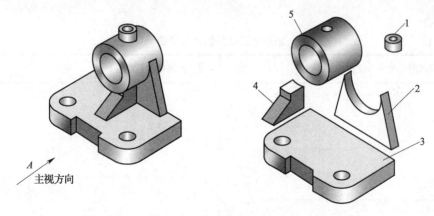

图8-7 轴承座的形体分析
1—凸台 2—支撑板 3—底板 4—肋板 5—圆筒

1. 形体分析

如图8-7所示，轴承座可分解为底板、支撑板、肋板、圆筒和凸台五个部分，每个部分可看成是由基本形体经切割而形成的。支撑板叠加在底板上，且后端面平齐；肋板叠加在底板上，且紧靠支撑板；圆筒叠加在支撑板和肋板上，且前后错开；凸台放在圆筒上部的中间位置，并开一小孔与圆筒的内壁相通，故内、外表面均产生相贯线。

2. 主视图的选择

主视图应能较明显地反映出组合体的主要形状特征，并尽可能使形体上的主要平面平行或垂直于投影面。所以，选择底板水平放置，支撑板平行于正投影面，肋板在前面，即选择图中的 A 向作为投影方向，这样主视图能较多地反映出轴承座的结构、形状和各基本形体之间的相对位置。

3. 作图步骤

选好适当比例和图纸幅面，然后确定视图位置，画出各视图主要中心线和基线。按形体分析法，从主要的形体着手，并按各基本形体的相对位置逐个画出它们的三视图。

画三视图时，一般应从主视图入手，先画整体，后画细节；先画主要部分，后画次要部分；先画外形，后画内部结构。轴承座三视图的作图步骤见表 8 - 1。

画组合体的三视图时应注意以下几点：

（1）运用形体分析法逐个画出各部分基本形体，同一形体的三视图应按投影关系同时进行，而不是先画完组合体的一个视图后再画另一个视图。这样可以减少投影作图错误，也能提高绘图速度。

（2）画每一部分基本形体时，应先画反映该部分形状特征的视图。例如，底板、支撑板、凸台是在俯视图上反映它们的形状特征，所以应先画俯视图，再画主视图和左视图；圆筒是在主视图上反映它的形状特征，所以应先画主视图，再画俯视图和左视图；肋板是在左视图上反映它的形状特征，所以应先画左视图，再画主视图和俯视图。

（3）完成各基本形体的三视图后，应检查各形体间表面连接处的投影是否正确。例如，支撑板左、右两侧面与圆筒表面相切，支撑板的前、后轮廓线在左视图上应画到切点处；凸台与圆筒相交，在左视图上要画出内、外相贯线；肋板上表面与圆筒表面相交，要在左视图上画出交线。

表 8 - 1　　　　　　　　　　　　　　　　轴承座三视图的作图步骤

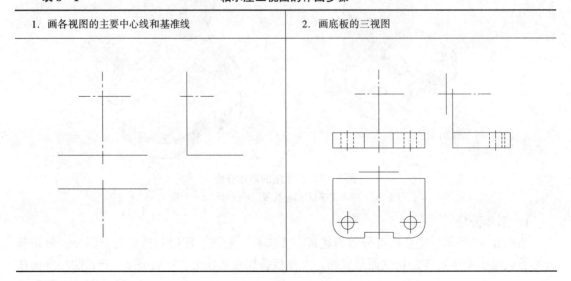

1. 画各视图的主要中心线和基准线	2. 画底板的三视图

3. 画圆筒的三视图	4. 画支撑板的三视图

5. 画肋板的三视图	6. 画凸台的三视图

7. 检查并擦除多余的作图线，按要求描深可见轮廓线

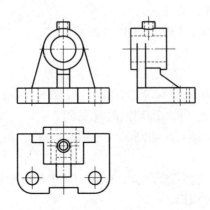

三、切割类组合体三视图的画法

如图 8 – 8 所示的组合体可看成是由长方体切去基本形体 1、2、3 而形成的。切割类组合体的三视图可在形体分析的基础上结合面形分析法作图。

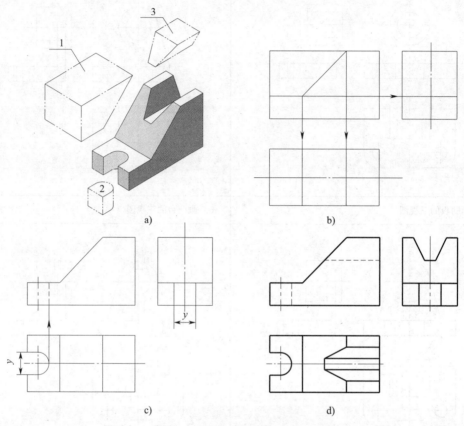

图 8 – 8　切割类组合体三视图的作图步骤

a）切割类组合体　　b）第一次切割　　c）第二次切割　　d）第三次切割

所谓面形分析法，是指根据表面的投影特性来分析组合体表面的性质、形状和相对位置，从而完成画图和读图工作的方法。

切割类组合体三视图的作图步骤如图 8 – 8 所示。

画图时应注意以下几点：

1. 作每个切口的投影时，应先从反映形体特征轮廓且具有积聚性投影的视图开始，再按投影关系画出其他视图。例如，第一次切割时（见图 8 – 8b），应先画切口的主视图，再画出俯视图和左视图中的图线；第二次切割时（见图 8 – 8c），应先画圆槽的俯视图，再画出主视图和左视图中的图线；第三次切割时（见图 8 – 8d），应先画梯形槽的左视图，再画出主视图和俯视图中的图线。

2. 注意切口截面投影的类似性。例如，图 8 – 8d 中的梯形槽与斜面相交而形成的截面，其水平投影与侧面投影应为类似形。

第三节 组合体的尺寸标注

在图样中，物体的结构和形状由视图来表达，但其各部分大小及相对位置则由尺寸数值来确定。因此，尺寸标注是图样中的一项重要内容。在组合体的投影图上标注尺寸时，应达到"正确、完整、清晰"的基本要求。

正确是指所标注的尺寸应符合国家标准中的有关规定。

完整是指所标注的尺寸应能完全确定各部分的大小和位置。

清晰是指所标注的尺寸布局应整齐、清晰，有关尺寸相对集中，便于看图。

一、组合体的尺寸分类

根据组合体尺寸作用的不同，可将组合体尺寸分为定形尺寸、定位尺寸和总体尺寸三类，如图8-9所示。

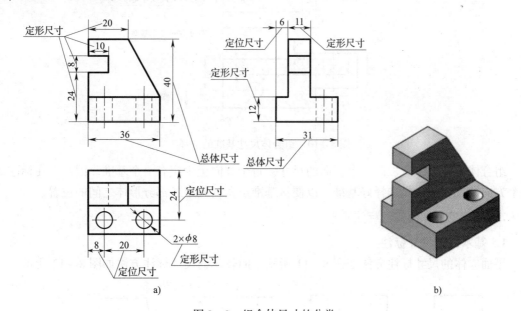

图8-9 组合体尺寸的分类

1. 定形尺寸

确定组合体各基本体自身大小和形状的尺寸称为定形尺寸，如图8-9a中的8 mm、10 mm、11 mm、12 mm、24 mm、20 mm、2×φ8 mm。

2. 定位尺寸

确定组合体各组成部分之间相对位置的尺寸称为定位尺寸，如图8-9a中的24 mm、8 mm、20 mm、6 mm。

3. 总体尺寸

确定组合体的总长、总宽和总高的尺寸称为总体尺寸，如图8-9a中的36 mm、31 mm、40 mm。

二、组合体的尺寸基准

标注尺寸的起始点称为尺寸基准。尺寸基准是标注定位尺寸的主要依据。

选择组合体的尺寸基准时，应从多方面考虑，通常选取较为重要的或较大面积的平面以及重要的几何元素（直线、点）作为尺寸基准，如组合体的底面、端面、对称平面、圆的中心线以及回转体的轴线等。如图 8 – 10 所示，该组合体长度方向的尺寸基准为下凸台的右面，高度方向的尺寸基准为底板的底面，宽度方向的尺寸基准为支撑板的后面。

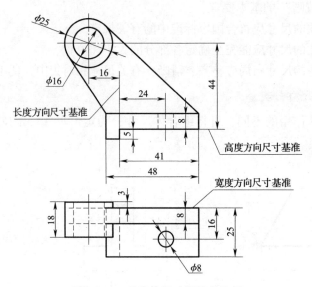

图 8 – 10　组合体尺寸基准的选择

组合体具有长、宽、高三个方向的尺寸，每个方向至少应有一个基准。因此，在标注每一个方向的尺寸前应先选择好基准，以便从基准出发，确定各部分形体之间的位置。

三、常见形体的尺寸标注

1. 基本体的尺寸标注

平面立体的尺寸标注方法如图 8 – 11 所示，回转体的尺寸标注方法如图 8 – 12 所示。

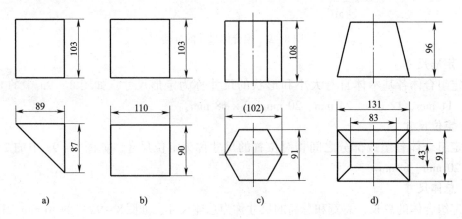

图 8 – 11　平面立体的尺寸标注方法

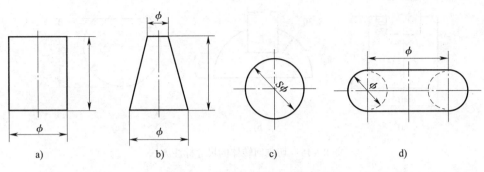

图 8 – 12　回转体的尺寸标注方法

2. 板类形体的尺寸标注

板类形体的尺寸标注方法分别如图 8 – 13 和图 8 – 14 所示。

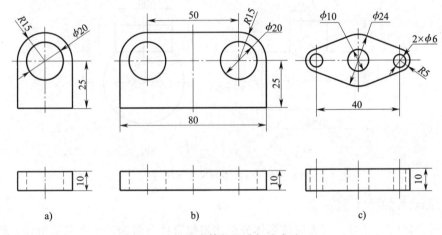

图 8 – 13　板类形体的尺寸标注方法（一）

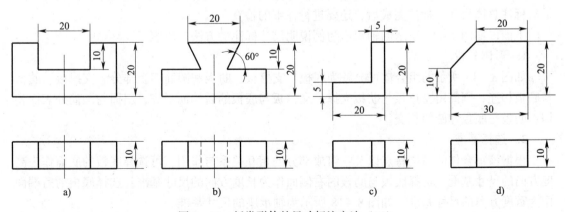

图 8 – 14　板类形体的尺寸标注方法（二）

3. 切割回转体的尺寸标注

切割回转体的尺寸标注方法如图 8 – 15 所示。

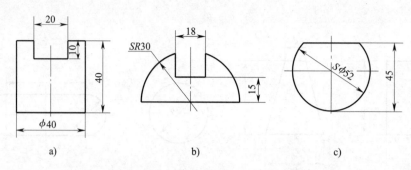

图 8 - 15　切割回转体的尺寸标注方法

4. 相贯体的尺寸标注

相贯体的尺寸标注方法如图 8 – 16 所示。

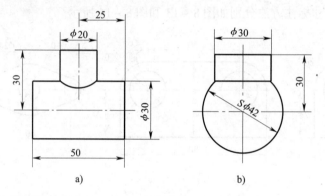

图 8 – 16　相贯体的尺寸标注方法

四、组合体的尺寸标注

标注组合体的尺寸时，首先应按形体分析法将组合体分解为若干个基本形体，然后选择好基准，并按照组合体尺寸标注的基本要求标注出各部分定形尺寸和相互之间的定位尺寸，最后标注总体尺寸，标注完成后，还要进行仔细的检查。

下面以如图 8 – 17 所示的轴承座为例说明尺寸标注的方法与步骤。

1. 形体分析

如图 8 – 17 所示的组合体可分解为底板、支撑板、肋板和圆筒四个部分。支撑板、肋板与底板相连；圆筒由支撑板与肋板支撑；支撑板与底板的后端面平齐，斜面与圆筒外表面相切；肋板与底板和圆筒相交。

2. 选择基准

根据该组合体的结构特点以及各组成部分的相互关系与作用，可选择底板的底面作为高度方向的尺寸基准；选择底板与肋板的右侧面作为长度方向的尺寸基准；选择底板的后端面作为宽度方向的尺寸基准，如图 8 – 18 所示为轴承座的尺寸基准。

3. 标注尺寸

标注尺寸时应以形体分析为基础，逐一标注各部分的定形尺寸和定位尺寸。在布置尺寸时，应有全局意识，做到排列整齐，清晰易读。轴承座尺寸标注方法与步骤见表 8 – 2。

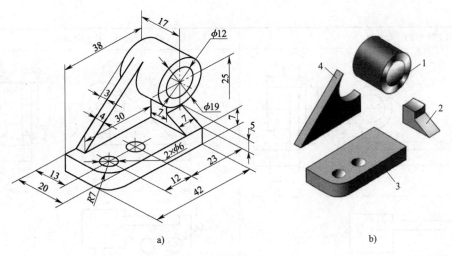

a)

b)

图 8 – 17 轴承座的尺寸标注
1—圆筒 2—肋板 3—底板 4—支撑板

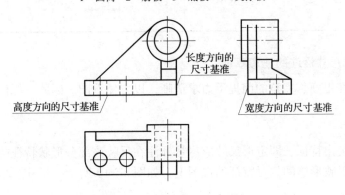

图 8 – 18 轴承座的尺寸基准

表 8 – 2	轴承座尺寸标注方法与步骤
1. 标注底板的定形尺寸和定位尺寸	2. 标注圆筒的定形尺寸和定位尺寸
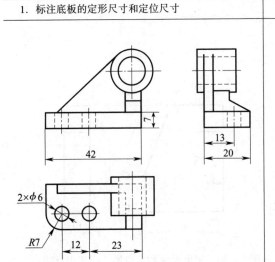	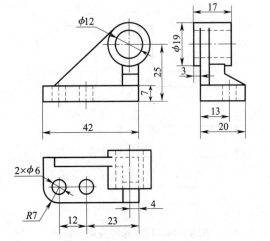

3．标注支撑板的定形尺寸	4．标注肋板的定形尺寸，检查并调整
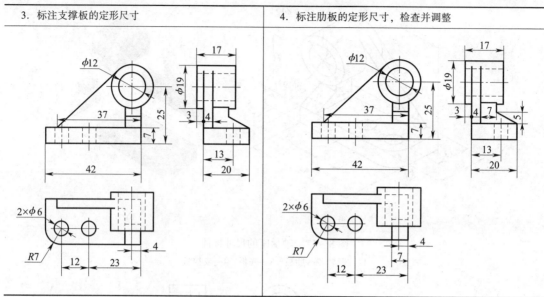	

五、组合体尺寸标注的注意事项

尺寸标注应在正确、完整的前提下力求清晰，以方便看图。因此，标注尺寸时应注意以下几点：

1．突出特征

尺寸标注应突出特征，即定形尺寸应尽量标注在反映该部分形状特征的视图上，定位尺寸应尽量标注在反映形体间位置特征的视图上，如图8-19所示。尺寸应尽可能标注在可见轮廓线上。

2．相对集中

表示同一基本形体的定形尺寸和定位尺寸应尽量集中标注，以便于阅读，如图8-20所示。

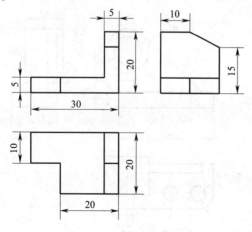

图8-19　尺寸标注应突出特征

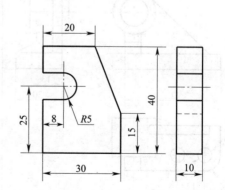

图8-20　定形尺寸和定位尺寸应集中标注

3. 整齐有序

尺寸应尽量布置在视图周围，对于同一方向的并列尺寸，应使小尺寸在内，大尺寸在外，并保证间隔均匀，以免尺寸线与尺寸界线互相交错，其标注方法如图 8-21a 所示。同一方向的串联尺寸应排列在同一直线上，其标注方法如图 8-21b 所示。

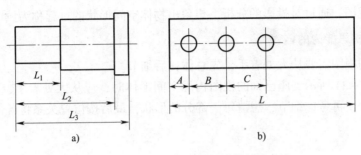

图 8-21　并列尺寸与串联尺寸的标注方法

4. 直径与半径的标注

直径尺寸一般标注在非圆视图上，而半径尺寸一般标注在圆弧上。一般来说，大于半圆的圆弧标注直径，小于或等于半圆的圆弧标注半径。如图 8-22 所示为直径与半径的标注方法。

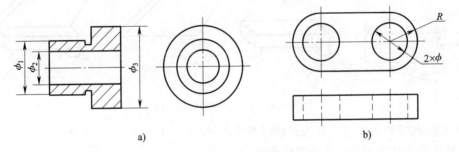

图 8-22　直径与半径的标注方法

5. 避虚就实

尺寸应尽量避免标注在细虚线上，如图 8-23 所示。

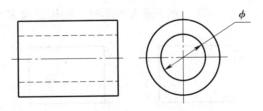

图 8-23　尺寸尽量避免标注在细虚线上

读组合体视图

根据已知视图，通过对投影的分析，想象出物体空间形状的过程称为读图。

一、空间构思能力的培养

读组合体的视图需要从大处着手，先总体，后细节。

根据如图 8-24 所示支座已知的视图构思空间形体时，应从大处着手，将它分解为 Ⅰ、Ⅱ、Ⅲ 三个部分，再考虑细节，想清每一部分的形状，最后按位置关系将各部分组合成一个整体。

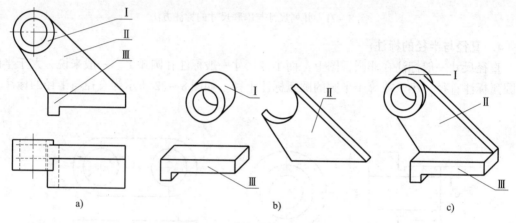

图 8-24 支座形体的构思方法

培养空间构思能力的基本方法包括以下几点：

1. 想象组合体的形状应从基本体开始

无论多么复杂的组合体都可以看成是由基本体经过叠加或切割而形成的，所以必须熟练掌握基本体的投影特性，即根据一个或两个简单形体的基本视图，应能很快想象出它可能是哪些基本体，这样才能想象出组合体的形状。

例 8-1 如图 8-25 所示，当一个视图为矩形时，能构思出多少种不同的立体？

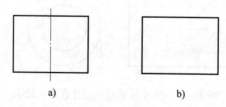

图 8-25 一个视图为矩形
a）矩形中间有对称中心线   b）矩形中间无对称中心线

分析：

首先应考虑可能是哪几种基本几何体，然后再考虑如何切割。

一个视图为矩形的基本几何体可能是三棱柱、四棱柱或圆柱，如图8－26所示。也可能是上述几种基本几何体的切割体，如图8－27所示。

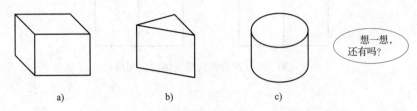

图 8－26 一个视图为矩形时的几个基本几何体
a）正四棱柱 b）正三棱柱 c）圆柱

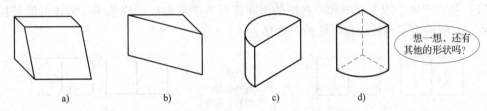

图 8－27 一个视图为矩形时，可能是基本几何体的切割体
a）梯形块 b）直角三棱柱 c）半圆柱 d）1/4 圆柱

例 8－2 如图 8－28a 所示，当一个视图为圆时，能构思出多少种不同的立体？

分析：

一个视图为圆的基本几何体可能是圆柱、圆锥或球，如图8－28所示。也可能是上述几种基本几何体的切割体或叠加体，如图8－29所示。

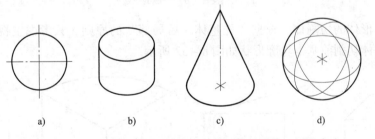

图 8－28 一个视图为圆的基本几何体可能是圆柱、圆锥或球
a）已知圆 b）圆柱 c）圆锥 d）球

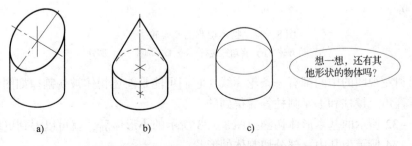

图 8－29 一个视图为圆的几何体可能是圆柱、圆锥或球的切割体或叠加体
a）圆柱的切割体 b）圆柱与圆锥的叠加体 c）球与圆柱的叠加体

例 8 – 3 如图 8 – 30 所示，试根据两视图构思立体的空间形状。

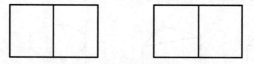

图 8 – 30 根据两视图构思立体的空间形状

分析：

有两个视图的外围轮廓是矩形的物体，该物体可能是棱柱、圆柱及其切割体。

构思物体的形状时，应先研究基本几何体，然后考虑切割体。

（1）基本形体。因主视图和左视图的中间都有一条轮廓线，故基本几何体可能是棱柱，如图 8 – 31 所示为正四棱柱和一般的三棱柱。

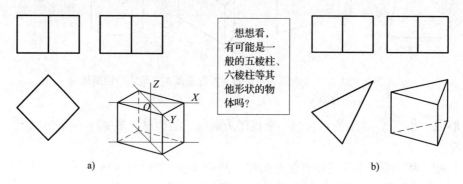

图 8 – 31 基本几何体

a）正四棱柱 b）一般的三棱柱

（2）基本形体的切割体。根据"先整体，后局部"的原则，只考虑主视图和左视图外侧的矩形，物体切割前基本轮廓形状如图 8 – 32 所示。

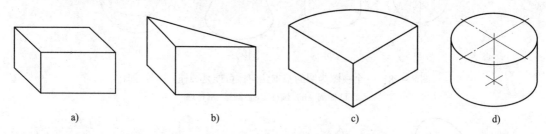

图 8 – 32 物体切割前基本轮廓形状

a）长方体 b）直角三棱柱 c）1/4 圆柱 d）圆柱

主视图和左视图的中间都有一条轮廓线，它们可能是前述物体被切割掉如图 8 – 33 所示的长方体、直角三棱柱和 1/4 圆柱等后得到的。

将图 8 – 32 所示的基本形体切割掉图 8 – 33 所示的小形体后，就可以得到更多的不同立体，如图 8 – 34 所示为其中一部分切割体的形状。

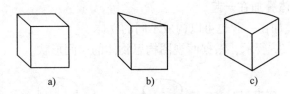

图 8 – 33 物体被切去部分的可能形状

a) 长方体 b) 直角三棱柱 c) 1/4 圆柱

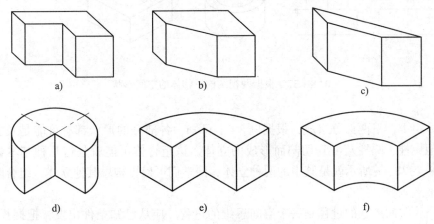

图 8 – 34 切割体的形状

想一想，能想出多少种不同形状的立体？

2. 弄清视图中图线或线框的含义

视图中的一条图线可能代表转向轮廓线、两个面的交线、一个有积聚性的表面，或者同时代表上述多种含义。一个线框既可以代表一个平面，也可以代表一个曲面。

例 8 – 4 根据如图 8 – 35 所示的视图构思物体的空间形状。

分析：

根据"先总体，后局部"的原则，基本形体在例 8 – 1 中已经分析过。加入两条斜线后，根据线的含义，这两条斜线可能代表两个面的交线、一个有积聚性的表面，或者既代表两个面的交线又代表一个有积聚性的表面。

这两条斜线可能代表两个面的交线，如图 8 – 36a 所示；也可能代表两个有积聚性的表面，如图 8 – 36b 所示；还可能既代表两个面的交线又代表一个有积聚性的表面，如图 8 – 36c 所示。

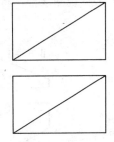

图 8 – 35 已知视图

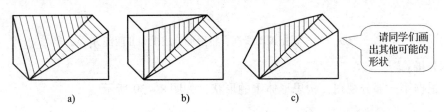

请同学们画出其他可能的形状

图 8 – 36 可能代表的部分形状

3．不同的基本形体叠加在一起

不同的基本形体叠加在一起也可以构成不同的立体。

例 8 - 5 如图 8 - 37 所示，根据两视图构思物体的空间形状。

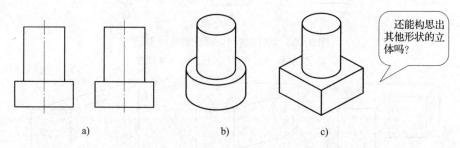

还能构思出其他形状的立体吗？

a)　　　　　　b)　　　　　　c)

图 8 - 37　根据两视图构思物体的空间形状

分析：

该物体由上、下两部分组成，根据例 8 - 1 可知，各部分的形状都有可能是长方体，也可能是其他棱柱、圆柱及由其切割而形成的立体。该组合体可能就是这几种基本立体的组合，如图 8 - 37b、c 所示就是其中的两种立体，同学们可以再构思其他立体，组合时应注意图形中的细点画线。

构思物体空间形状的过程是一个空间思维的过程。应从已知条件出发，把握投影规律，变换不同角度，拓展解题思路，进而正确构思出物体的形状，提高空间想象力。

4．要把三个视图联系起来

一个视图只能确定物体一个方向的形状，因而常常需要把三个视图联系起来才能完全确定物体的形状。

例 8 - 6 根据如图 8 - 38a 所示的两视图构思物体的空间形状，补画左视图。

分析：

根据视图线框，将图形分成Ⅰ和Ⅱ两部分，如图 8 - 38b、c 所示。

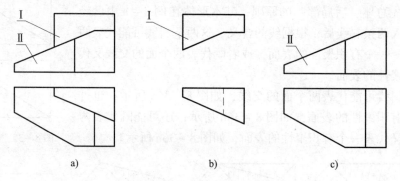

a)　　　　　　b)　　　　　　c)

图 8 - 38　根据视图线框，将图形分成Ⅰ和Ⅱ两部分

形体分析：

（1）根据第一部分视图，构思形体Ⅰ的形状，如图 8 - 39 所示。

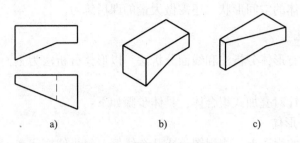

图 8 – 39 构思形体 I 的形状

（2）根据第二部分视图，构思形体 II 的形状，如图 8 – 40 所示。

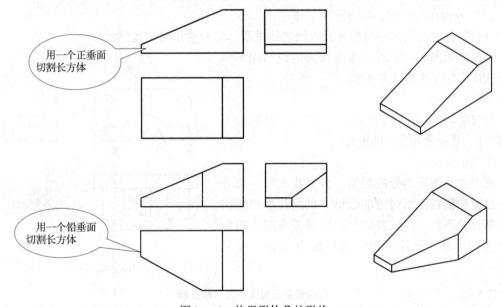

用一个正垂面切割长方体

用一个铅垂面切割长方体

图 8 – 40 构思形体 II 的形状

（3）将 I 和 II 两部分组合起来，构思出组合体的形状，补画第三面投影，如图 8 – 41 所示。

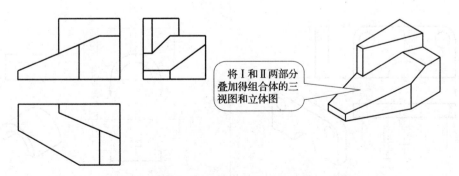

将 I 和 II 两部分叠加得组合体的三视图和立体图

图 8 – 41 构思出组合体的形状，补画第三面投影

在这一部分内容里，通过一些实例介绍了培养空间构思能力的基本方法，但要掌握从物体的投影图想象出物体的空间形状，还需做大量的课后练习。

二、读图的方法

读图的基本方法有形体分析法和线面分析法。以形体分析法为主，线面分析法为辅。

1. 形体分析法

形体分析法主要针对叠加式组合体，具体步骤如下：

（1）按线框，分形体

在线框分割明显的视图上，将视图分成几个线框，每个线框代表一个简单的形体。

（2）对投影，定形体

找到每个线框对应的其他投影，多个投影对照，确定简单形体的形状。

（3）分析相对位置，综合想象整体

分析各部分之间的相对位置及表面连接关系，综合想象出整体形状。

下面以如图8-42所示的支架为例说明用形体分析法读图的基本方法和步骤。

分析：

按线框将组合体划分成五个部分，即竖板Ⅰ、半圆筒Ⅱ、耳板Ⅲ和Ⅴ、肋板Ⅳ。

作图步骤：

根据主视图所划分的线框，分块找出每一部分在左视图和俯视图所对应的线框，根据线框想象出每一部分的形状，再按各部分的位置关系综合想象出物体的形状，识读支架三视图的方法和步骤见表8-3。

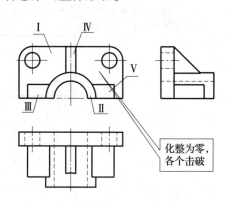

图8-42　支架

表8-3　　识读支架三视图的方法和步骤

1. 对投影，想象竖板Ⅰ的空间形状	2. 想象半圆筒Ⅱ的空间形状和位置
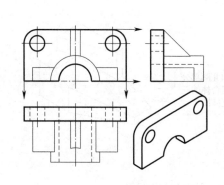	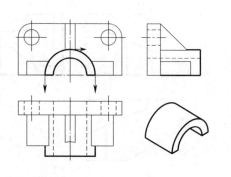

续表

3. 想象耳板 III 和 V 的空间形状和位置	4. 想象肋板 IV 的空间形状和位置
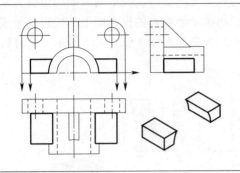	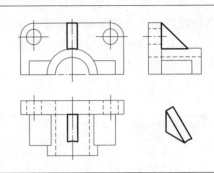

5. 想象出各组成部分的空间形状后，按各组成部分的位置将其组合起来，形成整体形状

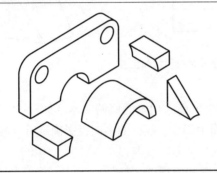

2. 线面分析法

有时物体的局部形状比较复杂，不便于用形体分析法分析某个表面的形状，这时就采用线面分析法，对某个面的形状及相对位置进行局部分析，从而形成整体认识。

（1）分析面的形状

用一般位置平面切割立体时，在三视图中，因截平面与三个投影面都倾斜，故截平面在三个投影面上的投影均为类似形，即三个投影均为线框，如图 8 – 43 所示，可大致分析出平面 I II III IV 的形状。

> **方法提示**
>
> 从线框入手，运用点的投影规律，确定面的其余两个投影（形状）。

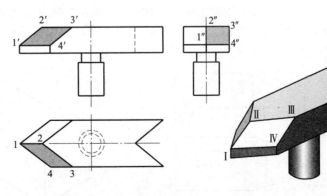

图 8 – 43 分析面的形状

（2）分析面的位置

每个物体都是由不同位置的表面按照一定的位置关系构成的。在三视图中的每个线框都表示一个面的投影。因此，构成每个视图的线框与线框之间必将反映不同表面的位置关系。

当用投影面垂直面切割立体时，在三视图中，与截平面垂直的投影面上的投影积聚成一条斜线，与截平面倾斜的另外两个投影面上的投影均为类似形，如图 8 - 44 所示，可分析出平面 P 的形状和位置。

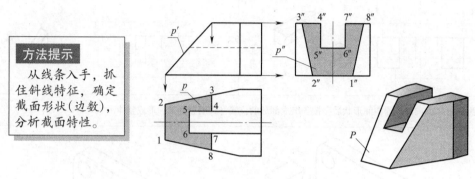

方法提示

从线条入手，抓住斜线特征，确定截面形状（边数），分析截面特性。

图 8 - 44　分析面的形状和位置

（3）线面分析法的读图步骤

1）抓外框想原始形状。根据视图外框想象尚未切割的原始基本形体。

2）对投影确定截面位置。通过分析视图中图线、线框的多面投影确定所有截平面的位置。

3）弄清切割过程，想象物体形状。

下面以识读如图 8 - 45 所示压板的主视图和俯视图，补画第三视图为例，分析切割类组合体的读图方法和步骤。

分析：

压板是由长方体经过切割而形成的，属切割类组合体。通过分析压板的主视图和俯视图可知，压板的左上角用正垂面切割，左侧前、后方各用铅垂面切割，中间下方开矩形槽，在中央位置加工了键槽孔。识读压板的主视图和俯视图，补画第三视图的方法和步骤见表 8 - 4。

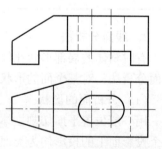

图 8 - 45　压板的主视图和俯视图

表 8 - 4　　　　　　识读压板的主视图和俯视图，补画第三视图的方法和步骤

1. 绘制切割前基本形体的左视图
【提示】压板由长方体切割而成

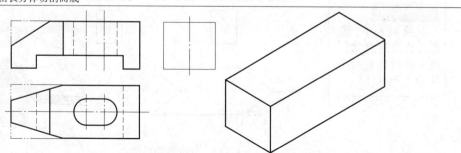

2. 绘制长方体左上方用正垂面 P 切割后的左视图

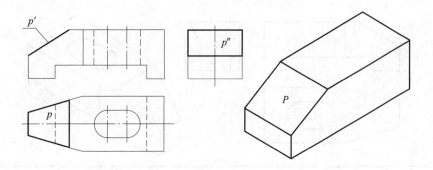

3. 绘制长方体左前方用铅垂面 Q 切割后的左视图

【提示】左后方用铅垂面割角后的变化与左前方割角相同

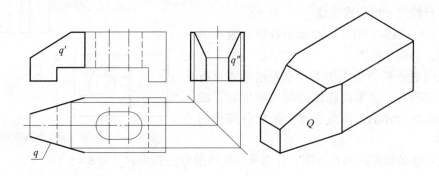

4. 绘制压板中间下方开矩形槽后的左视图

【提示】中间不可见部分画细虚线

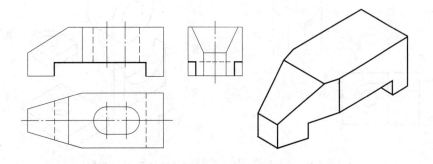

5. 绘制压板中央位置加工键槽孔后的左视图

6. 综合想象整体形状，检查并校对左视图

7. 按线型描深图线

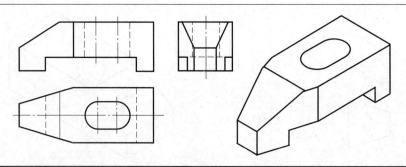

注意：在用线面分析法读图时，并不是形体上所有的线、面都分析，应主要分析看不懂的线、面。一般情况下，需要分析的平面大都是投影面垂直面或一般位置平面，需要分析的直线一般为投影面平行线或一般位置直线。

例 8 - 7 根据如图 8 - 46 所示轴座的俯视图和左视图，补画主视图。

此类问题的解题步骤如下：首先用形体分析法分析已知视图，想象出物体的结构和形状，然后按叠加类组合体的画图方法逐一画出各部分的第三投影。

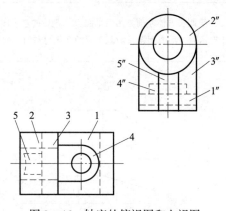

图 8 - 46　轴座的俯视图和左视图

识读轴座的俯视图和左视图，补画第三视图的方法和步骤见表 8 - 5。

表 8 - 5　　　　　　识读轴座的俯视图和左视图，补画第三视图的方法和步骤

1. 在已知视图上，按线框将视图划分为几个部分，分别想象出各部分的形状及位置

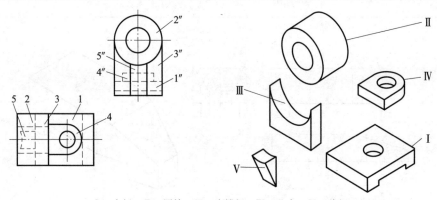

Ⅰ—底板　Ⅱ—圆筒　Ⅲ—支撑板　Ⅳ—凸台　Ⅴ—肋板

续表

2. 画出底板Ⅰ的主视图	3. 画出圆筒Ⅱ的主视图
4. 画出支撑板Ⅲ的主视图	5. 画出凸台Ⅳ的主视图
6. 画出肋板Ⅴ的主视图	7. 检查并描深，完成主视图

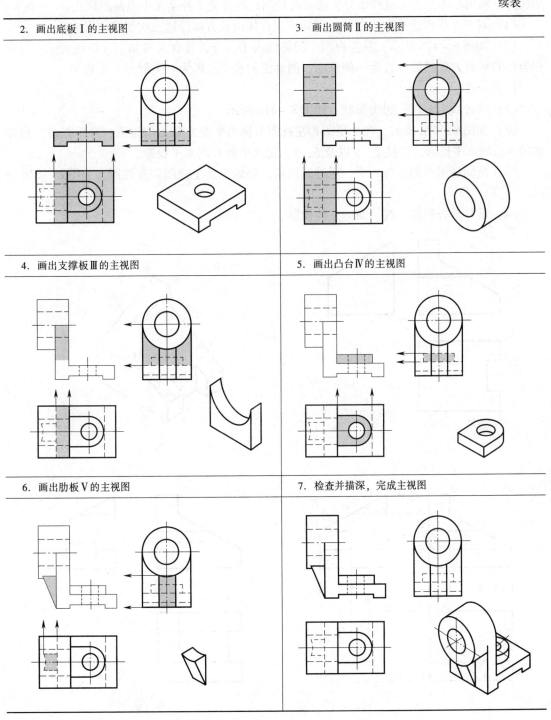

例8-8 如图8-47a所示，分析已知视图，补画三视图中的缺线。

分析：

每个视图均由图线所构成，而每一条图线必定有特定的含义。因此，补缺线时应分析已知视图，利用形体分析法或线面分析法弄清楚图线的含义，补全图中遗漏的缺线。

（1）对三个视图进行初步分析，可知该组合体由长方体经过三次切割而形成。

（2）如图 8 – 47b 所示，从左视图中的斜线入手，分析其含义可知，该斜线表示一具有积聚性的平面 P 的投影，且为一侧垂面，侧垂面的水平投影为一类似形（五边形）。

作图步骤：

（1）通过线面分析，想出形状，如图 8 – 47b 所示。

（2）如图 8 – 47c 所示，在主视图和左视图上标出平面 P 各点的位置，并根据投影规律确定各点的水平投影，连接 1、5 以及 5、3，完成平面 P 的水平投影。

（3）从俯视图中的缺口入手，通过对投影，补画出其主视图和左视图。如图 8 – 47d 所示。

（4）反复检查形体上线、面的三面投影。

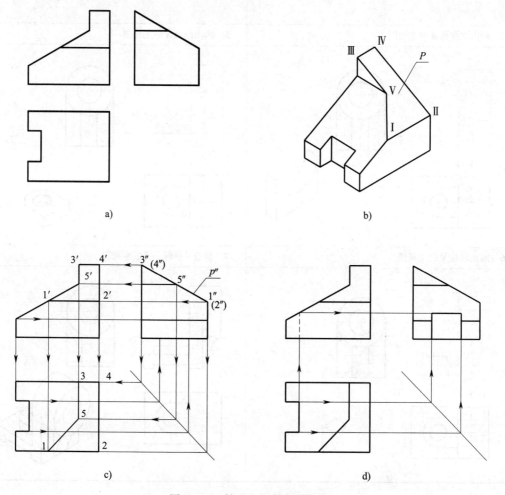

图 8 – 47　补画三视图中的缺线

第九章 机件的表达方法

在实际生产中，机件的形状是多种多样的，有些结构很简单，不需用三个视图来表达；有些机件结构虽然简单，但是形状不规则；而有些机件外形简单，内形结构复杂；有些机件内形、外形都较复杂，往往用三视图很难表达清楚，同时画图的难度也很大，如图9-1所示为不宜采用三视图表达的机件。

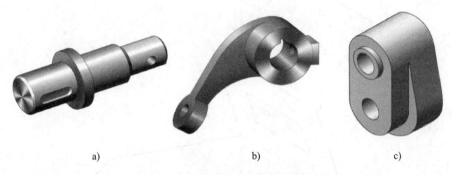

a)   b)   c)

图9-1　不宜采用三视图表达的机件

因此，针对零件的不同结构特点，需要采用不同的表达方法，才能完整、清晰、简便地表达出机件各部分的结构及形状。为此，国家标准《技术制图　图样画法》和《机械制图　图样画法》中，对各种机件的表达方法，如视图、剖视图、断面图等都做出了明确的规定。

本章将对各种表达方法，如视图、剖视图、断面图等的规定画法做详细介绍。

第一节　视　图

在机械图样中，视图主要用来表达机件的外部结构及形状，一般仅画出可见部分，必要时才用细虚线画出不可见部分。

视图包括基本视图、向视图、局部视图、斜视图。

一、基本视图

机件向基本投影面投射所得的视图称为基本视图。基本投影面共有六个，是在原有的 V 面、H 面和 W 面的基础上增设三个与之相对应的投影面，构成一个正六面体，再将物体放入正六面体内，如图9-2a所示。将机件向六个基本投影面投射，得六个基本视图。将六个基本投影面按照图9-2c所示的方法展开，得到如图9-2b所示的六个基本视图。

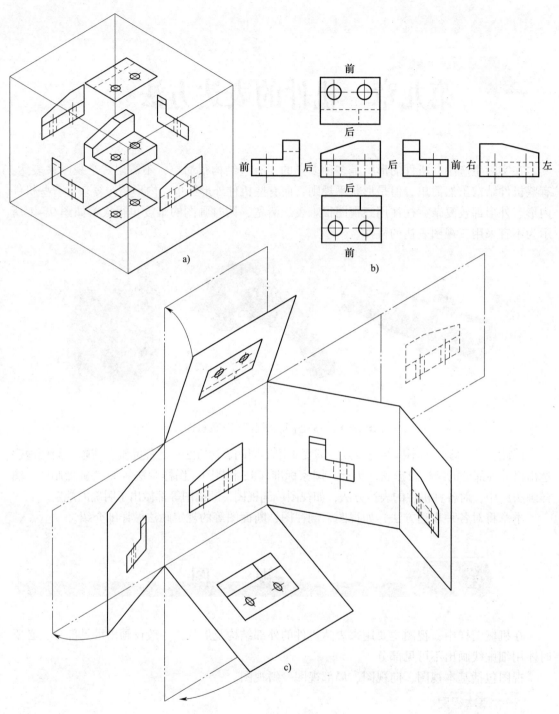

图 9 - 2　基本视图的形成

六个基本视图的名称：

主视图——由前向后投射所得到的视图；

俯视图——由上向下投射所得到的视图；

左视图——由左向右投射所得到的视图；

右视图——由右向左投射所得到的视图；

仰视图——由下向上投射所得到的视图；

后视图——由后向前投射所得到的视图。

六个基本视图的配置规定：展开后基本视图的配置关系如图9－2b所示。在同一张图纸上按图9－2b所示配置基本视图时，一律不标注视图的名称。

六个基本视图仍保持"长对正，高平齐，宽相等"的三等关系，即主视图、俯视图、仰视图、后视图长对正；主视图、左视图、右视图、后视图高平齐；俯视图、仰视图、左视图、右视图宽相等。

六个基本视图的方位对应关系如图9－2b所示，除后视图外，在围绕主视图的俯视图、仰视图、左视图和右视图这四个视图中，远离主视图的一侧表示机件的前方，靠近主视图的一侧表示机件的后方。

实际画图时，一般无须将六个基本视图全部画出，而是根据机件的复杂程度和表达需要，选用其中必要的几个基本视图。若无特殊情况，优先选用主视图、俯视图和左视图。

二、向视图

在实际应用中，除主视图位置不动外，其余视图都可根据实际需要进行配置。为了便于图形的布局，方便读图，可将某个方向的视图配置在图纸上的任意位置，这种自由配置的视图称为向视图，如把图9－2b改为图9－3所示进行配置，视图A、B、C就是向视图。

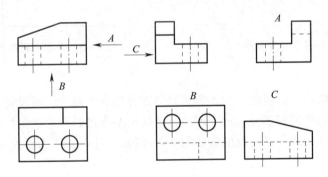

图9－3　向视图及其配置

因向视图是任意配置的，故需对向视图进行标注，即在向视图的上方标出大写拉丁字母，同时在相应的视图附近用箭头指明投影方向，并注上相同的字母，如图9－3A、B、C三个视图所示。

三、局部视图

将机件的某一部分向基本投影面投射所得到的视图称为局部视图，如图9－4所示。在该机件中，用主视图和俯视图两个基本视图表达了主体形状，但左、右两边凸缘的形状如用左视图和右视图表达，则显得烦琐和重复。若采用两个局部视图来表达这两个凸缘的形状，则既简练又突出重点。

局部视图的配置、标注及画法如下：

1. 局部视图按基本视图位置配置，中间若没有其他图形隔开时，则不必标注，如图 9-4 中右上部的局部视图，图中的字母和相应的箭头均不必注出。

2. 局部视图也可按向视图的配置形式配置在适当的位置，如图 9-4 中的局部视图 A。

3. 局部视图可按第三角画法（详见本章第五节）配置在视图上需要表示局部结构的附近，并用细点画线连接两图形，此时不需另行标注，如图 9-5 所示。

4. 局部视图的断裂边界用波浪线或双折线表示，如图 9-4 中右上部的局部视图所示。但当所表示的局部结构是完整的，其图形的外轮廓线呈封闭状态时，波浪线可省略不画，如图 9-4 中的局部视图 A。

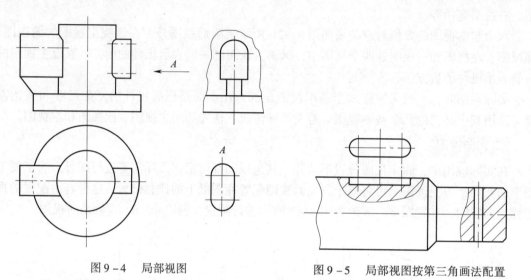

图 9-4　局部视图　　　　　　　图 9-5　局部视图按第三角画法配置

四、斜视图

有的机件部分结构是倾斜的，为了表达倾斜部分的真实形状，可设置一个与倾斜部分平行的辅助投影面，再将倾斜部分向这个不平行于任何基本投影面的平面投射，所得的视图称为斜视图。斜视图的形成、画法及配置如图 9-6 所示，其中 A 图为斜视图。

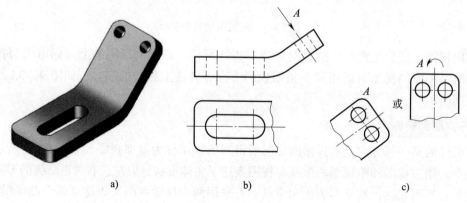

a)　　　　　　　　b)　　　　　　　　c)

图 9-6　斜视图的形成、画法及配置

画斜视图时应注意以下几点：

1. 斜视图常用于表达机件上的倾斜结构。画出倾斜结构的实形后，机件的其余部分不必画出，此时可在适当位置用波浪线或双折线将图形断开，如图 9 - 6b 所示。

2. 斜视图的配置和标注一般采取向视图相应的规定，必要时允许将斜视图旋转配置，此时应加注旋转符号，如图 9 - 6c 所示。旋转符号为带箭头的半圆弧（其半径等于字体高度），表示斜视图名称的大写拉丁字母应靠近旋转符号的箭头端，也允许将旋转角度标在字母之后。

五、应用举例

以上介绍了基本视图、向视图、局部视图和斜视图的概念及画法规定。在实际画图时，并不是每个机件的表达方案中都有这四种视图，而应根据需要灵活选用。

如图 9 - 7 所示为压紧杆，该机件形状不规范，若画成三视图，则如图 9 - 7b 所示，其画图难度大，光椭圆就有很多个，同时细虚线多，与粗实线混杂在一起，看图不方便。因此，应根据压紧杆的形状特征选择合适的表达方案，如图 9 - 8 所示。如图 9 - 8a 所示，可以把倾斜部分的结构用斜视图表达，这样可反映出倾斜部分的真实形状，同时画图简单。

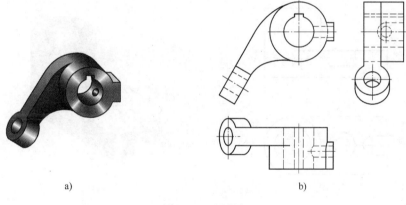

a)   b)

图 9 - 7   压紧杆

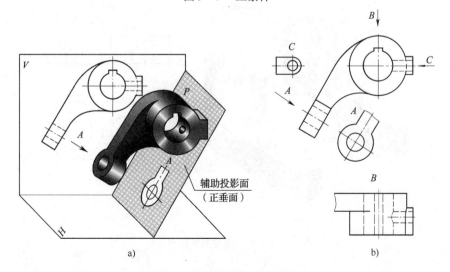

a)   b)

图 9 - 8   压紧杆的表达方案

如图 9-8b 所示，根据压紧杆的结构特点，把表达方案做以下调整：主视图不变，删除左视图和俯视图；右上圆筒部分用一个 B 向局部视图表达，左下倾斜部分用一个 A 向斜视图表达，右边的 U 形凸台用一个 C 向局部视图表达。这样画图简单，看图方便。因此，应根据机件的形状特征来选择合适的表达方案。

第二节　　　　　剖　视　图

视图主要用来表达机件的外部形状。有些机件的内部结构比较复杂，视图中会出现大量的细虚线，如图 9-9a 所示，这些粗实线和细虚线混杂在一起，使图形很不清晰，给看图造成困难，也不便于标注尺寸。为了清晰地表达机件的内部结构，常采用剖视图。剖视图的画法要遵循国家标准《技术制图　图样画法　剖视图和断面图》（GB/T 17452—1998）和《机械制图　图样画法　剖视图和断面图》（GB/T 4458.6—2002）的规定。

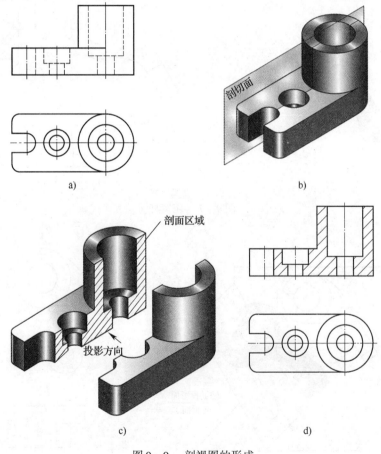

图 9-9　剖视图的形成

一、剖视图的形成和画法

1. 剖视图的形成

假想用剖切平面在适当的位置剖开机件，将处在观察者和剖切面之间的部分移去，而将剩余部分向投影面投射，所得的视图称为剖视图，简称剖视。

剖视图的形成如图9-9所示，如图9-9b、c所示，假想用一个正平面将机件沿轴线剖开，移去前半部分，机件的内部结构就完全显示出来，原来不可见的孔显露出来，细虚线变成了粗实线，这样图形的内部结构由不清晰变得清晰起来，如图9-9d所示。

2. 剖面符号

剖面符号是指在剖面区域中用不同形状的线条（或涂色）来表示不同机件材料的剖面区域，以便于识读机械图样，常用材料剖面符号的画法见表9-1。

表9-1　　　　　　　　　　常用材料剖面符号的画法

材料名称	剖面符号	材料名称	剖面符号
金属材料		变压器等的叠钢片	
非金属材料		木材横断面	
线圈绕组元件		木材纵断面	
砖		液体	
玻璃		格网	

当不需在剖面区域中表示材料的类别时，可采用剖面线（又称通用剖面符号）表示。金属材料的剖面线应以适当角度的细实线绘制，最好与图形的主要轮廓线或剖面区域的对称线成45°角，如图9-10所示为通用剖面线的画法。

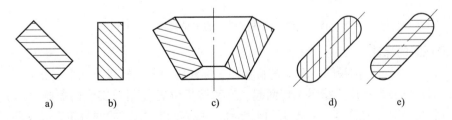

a)　　　　b)　　　　c)　　　　d)　　　　e)

图9-10　通用剖面线的画法

（1）剖面线为细实线，同一机件的剖面线方向相同，间隙均匀。

（2）当主要轮廓线与水平线成45°角时，剖面线一般应画成与水平方向成30°或60°的平行线，其倾斜的方向仍与其他图形的剖面线一致。

3. 画剖视图的注意事项

（1）由于剖视图是假想剖开机件得到的，因此，当机件的一个视图画成剖视图时，其他视图仍应完整画出。

（2）在剖视图中一般不画细虚线，但是，当画少量细虚线可以减少视图数量时，允许画出必要的细虚线，如图9-11所示为必须画出细虚线的情况。

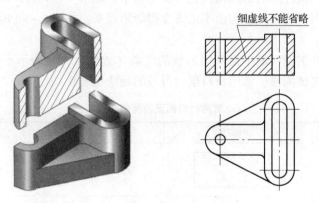

图9-11　必须画出细虚线的情况

（3）画剖视图时，机件在剖切平面后方的可见轮廓线应全部画出，不得遗漏。如图9-12和图9-13所示为剖视图画法的常见错误。

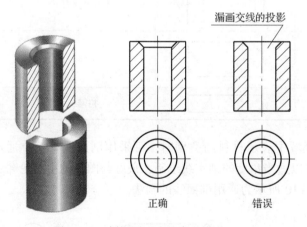

图9-12　剖视图画法的常见错误（一）

4. 剖视图的标注

如图9-14所示，剖视图一般应进行标注，标注的内容包括以下几个方面：

（1）剖切符号是指用于指示剖切面起、讫和转折位置（用粗实线的短画表示）及投影方向（用箭头表示）的符号。如图9-14所示，注有字母"A"的两段粗实线及两端箭头就是剖切符号。

（2）在剖切符号起、讫和转折处注上相同的大写字母，在相应剖视图上方采用相同的大写字母注成"×—×"形式，以表示该剖视图的名称，如图9-14中的"A—A"。

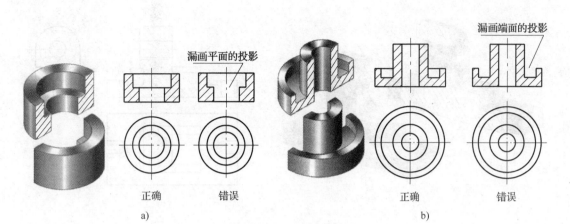

图 9 – 13 剖视图画法的常见错误（二）

（3）当剖视图按投影关系配置，中间又没有其他图形隔开时，可省略箭头；当单一剖切平面通过机件的对称面或基本对称的平面，且剖视图按投影关系配置，中间又没有其他图形隔开时可省略标注，如图 9 – 9d 所示的主视图。

二、剖视图的种类

按剖切范围的大小，剖视图分为全剖视图、半剖视图和局部剖视图三种。

1. 全剖视图

用剖切平面完全地剖开机件后所得到的剖视图称为全剖视图，如图 9 – 15d 所示。

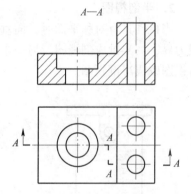

图 9 – 14 剖视图的标注

全剖视图主要用于表达内腔比较复杂、外形较简单的不对称机件，也适用于表达外形简单的对称机件，特别是回转体结构的机件，如图 9 – 12 和图 9 – 13 所示。全剖视图的画法如图 9 – 15 所示。

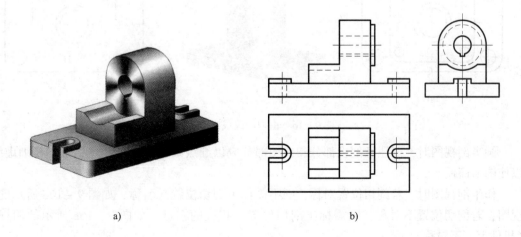

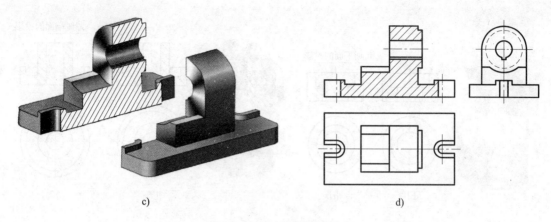

c)   d)

图 9 – 15　全剖视图的画法

a）轴测图　b）三视图　c）轴测剖视图　d）全剖视图

2. 半剖视图

当机件具有对称平面时，向垂直于对称平面的投影面上投射所得的图形允许以对称中心线为界，一半画成剖视图，另一半画成视图，这种剖视图称为半剖视图。如图 9 – 16 所示为由视图改成半剖视图。

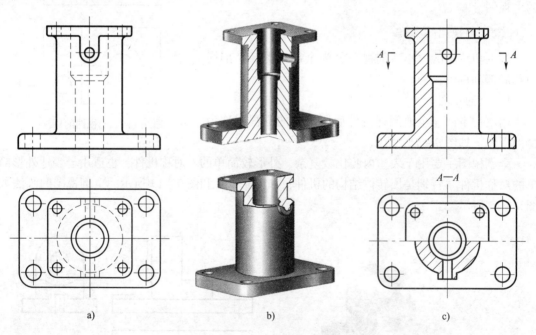

a)   b)   c)

图 9 – 16　由视图改成半剖视图

画半剖视图时，要注意剖视部分和视图部分应以细点画线为界，并应尽量省略细虚线，以使图形简便。

作半剖视图时，若剖切位置对称，则不需标出剖切位置与名称，如图 9 – 16c 所示的主视图；若剖切位置不对称，则需标出剖切位置与相应的字母，如图 9 – 16c 所示的俯视图（机件上下不对称）。

当机件的形状接近于对称，且不对称部分已另有图形表达清楚时，也可以画成半剖视图，如图 9 - 17 所示。

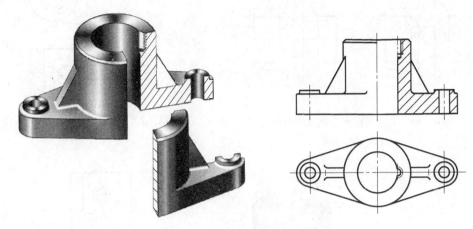

图 9 - 17　接近对称的机件的半剖视图

3. 局部剖视图

用剖切平面局部地剖开机件所得到的视图称为局部剖视图，其画法如图 9 - 18 所示。

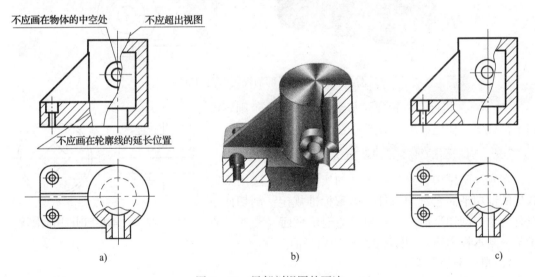

图 9 - 18　局部剖视图的画法

a）错误　b）立体图　c）正确

如图 9 - 18c 所示，局部剖视图用波浪线分界。绘制波浪线时应注意：波浪线不应与图样上其他图线重合，不应画在轮廓或其延长线上，不应超出轮廓线，也不应画在物体的中空处，如图 9 - 18a 所示；不能用轮廓线代替波浪线，如图 9 - 19 所示。当被剖结构为回转体时，允许用该结构的中心线代替波浪线，作为局部剖视图和视图的分界线，如图 9 - 20 所示。

局部剖视图的剖切范围可大可小，是一种比较灵活的表达方法，在一个视图中局部剖视图的数量不宜过多。若过多，反而使视图不清晰，这时可适当加大局部剖视图的剖切范围，如图 9 - 21 所示。

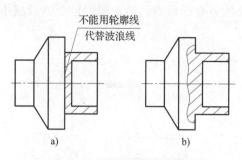

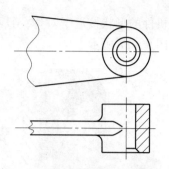

图9-19　不能用轮廓线代替波浪线　　　　图9-20　允许用中心线代替波浪线
a）错误　b）正确

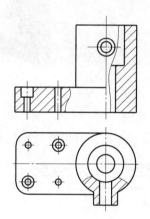

图9-21　加大局部剖视图的剖切范围

对于对称机件，若轮廓线与细点画线重合，则不能用半剖视图，而应该用局部剖视图，如图9-22所示。

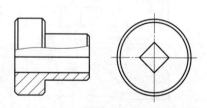

三、剖切面的种类和剖切方法

在实际应用中，要根据机件的实际形状，选用不同数量的剖切平面来剖切机件。国家标准规定：剖切面一般分为单一剖切平面、几个相交的剖切平面（交线垂直于某一基本投影面）、几个平行的剖切平面。

图9-22　不宜用半剖视图的情况

1. 单一剖切平面

单一剖切平面是指画剖视图时只用一个剖切平面剖开物体。单一剖切平面可分为与投影面平行的单一剖切平面和不平行于基本投影面的单一剖切平面两种。

（1）与投影面平行的单一剖切平面

前面所讲述的全剖视图、半剖视图与局部剖视图的实例就属于用单一剖切平面（剖切平面平行于基本投影面）剖切机件。因这一部分内容在前面已介绍，在这里就不再重复。

（2）不平行于基本投影面的单一剖切平面

用不平行于基本投影面的单一剖切平面剖开机件的方法如图9-23所示，其中 *B—B* 剖视图就是用不平行于基本投影面的单一剖切平面剖开机件的全剖视图。

采用这种方法画剖视图时，一般按投影关系配置，如图9-23a所示，并在相应的图形上标出剖切位置与对应的字母，且字母一律水平。在不至于引起误解时，允许将图形旋转，标注形式为"×—×⤺"，如图 9 – 23b 所示。

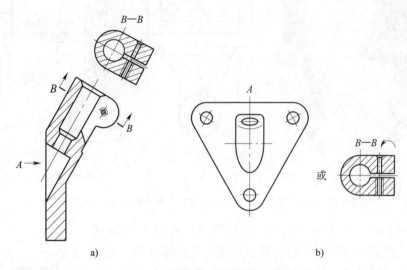

图 9 – 23　用不平行于基本投影面的单一剖切平面剖开机件的方法

2. 几个平行的剖切平面

几个平行的剖切平面可以用来表达位于几个平行平面上机件的内部结构，如图 9 – 24b 所示的机件前后对称，如果用单一剖切面在机件的对称平面处剖开，则右边两个小圆孔不能剖到，若采用两个平行的剖切平面将机件剖开，可同时将机件左、右两部分的内部结构表达清楚，如图 9 – 24a 所示。

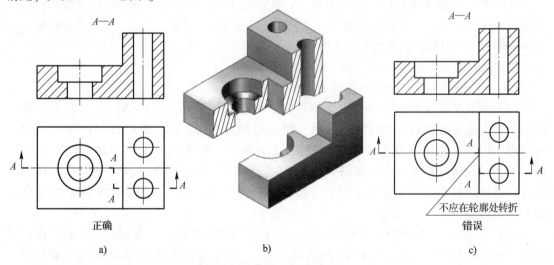

图 9 – 24　用两个平行剖切平面剖切时剖视图的画法及标注（一）

用两个平行剖切平面剖切时剖视图的画法及标注如图 9 – 24 和图 9 – 25 所示，采用这类剖切平面画剖视图时应注意以下问题：

（1）因为剖切平面是假想的，所以不应画出剖切平面转折处的投影，如图 9 – 25c 所示。

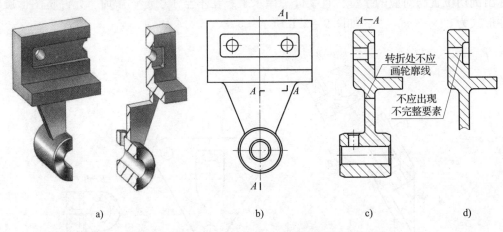

图 9-25　用两个平行剖切平面剖切时剖视图的画法及标注（二）

（2）剖视图中不应出现不完整的结构要素，如图 9-25d 所示。但当两个要素在图形上具有公共对称中心线或轴线时，可以对称中心线或轴线为界，各画一半。如图 9-26 所示为各画一半的全剖视图。

（3）必须在相应视图上用剖切符号表达剖切位置，在剖切平面的起、讫和转折处注写相同的字母，但转折处不应与轮廓线重合，如图 9-24c 所示。

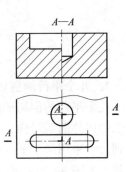

图 9-26　各画一半的全剖视图

3. 几个相交的剖切平面

如图 9-27a 所示的机件，若采用单一剖切平面剖切，不能完全反映机件的形状，只能用两个相交剖切平面（交线垂直于某一基本投影面）剖开机件，如图 9-27 所示。

采用这种剖切平面画剖视图时应注意以下问题：

（1）相邻两剖切平面的交线应垂直于某一投影面。

（2）用几个相交的剖切平面剖开机件时，将被剖切平面剖切的结构及其有关部分旋转至与某一选定的投影面平行后再投射，即先旋转后投射，此时旋转部分的某些结构与原图形不再保持直接的投影关系，如图 9-27b 所示。在采用几个相交的剖切平面剖切时，在剖切面后的其他结构一般仍应按原来位置投射，如图 9-27b 所示剖切平面后的小圆孔。当剖切后产生不完整要素时，应将此部分按不剖绘制，如图 9-28 所示中间的横板即按不剖绘制。

（3）采用几个相交的剖切平面剖切后，应对剖视图加以标注。剖切符号的起、讫及转折处用相同的字母标出，但当转折处空间狭小又不至于引起误解时，转折处允许省略字母。

4. 组合剖切面的使用

组合剖切面的画法及标注如图 9-29 所示。如图 9-29b 所示，用上述几种剖切方法都不能完全表达机件内部及外部的形状，必须用两个平行的剖切平面和两个相交的剖切平面组合起来剖开机件。它的标注方法和画法与几个平行剖切平面、两个相交剖切平面是一样的。

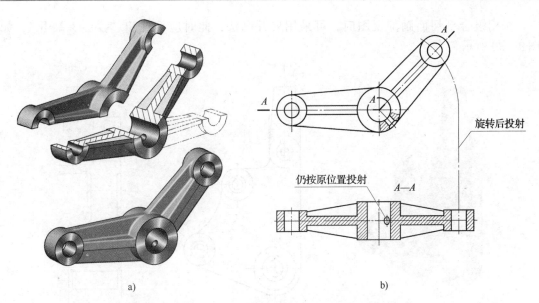

图 9 – 27　用两个相交剖切平面剖切时剖视图的画法及标注

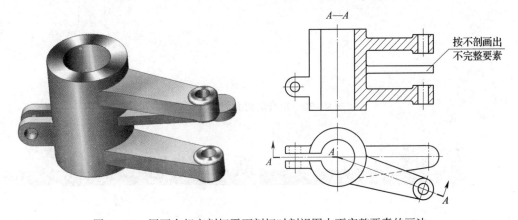

图 9 – 28　用两个相交剖切平面剖切时剖视图中不完整要素的画法

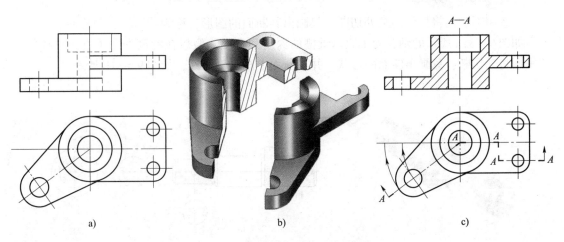

图 9 – 29　组合剖切面的画法及标注

采用组合剖切面画剖视图时，可采用展开画法，此时应标注出"×—×展开"，如图 9 – 30 所示。

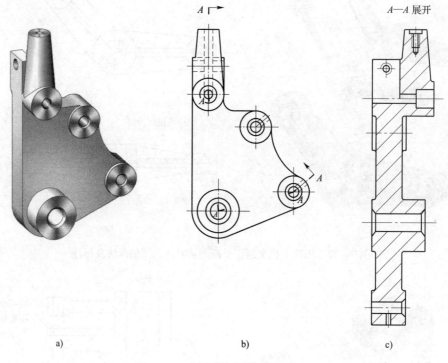

a)　　　　　　　　　　　b)　　　　　　　　c)

图 9 – 30　组合剖切面的展开画法

第三节　断　面　图

一、断面图的概念

假想用剖切面将机件的某处切断，仅画出其断面的图形，称为断面图，简称断面。

如图 9 – 31a 所示的轴，为了表示键槽的深度和宽度，假想在键槽处用垂直于轴线的剖切平面将轴切断，只画出断面的形状，并在断面上画出剖面线，如图 9 – 31b 所示。

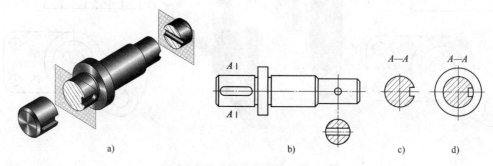

a)　　　　　　　　　　b)　　　　　　c)　　　　d)

图 9 – 31　断面图与剖视图的比较

断面图与剖视图是两种不同的表示法，两者虽然都是先假想剖开机件后再投射，但是，剖视图不仅要画出被剖切面切到的部分，一般还应画出剖切面后面的可见部分，如图 9 - 31d 所示；而断面图则仅画出被剖切面切断的断面形状，如图 9 - 31c 所示。按断面图的位置不同，可分为移出断面图和重合断面图。

二、移出断面图

1. 画在视图之外的断面图称为移出断面图，移出断面图的轮廓线用粗实线绘制，如图 9 - 31b 所示。为了便于看图，移出断面图应尽量配置在剖切符号或剖切平面的延长线上，若图形对称，即可省略标记，如图 9 - 31b 中孔的移出断面图；如图形不对称，则必须标注箭头，不必标注字母。若不在延长线上，则需标出剖切符号和字母，同时，若图形对称，不需标投影方向；若不对称，则应标出投影方向。

2. 当剖切平面通过回转面形成的孔或凹坑等结构时，这些结构按剖视图的要求绘制，如图 9 - 32 所示为不保留缺口的断面图。若不是回转面形成的凹坑（如键槽等），则保留缺口，如图 9 - 33 所示。

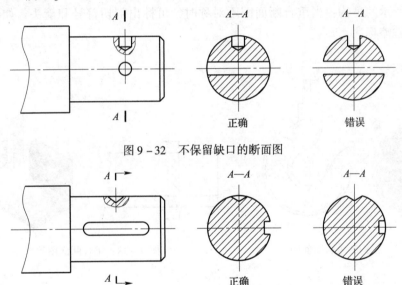

图 9 - 32　不保留缺口的断面图

图 9 - 33　键槽保留缺口的断面图

3. 当断面图形对称时，断面图可画在视图的中断处，且不需做任何标注，如图 9 - 34 所示。若由两个或多个相交的剖切平面剖切得到的断面图，则中间部分应用波浪线断开，如图 9 - 35 所示为变截面的移出断面图。

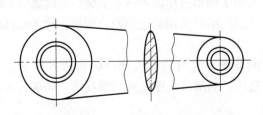

图 9 - 34　断面图画在中断处

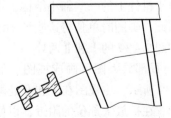

图 9 - 35　变截面的移出断面图

4. 当剖切平面通过非回转孔，而导致出现完全分开的两个断面图时，该结构按剖视绘制，如图9－36所示。

5. 必要时，可将移出断面图配置在其他适当的位置。在不至于引起误解时，允许将图形旋转。

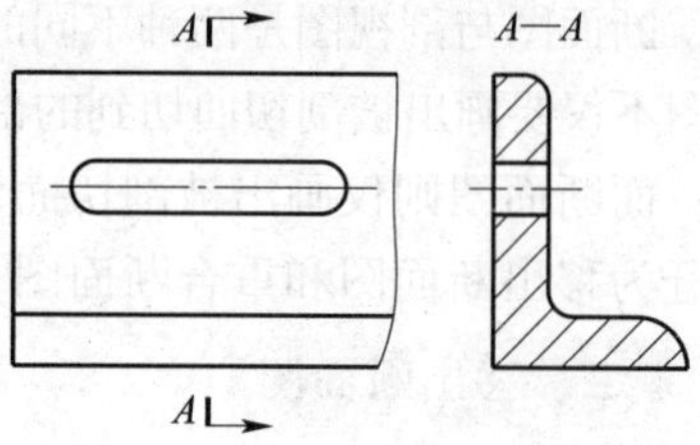

三、重合断面图

画在视图轮廓之内的断面图称为重合断面图，简称重合断面，如图9－37所示为吊钩的重合断面图。

重合断面图的轮廓线用细实线绘制。画重合断面图时应注意以下几点：

1. 当视图中图线不多，将断面图画在视图内不会影响视图的清晰程度时，可采用重合断面图，如图9－37所示。

2. 当视图的轮廓线与重合断面图的轮廓线重合时，按视图的轮廓线绘制，不可间断。

3. 当重合断面图直接画在视图剖切位置处，且重合断面图对称时，不需做任何标注，如图9－37所示的吊钩；当重合断面图不对称时，可标出剖切符号和箭头，如图9－38所示，也可以省略标注。

图 9－36　按剖视绘制的断面图

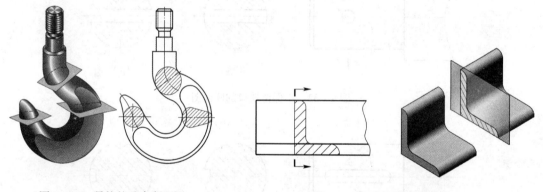

图 9－37　吊钩的重合断面图

图 9－38　重合断面图的标注

第四节　其他表达方法

一、局部放大图

对于机件上的一些细小结构，在视图上常由于图形过小而表达不清楚，同时难以标注尺寸，因此，画图时单独将这些细小结构用大于原图形所采用的比例画出图形，称为局部放大图，如图9－39的Ⅰ和Ⅱ两处。

1. 局部放大图可画成视图、剖视图、断面图，它与被放大部分的表达方式无关，如图9－39所示，主视图在Ⅰ和Ⅱ处画成基本视图，局部放大图可采用剖视图。局部放大图应尽量配置在被放大部位的附近，以便于阅读。

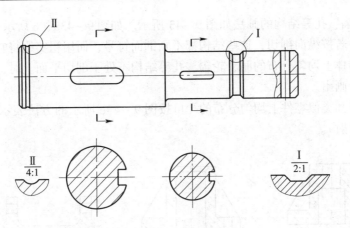

图9-39 局部放大图

2. 当机件上有几处需要放大时，应用罗马数字依次标出被放大的部位，并在局部放大图的上方注出相应的罗马数字和所采用的比例，如图9-39所示。若只有一个部位被放大，则只需在局部放大图上方标出放大比例。

3. 绘制局部放大图时，除螺纹牙型、齿轮的齿形外，应用细实线圆圈出被放大的部位，如图9-39和图9-40所示。

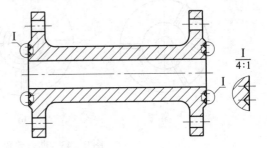

图9-40 同一机件不同部位的局部放大图

4. 同一机件不同部位的局部放大图的图形相同或对称时，只需画出一个，如图9-40所示。

二、简化画法

为了看图和画图更简便，国家标准规定了一些简化画法，下面介绍几种常用的简化画法：

1. 当机件具有若干直径相同且呈规律分布的孔（如圆孔、螺孔、沉孔等）时，可以仅画出一个或几个，其余部分只需画出其中心位置，如图9-41所示。

2. 当机件具有相同结构，且按一定规律分布时，只需画出几个完整的结构，其余用细实线连接，如图9-42所示为相同结构要素的简化画法。

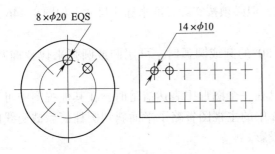

图9-41 呈规律分布的孔的画法

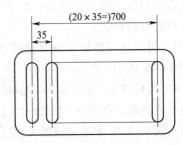

图9-42 相同结构要素的简化画法

3. 肋、轮辐、孔等结构的画法如图 9 – 43 所示。如图 9 – 43a、b 所示，对机件上的肋、轮辐及薄壁等，若按纵向剖切，这些结构都不画剖面符号，而用粗实线将它与其邻接部分分开。当零件回转体上均匀分布的肋、轮辐、孔等结构不处于剖切平面上时，可将这些结构旋转到剖切平面上画出。

圆柱形法兰和类似零件上均匀分布的孔可按图 9 – 43c 所示的方法表示（由机件外向该法兰端面方向投射）。

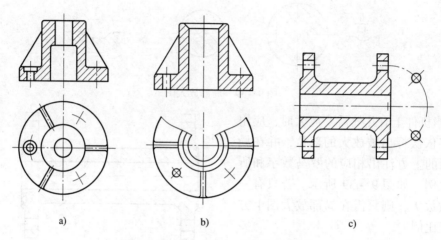

a)　　　　　　　　　b)　　　　　　　　　c)

图 9 – 43　肋、轮辐、孔等结构的画法

4. 机件上的直纹、网纹滚花一般只在轮廓线附近用粗实线示意地画出一小部分，如图 9 – 44 所示。

5. 回转体机件上的平面在图形中不能充分表达时，可用两条相交的细实线表示平面，如图 9 – 45 所示。

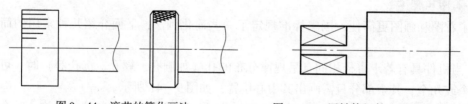

图 9 – 44　滚花的简化画法　　　　　图 9 – 45　回转体机件上平面的表示方法

6. 较长的机件且沿长度方向的形状一致或按一定规律变化时，可断开后缩短绘制，断裂处以波浪线、细双点画线、双折线等画出，但必须按实际长度来标注尺寸，如图 9 – 46 所示为断裂处的画法。

7. 当绘制与投影面倾斜角度小于等于 30° 的圆或圆弧时，可用圆或圆弧来代替椭圆，如图 9 – 47 所示。

8. 当机件上有较小结构和斜度等，若已在一个图形中表达清楚时，在其他视图中可简化表示或省略，如图 9 – 48 所示。图 9 – 48a 中的主视图省略了平面斜切圆柱面后截交线的投影，图 9 – 48b 中的主视图简化了锥孔的投影。

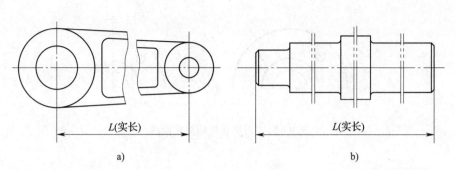

图 9－46　断裂处的画法

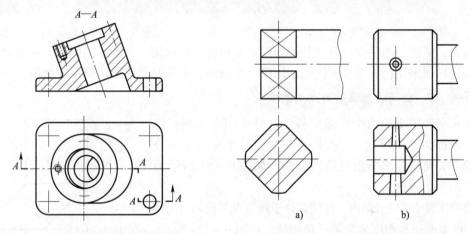

图 9－47　倾斜的圆或圆弧的简化画法　　　　图 9－48　机件上较小结构的简化画法

9. 在不至于引起误解时，剖面符号可以省略，如图 9－49 所示。

10. 如图 9－50 所示，在不至于引起误解时，图形中的过渡线、相贯线可以简化，用圆弧或直线代替非圆曲线。

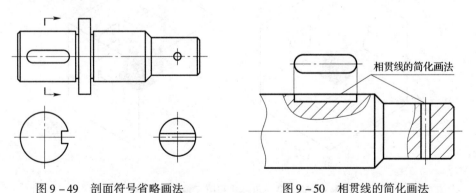

图 9－49　剖面符号省略画法　　　　　　图 9－50　相贯线的简化画法

11. 如图 9－51 所示，对于对称机件的视图可只画一半或四分之一，并在对称中心线的两端画出两条与其垂直的平行细实线。

图 9 - 51　对称机件的简化画法

第五节　第三角画法

目前，美国、加拿大、澳大利亚等国家采用第三角画法；日本、英国等第一角画法和第三角画法均可采用；我国规定优先采用第一角画法，必要时允许使用第三角画法。

一、第一角画法和第三角画法的概念

用水平和铅垂的两个投影面将空间分成四个区域，每一个区域称为一个分角，并按顺序编号，分别称为第一分角、第二分角、第三分角和第四分角，如图 9 - 52 所示为正投影的四个分角。

将物体置于第一分角内，并使其处于观察者与投影面之间而得到的多面正投影图称为第一角画法，如图 9 - 53a 所示。将物体置于第三分角内，并使投影面处于观察者与物体之间而得到多面正投影图称为第三角画法，如图 9 - 53b 所示。

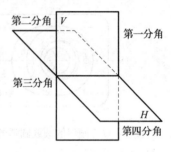

图 9 - 52　正投影的四个分角

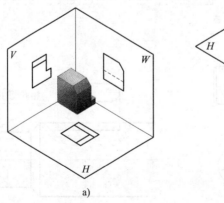
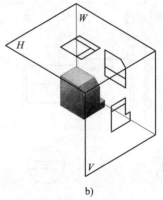

图 9 - 53　第一角画法和第三角画法对比

a) 第一角画法　b) 第三角画法

二、基本视图的配置

将机件放入正六面体内，按第一角画法向六个基本投影面投射，展开后可得六个基本视图，如图 9 - 54 所示为第一角画法及配置关系。

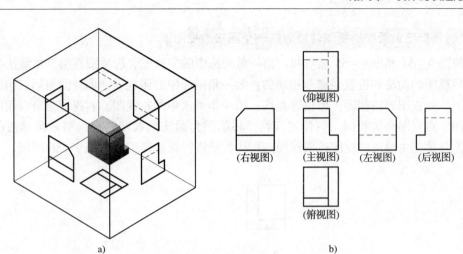

图 9 – 54　第一角画法及配置关系

　　同理，将机件放入正六面体内，按第三角画法向六个基本投影面投射，如图 9 – 55a 所示，按照图 9 – 55b 所示展开，即得六个基本视图，如图 9 – 55c 所示。

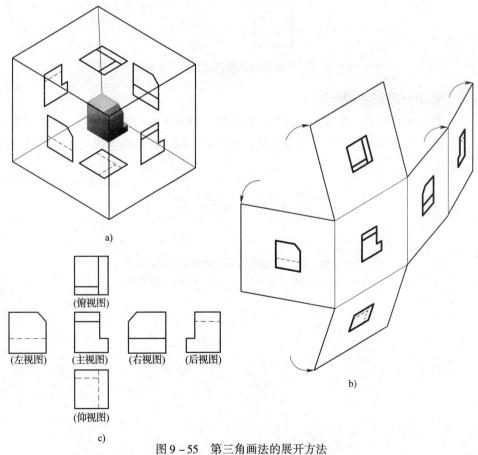

图 9 – 55　第三角画法的展开方法

a）投影　b）展开　c）基本视图

三、将第三角画法的视图转换为第一角画法的视图

比较图9-54和图9-55后可知：第一角画法中的主视图、后视图与第三角画法中的主视图、后视图的画法和位置是完全相同的；第一角画法中的俯视图、仰视图与第三角画法中的俯视图、仰视图画法相同，但位置互换；第一角画法中的左视图、右视图与第三角画法中的左视图、右视图画法相同，但位置互换。将第三角画法的视图转换为第一角画法的视图时，只需将第三角画法的视图按向视图的标注方式进行标注即可，如图9-56所示。

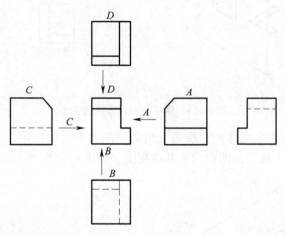

图9-56 将第三角画法的视图转换为第一角画法的视图

四、第三角画法的识别符号

国家标准中规定用第一角画法，因而，对于第一角画法不加标记符号，若采用第三角画法时，则必须在标题栏中画出第三角画法的识别符号。第一角画法和第三角画法的识别符号如图9-57所示。

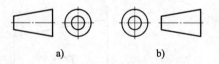

a)   b)

图9-57 第一角画法和第三角画法的识别符号

a) 第一角画法识别符号　b) 第三角画法识别符号

第十章 标准件和常用件画法

螺栓、螺柱、螺钉、螺母、垫圈、键、销、滚动轴承等标准件在各种机器中应用广泛。为了提高产品质量，降低生产成本，标准件一般由专业厂家采用专用设备大批量生产，国家对这类零件的结构、尺寸和技术要求实行了标准化，故这类零件通称为标准件。

还有一些零件，如齿轮、弹簧等，在各种机器中也大量使用，但国家标准只对它们的部分结构和尺寸实行了标准化，习惯上将这类零件称为常用件。

本章简要介绍常用的标准件和常用件的画法、标记等内容。

第一节 螺纹及螺纹紧固件

一、螺纹

1. 螺纹的形成

当圆柱面上的动点绕圆柱轴线做等速转动，同时又沿圆柱的轴线做等速直线运动时，该动点在圆柱表面上所形成的轨迹称为圆柱螺旋线。

螺纹是指螺旋线沿圆柱（或圆锥）表面所形成的具有规定牙型的连续凸起和沟槽。在圆柱（或圆锥）外表面上形成的螺纹称为外螺纹，如图 10 – 1a 所示。在圆柱（或圆锥）内表面上形成的螺纹称为内螺纹，如图 10 – 1b 所示。

螺纹的加工方法很多，图 10 – 1a、b 所示分别为在车床上车削外螺纹和内螺纹。若加工直径较小的螺孔时，可如图 10 – 1c 所示，先用钻头钻孔（由于钻头的顶角约为 118°，因此钻孔后孔的底部应画成 120°），再用丝锥攻制内螺纹，如图 10 – 1d 所示。

2. 螺纹的结构要素

螺纹的结构要素包括牙型、直径（大径、小径、中径）、螺距、导程、线数、旋向等，只有这些要素都相同的内螺纹和外螺纹才能旋合在一起。

（1）牙型

用沿轴线的剖切平面将螺纹剖开，在剖切断面上螺纹的轮廓形状称为螺纹牙型。常见的螺纹牙型有三角形、梯形、锯齿形等，如图 10 – 2 所示。

（2）直径

螺纹各部分的名称如图 10 – 3 所示：其中外螺纹牙顶和内螺纹牙底所在圆柱面的直径称为螺纹大径（d、D）；外螺纹牙底和内螺纹牙顶所在圆柱面的直径称为螺纹小径（d_1、D_1）；通过牙型上沟槽和凸起宽度相等的一处假想圆柱的直径称为螺纹中径（d_2、D_2）；公称直径代表螺纹直径大小的尺寸，通常用螺纹的大径 d（D）来表示公称直径（管螺纹除外）。

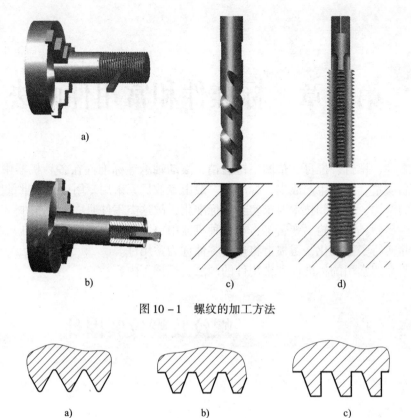

图 10 - 1　螺纹的加工方法

图 10 - 2　不同牙型的螺纹

a）三角形　b）梯形　c）锯齿形

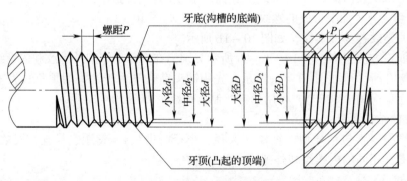

图 10 - 3　螺纹各部分的名称

（3）线数（n）

如图 10 - 4 所示，沿一条螺旋线所形成的螺纹称为单线螺纹。沿两条或两条以上螺旋线所形成的螺纹称为多线螺纹。

（4）螺距（P）和导程（P_h）

如图 10 - 4 所示，螺距是指螺纹上相邻两牙之间对应两点间的轴向距离，用 P 表示。导程是指沿同一条螺旋线形成的相邻两牙之间对应两点间的轴向距离，常用 P_h 表示，$P_h = nP$。

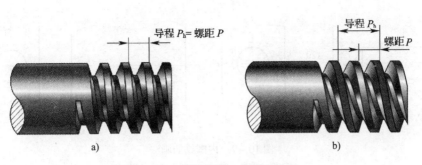

图 10 - 4　螺纹线数、螺距和导程

a）单线螺纹　b）多线螺纹

（5）旋向

旋向是指螺纹旋进的方向，有左旋和右旋之分，按顺时针方向旋进的螺纹称为右旋螺纹，按逆时针方向旋进的螺纹称为左旋螺纹。螺纹旋向的判断方法如图 10 - 5 所示。工程上常采用右旋螺纹。

3. 螺纹的规定画法

螺纹按真实形状绘制非常复杂，为简化画图，国家标准《机械制图　螺纹及螺纹紧固件表示法》（GB/T 4459.1—1995）中规定了螺纹的画法。

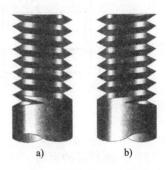

图 10 - 5　螺纹旋向的判断方法

a）左旋螺纹—左边高

b）右旋螺纹—右边高

（1）外螺纹的画法

外螺纹的画法如图 10 - 6 所示。如图 10 - 6a 所示，外螺纹不论其牙型如何，牙顶线和螺纹终止线用粗实线绘制，牙底线用细实线绘制，并画入螺纹端部的倒角内。如图 10 - 6b 所示，在剖视图中，螺纹终止线只画出牙顶到牙底部分的粗实线，中间部分不画。如图 10 - 6 所示，在左视图中，倒角圆不画，螺纹牙底圆的细实线只画约 3/4 圈。

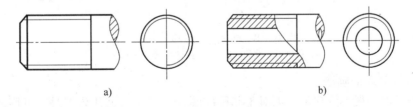

图 10 - 6　外螺纹的画法

（2）内螺纹的画法

如图 10 - 7a 所示，内螺纹一般画成剖视图。与外螺纹一样，牙顶线和螺纹终止线用粗实线绘制。牙底线用细实线绘制，在左视图中，牙底圆只画约 3/4 圈，倒角圆省略。如图 10 - 7b 所示，若主视图不剖切，则螺纹的牙顶线、牙底线、螺纹终止线、倒角等都画成细虚线。

如图 10 - 8 所示为内螺纹其他形式的画法。

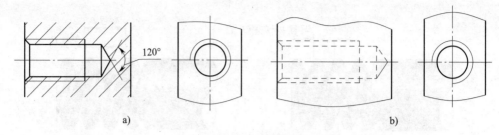

图 10 – 7　内螺纹的画法

a）盲孔螺纹剖视画法　b）盲孔螺纹外形画法

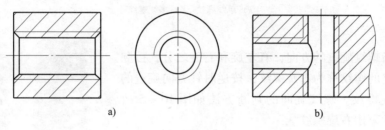

图 10 – 8　内螺纹其他形式的画法

a）通孔螺纹画法　b）相贯螺纹画法

（3）圆锥螺纹的画法

如图 10 – 9 所示为圆锥内螺纹和外螺纹的规定画法，在投影为圆的视图上，只画出可见端的牙底圆，另一端的牙底圆不表示。

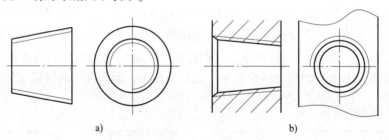

图 10 – 9　圆锥螺纹的规定画法

a）圆锥外螺纹的画法　b）圆锥内螺纹的画法

（4）非标准螺纹的画法

对于标准螺纹一般不画牙型。而对于非标准螺纹，当必须表达牙型时，可用局部视图、局部剖视图或局部放大图来表示牙型，如图 10 – 10 所示为牙型表示方法。

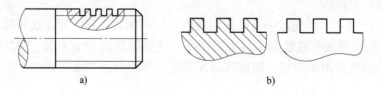

图 10 – 10　牙型表示方法

a）局部剖视图表示法　b）局部放大图表示法

（5）螺纹连接画法

通孔螺纹连接画法如图 10 – 11 所示，在剖视图中，内螺纹和外螺纹旋合的部分按外螺纹的画法绘制，未旋合的部分仍按各自的规定画法绘制。如图 10 – 12 所示为盲孔螺纹连接画法。

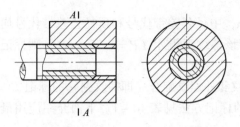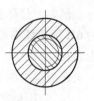

图 10 – 11　通孔螺纹连接画法　　　　　图 10 – 12　盲孔螺纹连接画法

4. 螺纹的分类

螺纹按用途不同可分为连接螺纹和传动螺纹。连接螺纹主要包括普通螺纹、管螺纹等。传动螺纹主要包括梯形螺纹、锯齿形螺纹等。

5. 螺纹的标注

无论是普通螺纹还是梯形螺纹，按上述规定画法画出后，在图上均不能反映它的牙型、螺距、线数和旋向等结构要素，因此，还必须用规定的标记在图样中进行标注。

（1）螺纹的标记规定

1）普通螺纹的标记规定。根据国家标准《普通螺纹　公差》（GB/T 197—2018）的规定，普通螺纹的完整标记由螺纹特征代号、尺寸代号、公差带代号、旋合长度代号和旋向代号组成。现以一多线左旋普通螺纹为例，说明其标记中各部分代号的含义及注写规定。

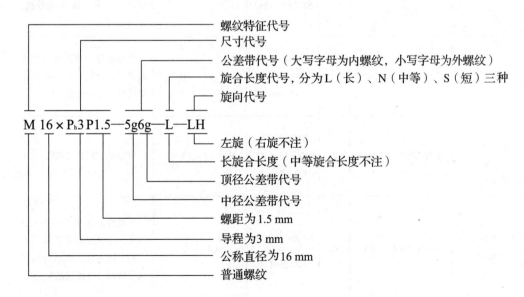

当遇到以下情况时，标记可以简化：

①螺纹为单线时，尺寸代号为"公称直径×螺距"，如为粗牙时不注螺距。

②中径公差带代号和顶径公差带代号相同时，只需标一个公差带代号。

③最常用的中等公差精度螺纹（公称直径小于等于 1.4 mm 的 5H 和 6h 以及公称直径大于等于 1.6 mm 的 6H 及 6g）不标注公差带代号。

例如，公称直径为 12 mm，细牙，螺距为 1 mm，中径公差带代号和顶径公差带代号均为 6H 的单线右旋普通螺纹，其标记为 M12×1；若该螺纹为粗牙（$P = 1.75$ mm），则标记为 M12。

普通螺纹的上述简化标记规定同样适用于内螺纹和外螺纹旋合（即螺纹副）的标记。

2）常用标准螺纹的标记规定。常用标准螺纹的标记方法见表 10 - 1。下面介绍应用最广泛的普通螺纹的标记规定。

表 10 - 1   **常用标准螺纹的标记方法**

序号	螺纹类别	标准编号	特征代号	标记示例	螺纹副标记示例	说明
1	普通螺纹	GB/T 197—2018	M	M8×1—LH M8 M16×P_h6P2—5g6g—L	M20—6H/5g6g	粗牙不注螺距，左旋时末尾加"—LH" 中等公差精度（如 6H 和 6g）不注公差带代号；中等旋合长度不注 N（下同） 多线时注出 P_h（导程）和 P（螺距）
2	小螺纹	GB/T 15054.2—2018	S	S0.8—4H5 S1.2LH—5h3	S0.9—4H5/5h3	标记中末位的 5 和 3 为顶径公差等级。顶径公差带位置仅有一种，故只注等级，不注位置
3	梯形螺纹	GB/T 5796.4—2005	Tr	Tr40×7—7H Tr40×14（P7）LH—7e	Tr36×6—7H/7c	公称直径一律用外螺纹大径表示；仅需给出中径公差带代号；无短旋合长度
4	锯齿形螺纹	GB/T 13576.4—2008	B	B40×7—7a B40×14（P7）LH—8c—L	B40×7—7A/7c	标记格式同梯形螺纹
5	55°非密封管螺纹	GB/T 7307—2001	G	G1$\frac{1}{2}$A G1/2—LH	G1$\frac{1}{2}$A	外螺纹需注出公差等级 A 或 B；内螺纹公差等级只有一种，故不注；表示螺纹副时仅需标注外螺纹的标记

序号	螺纹类别		标准编号	特征代号	标记示例	螺纹副标记示例	说明
6	55°密封管螺纹	圆锥外螺纹	GB/T 7306.1—2000	R_1	$R_1$3	$Rp/R_1$3	内螺纹和外螺纹均只有一种公差带，故不注；表示螺纹副时，尺寸代号只注写一次
		圆柱内螺纹		Rp	Rp1/2		
		圆锥外螺纹	GB/T 7306.2—2000	R_2	$R_2$3/4	$Rc/R_2$3/4	
		圆锥内螺纹		Rc	Rc1$\frac{1}{2}$—LH		

理解表 10-1 的标记规定时还需注意以下几点：

①无论何种螺纹，旋向为左旋时均应在规定位置注写"LH"字样，未注"LH"者均指右旋螺纹。

②各种螺纹标记中，用拉丁字母表示的螺纹特征代号均位于标记的左端，紧随螺纹特征代号之后的数值分两种情况：普通螺纹、小螺纹、梯形螺纹、锯齿形螺纹的数值是指螺纹的公称直径，单位为 mm；管螺纹的数值是指螺纹的尺寸代号，根据尺寸代号可查阅有关标准得到管子的通径，相对应的螺纹的大径和小径可以从附表中查取，其中普通螺纹直径与螺距见附表一，梯形螺纹直径与螺距见附表二，管螺纹尺寸代号及公称尺寸见附表三。

③普通螺纹只标中径公差带代号和顶径公差带代号，锯齿形螺纹、梯形螺纹只标中径公差带代号。

④旋合长度是指相互配合的螺纹旋合在一起的长度，旋合长度分为长、中、短三种，分别用代号 L、N 和 S 表示，也可标注具体数值，旋合长度为中等时可不标注。

（2）螺纹标记的图样标注

普通螺纹、梯形螺纹、锯齿形螺纹的标注方法如图 10-13 所示，其标记应标注在螺纹大径上。管螺纹的标注方法如图 10-14 所示，其标记一律标注在引出线上，引出线从大径处或中心处引出。

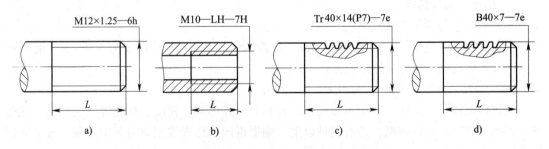

图 10-13 普通螺纹、梯形螺纹、锯齿形螺纹的标注方法

a）普通细牙螺纹 b）普通粗牙螺纹 c）梯形螺纹 d）锯齿形螺纹

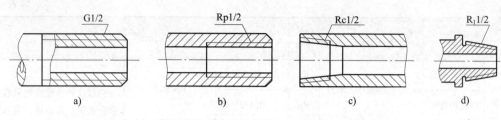

图 10 – 14　管螺纹的标注方法

a）非螺纹密封的螺纹　b）圆柱内螺纹　c）圆锥内螺纹　d）圆锥外螺纹

二、常用螺纹紧固件的种类和标记

利用螺纹的旋紧作用，将两个或两个以上的零件连接在一起的有关零件称为螺纹紧固件。

1. 螺纹紧固件的种类

螺纹紧固件的种类很多，其中最常见的如图 10 – 15 所示。

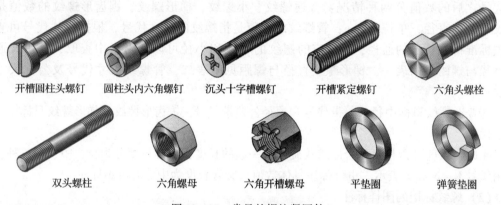

开槽圆柱头螺钉　　圆柱头内六角螺钉　　沉头十字槽螺钉　　开槽紧定螺钉　　六角头螺栓

双头螺柱　　　　六角螺母　　　　六角开槽螺母　　　　平垫圈　　　　弹簧垫圈

图 10 – 15　常见的螺纹紧固件

螺纹紧固件是标准件，它们的结构、形状和尺寸已经标准化，因此，一般不需画零件图，必要时可根据标记从国家标准中查出有关尺寸。

2. 螺纹紧固件的标记

下面以螺栓为例说明螺纹紧固件的标记方法。

例如，粗牙普通螺纹，大径为 20 mm，螺距为 2. 5 mm，公称长度为 100 mm，镀锌钝化，B 级六角头螺栓，其全称标记为：

螺栓　GB/T 5782—2016　M20 × 2. 5 × 100B

上述标记很长，实际应用中可做简化。若只有一种形式、精度、性能等级、材料、热处理及表面处理时，允许省略；若有两种以上，则根据国家标准规定省略其中一种。故上述螺栓的标记可简化为：

螺栓　GB/T 5782　M20 × 100

3. 标记示例

常用螺纹紧固件的画法及标记见表 10 – 2。

表 **10 – 2**　　　　　　　　　　　　常用螺纹紧固件的画法及标记

名称	画法及标记示例	名称	画法及标记示例
六角头螺栓	螺栓 GB/T 5782　M12×50	开槽紧定螺钉	螺钉 GB/T 71　M6×15
双头螺柱	螺柱 GB 898　M12×50	圆柱头内六角螺钉	螺钉 GB/T 70.1　M12×50
沉头螺钉	螺钉 GB/T 68　M5×30	六角螺母	螺母 GB/T 6170　M12
平垫圈	垫圈 GB/T 97.1 12 140HV	弹簧垫圈	垫圈 GB 93 12

三、螺纹连接的画法

按照所使用螺纹紧固件的不同，常见的螺纹紧固件的连接形式有螺栓连接、双头螺柱连接和螺钉连接等，如图 10 – 16 所示。

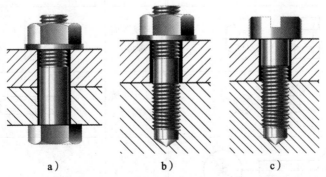

图 10 – 16　常见的螺纹紧固件的连接形式

a）螺栓连接　b）双头螺柱连接　c）螺钉连接

螺纹连接装配图需要遵循以下规定：

相邻两零件接触表面只画一条粗实线，不接触表面要画两条粗实线；相邻两零件的剖面线方向应相反；在装配图中，当剖切平面通过螺杆的轴线时，螺纹紧固件均按不剖绘制；螺纹紧固件上的工艺结构，如倒角、退刀槽、缩颈、头部圆弧等均可省略不画。

在装配图中，常用的螺纹紧固件可按表 10－3 所列的简化画法绘制。由于装配图主要用于表达零部件之间的装配关系，因此，不仅装配图中的螺纹紧固件可按上述画法的基本规定简化地表示，而且图形中的各部分尺寸也可简便地按比例画法绘制。

表 10－3 装配图中螺纹紧固件的简化画法

形式	简化画法	形式	简化画法
六角头（螺栓）	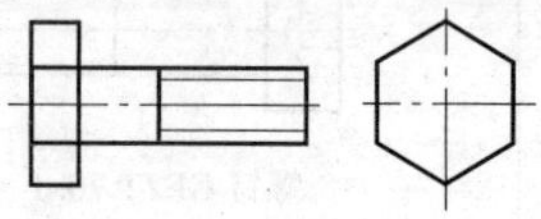	方头（螺栓）	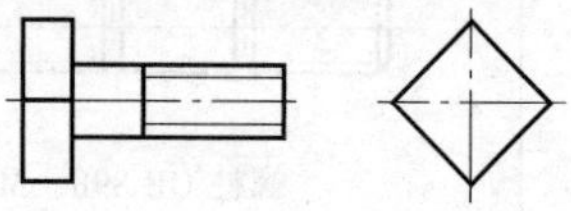
圆柱头内六角（螺钉）	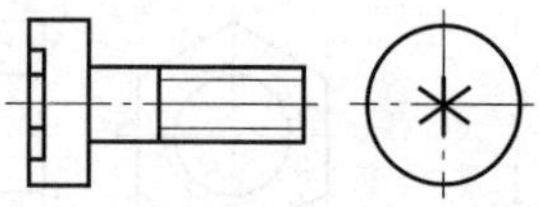	无头内六角（螺钉）	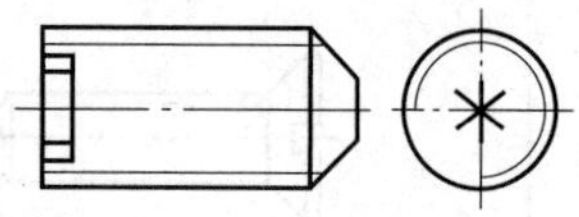
无头开槽（螺钉）	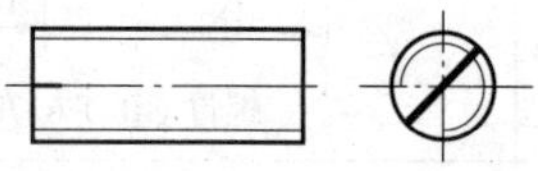	沉头开槽（螺钉）	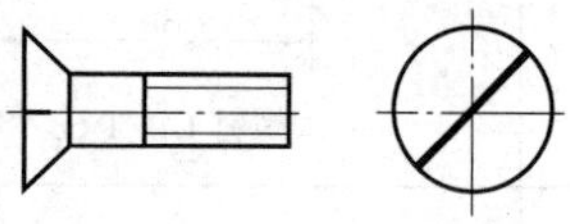
半沉头开槽（螺钉）	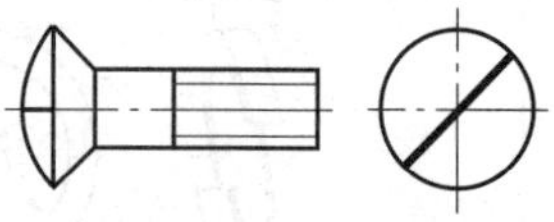	圆柱头开槽（螺钉）	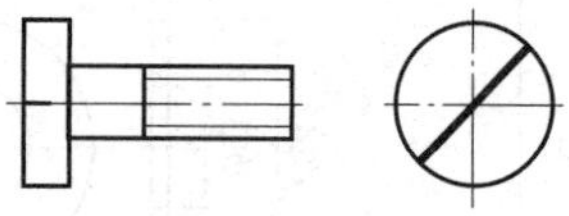
盘头开槽（螺钉）	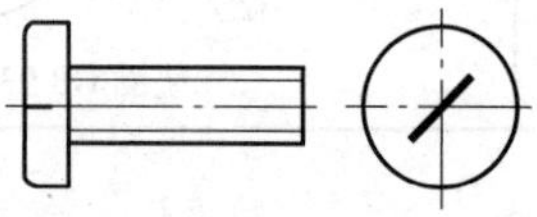	沉头开槽（自攻螺钉）	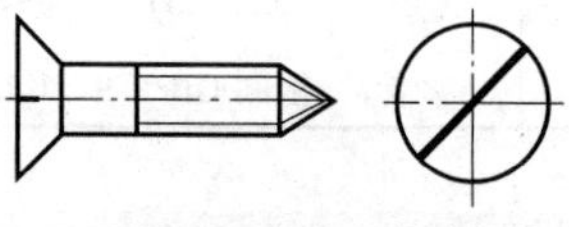
六角（螺母）	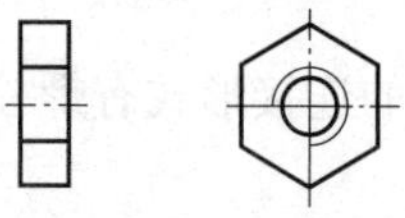	方头（螺母）	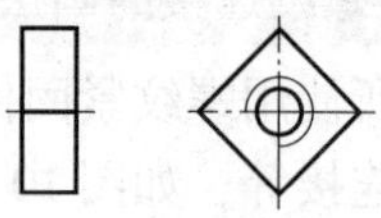
六角开槽（螺母）	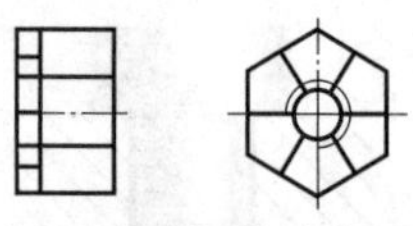	六角法兰面（螺母）	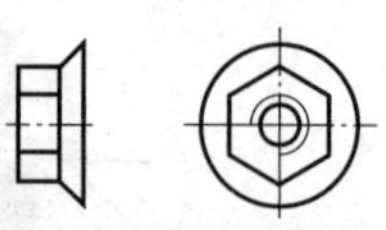
蝶形（螺母）	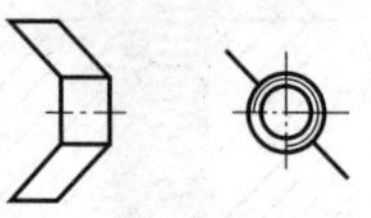	沉头十字槽（螺钉）	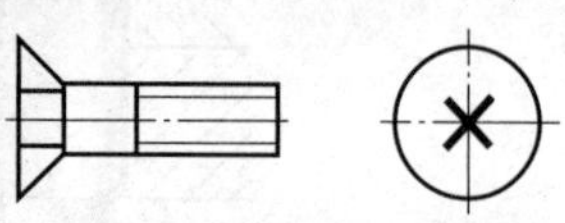
半沉头十字槽（螺钉）	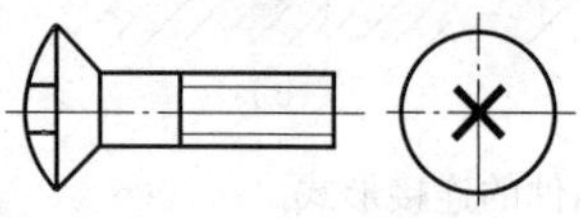		

1. 螺栓连接

用螺栓、螺母和垫圈把两个零件连接在一起称为螺栓连接，其画法如图 10 - 17 所示。螺栓适用于连接两个不太厚的并能钻成通孔的零件。连接时将螺栓穿过被连接两零件的光孔（孔径比螺栓大径略大），套上垫圈，然后用螺母紧固。

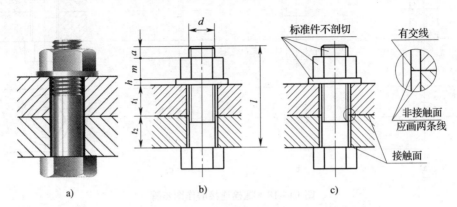

图 10 - 17　螺栓连接画法

a）实体图　b）各部分的尺寸　c）画图时的注意事项

螺栓的长度 l 应通过计算后查表确定。

螺栓长度 l 的计算公式为：

$$l = t_1 + t_2 + h + m + a$$

式中　t_1、t_2——被连接件的厚度，mm；

　　　　h——垫圈的厚度，可从附表七中查取（一般取 $h \approx 0.15d$），mm；

　　　　m——螺母的厚度，可从附表六中查取（一般取 $m \approx 0.8d$），mm；

　　　　a——螺栓伸出螺母的长度，取 $a \approx (0.2 \sim 0.3)d$，mm。

被连接零件的连接孔直径取 $(1.1 \sim 1.2)d$。

例 10 - 1　如图 10 - 18 所示，选用 GB/T 5782　M10 的六角头螺栓连接两块板，板的厚度 $t_1 = t_2 = 20$ mm，并选用 GB/T 6170 的螺母和 GB/T 97.1 的标准垫圈，试画出螺栓的连接图。

分析：

首先确定各部分的尺寸查附表六、七可得：

螺母厚度 $m = 8.4$ mm，垫圈厚度 $h = 2$ mm，取 $a = 0.3d = 3$ mm，零件上孔的直径为 $1.1 \times 10 = 11$ mm，代入公式得：

$$l = t_1 + t_2 + h + m + a = 20 + 20 + 2 + 8.4 + 3 \approx 53 \text{ mm}$$

查附表四取标准值得 $l = 60$ mm。

如图 10 - 18 所示为螺栓连接的作图步骤。

2. 双头螺柱连接

当被连接零件之一较厚，不允许被钻成通孔时，可采用双头螺柱连接。双头螺柱的两端均制有螺纹。连接前，先在较厚的零件上制出螺孔，再在另一零件上加工出通孔。如图 10 - 19 所示，将螺柱的一端（称为旋入端）全部旋入螺孔内，再在另一端（称为紧固端）套上制出通孔的零件，加上垫圈，拧紧螺母，即完成了双头螺柱连接，其画法如图 10 - 19 所示。

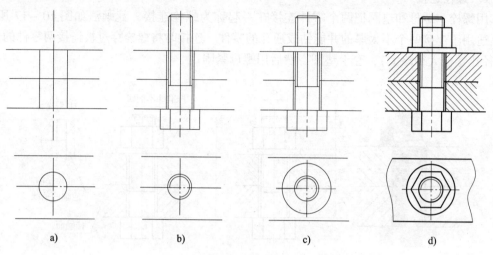

图 10 – 18　螺栓连接的作图步骤

a）画被连接件　b）画螺栓　c）画垫圈　d）画螺母

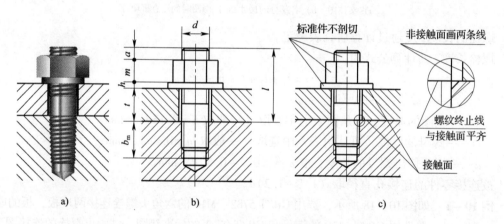

图 10 – 19　双头螺柱连接的画法

a）实体图　b）各部分的尺寸　c）画图时的注意事项

双头螺柱的公称长度 l 应通过计算后再查国家标准确定。

公称长度的计算公式为：

$$l = t + h + m + a$$

注意：

（1）为保证连接牢固，应使旋入端完全旋入螺孔中，画图时螺纹终止线应与螺纹孔口的端面平齐。

（2）机件上的螺孔深度 h_1 应大于旋入端长度 b_m，一般取 $h_1 \approx b_m + (0.3 \sim 0.5)d$；而钻孔深度 H 又应稍大于螺孔深度 h_1，一般取 $H \approx h_1 + 0.3d$。

旋入端的螺纹长度 b_m 由带螺孔的机件材料决定，常用的有四种，螺柱、螺钉旋入端长度 b_m 见表 10 – 4。

表 10 – 4   螺柱、螺钉旋入端长度 b_m

旋入材料	b_m 的取值	国家标准编号
用于旋入钢、青铜	$b_m = d$	GB 897—1988
用于旋入铸铁	$b_m = 1.25d$	GB 898—1988
用于旋入铸铁或铝合金	$b_m = 1.5d$	GB 899—1988
用于旋入铝合金	$b_m = 2d$	GB 900—1988

例 10 – 2 已知两端为粗牙普通螺纹的 A 型双头螺柱，$d = 20$ mm，带螺孔的被连接件材料为钢，另一被连接件 $t = 20$ mm，六角螺母，平垫圈。试查出螺母、垫圈、双头螺柱的规定标记。

解：1 型六角螺母见附表六，平垫圈—A 级、平垫圈倒角型—A 级见附表七，查表可得螺母、垫圈的标记是：

螺母 GB/T 6170 M20   螺母厚度 $m = 18$ mm
垫圈 GB/T 97.1 20   垫圈厚度 $h = 3$ mm

计算双头螺柱的公称长度 l：

$$l = t + m + h + a = 20 + 18 + 3 + 0.3 \times 20 = 47 \text{ mm}$$

计算旋入端的螺纹长度 b_m：$b_m = d = 20$ mm

双头螺柱见附表五注 2，查附表五可得：双头螺柱标准长度系列，取 $l = 50$ mm。

双头螺柱标记为：   螺柱 GB 898 A M20 × 50

3. 螺钉连接

螺钉按用途不同可分为连接螺钉和紧定螺钉两种，前者用于连接零件，后者用于固定零件。

（1）连接螺钉

连接螺钉常用于受力不大和经常拆卸的场合。装配时将螺钉直接穿过被连接零件上的通孔，再拧入另一被连接零件上的螺孔中，靠螺钉头部压紧被连接零件。几种螺钉连接的画法如图 10 – 20a、b 所示。

连接螺钉公称长度 l 的计算公式为：

$$l = t + b_m$$

式中 b_m 与螺柱连接相同，按公称长度的计算值 l 查表确定标准长度。

画螺钉连接装配图时应注意：在螺钉连接中螺纹终止线应高于两个被连接零件的接合面（见图 10 – 20b），表示螺钉有进一步拧紧的余地；或者在螺杆的全长上都画有螺纹（见图 10 – 20a）。螺钉头部的一字槽（或十字槽）在投影为圆的视图上应画成 45°斜线。螺钉头部的一字槽（或十字槽）也可采用涂黑表示，线宽为粗实线线宽的两倍，见表 10 – 3。

（2）紧定螺钉

紧定螺钉用于固定两个零件的相对位置，使它们之间不产生相对运动。如图 10 – 20c 所示，用一个开槽锥端紧定螺钉旋入轮毂的螺孔中，使螺钉端部的 90°锥顶压入轴上的 90°锥坑，从而固定轴和轮毂的相对位置。

螺纹紧固件各部分的尺寸可由附表四~附表九查得，其中标准型弹簧垫圈、轻型弹簧垫圈见附表八，开槽螺钉见附表九。

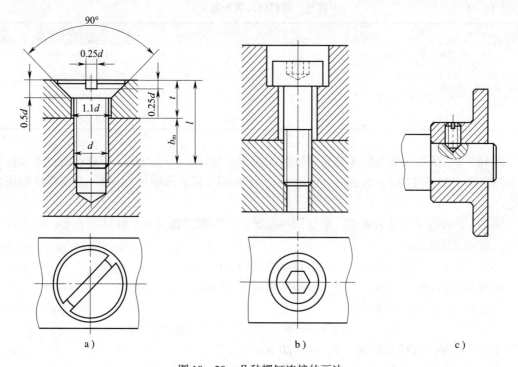

图 10 – 20 几种螺钉连接的画法

a）沉头螺钉连接画法 b）圆柱头内六角螺钉连接画法 c）紧定螺钉连接画法

第二节 键连接与销连接

键和销都是标准件。键连接和销连接也是常用的可拆卸连接。

一、键连接

键是连接件，用于连接轴和轴上的传动件（如齿轮、带轮等），使轴和传动件不产生相对转动，保证两者同步旋转，传递转矩和旋转运动。

键的种类很多，常用的键有普通平键、半圆键、钩头楔键和花键等，其形状如图 10 – 21 所示。

如图 10 – 22 所示为普通平键连接的情况，在轴和轮毂上分别加工出键槽，装配时先将键嵌入轴的键槽内，再将轮毂上的键槽对准轴上的键，把轮毂装在轴上。传动时，轴与轮毂便一起转动。

1. 普通平键

普通平键有圆头普通平键（A 型）、平头普通平键（B 型）、单圆头普通平键（C 型）三种形式。普通平键的画法和标记如图 10 – 23 所示。其中以圆头普通平键最为常用，故标记中"A"可以省略。如图 10 – 24 所示为轴和孔上键槽的画法和标注。其中键槽的宽度 b 和深度 $d - t_1$ 可根据键的尺寸确定。

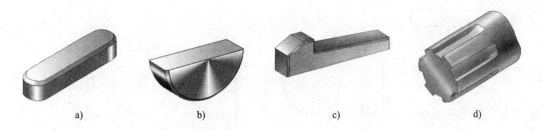

图 10 – 21　常用键的形状

a）平键　b）半圆键　c）钩头楔键　d）花键

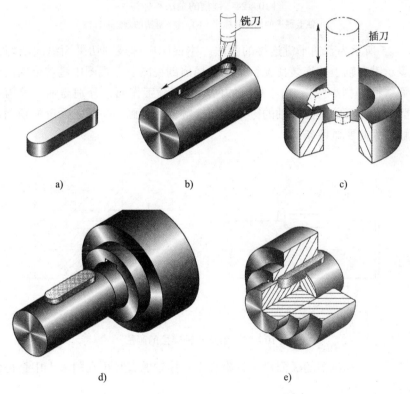

图 10 – 22　键连接

a）键　b）在轴上加工键槽　c）在轮毂上加工键槽

d）将键嵌入键槽内　e）键与轴同时装入轮毂

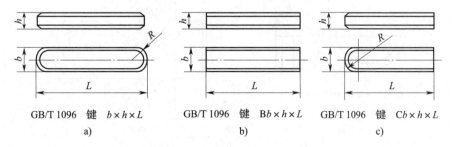

GB/T 1096　键　$b \times h \times L$

a）

GB/T 1096　键　$Bb \times h \times L$

b）

GB/T 1096　键　$Cb \times h \times L$

c）

图 10 – 23　普通平键的画法和标记

a）圆头普通平键（A 型）　b）平头普通平键（B 型）　c）单圆头普通平键（C 型）

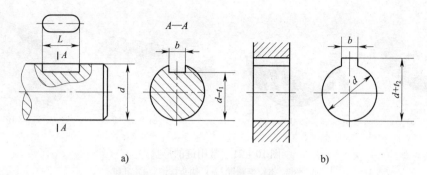

图 10 – 24　键槽的画法和标注

a）轴上键槽的画法和标注　b）孔上键槽的画法和标注

如图 10 – 25 所示为普通平键连接的画法。主视图中键被剖切平面纵向剖切，键按不剖处理。为了表示键在轴上的安装情况，采用了局部剖视图。左视图中键被横向剖切，键要画剖面线（剖面线间隔稍小些）。由于平键的两个侧面是工作面，分别与轴的键槽和轮毂的键槽的两个侧面配合，键的底面与轴的键槽底面接触，故均画一条线；而键的顶面与轮毂键槽的底面不接触，因此要画两条线。

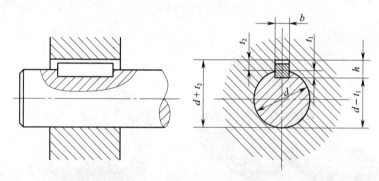

图 10 – 25　普通平键连接的画法

普通平键的尺寸和键槽的断面尺寸见附表十，按轴的直径可在附表十中查得各尺寸。

2. 半圆键

如图 10 – 26 所示为半圆键的结构、标记及连接画法，其连接画法与普通平键基本相同。

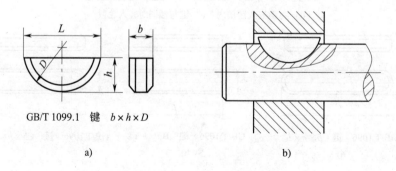

GB/T 1099.1　键　$b \times h \times D$

图 10 – 26　半圆键

a）半圆键的结构与标记　b）半圆键的连接画法

3. 钩头楔键

如图 10 – 27 所示，钩头楔键的上底面有 1∶100 的斜度。装配时，将键沿轴向打入键槽内，靠上、下底面与轮毂和轴之间的挤压来传递动力，故键的上、下底面是工作面，各画一条线；键的两侧面与键槽的两侧面有由公差控制的间隙，但键宽与槽宽的公称尺寸相同，故也应画一条线。

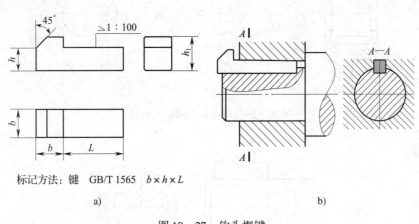

标记方法：键 GB/T 1565 $b \times h \times L$

a)   b)

图 10 – 27 钩头楔键

a）钩头楔键的画法与标记 b）钩头楔键的连接画法

4. 花键

如图 10 – 28 所示为外花键的画法与标注。在平行于花键轴轴线的视图中，大径用粗实线绘制，小径用细实线绘制，工作长度终止端和尾部长度的末端均用细实线绘制，小径尾部则画成与轴线成 30°角的斜线。在花键投影为圆的剖视图中，画出一部分或全部齿形。

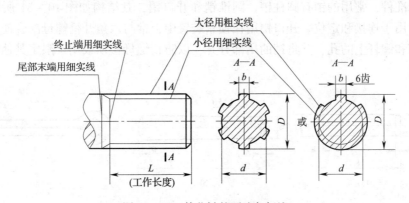

图 10 – 28 外花键的画法与标注

如图 10 – 29 所示为内花键的画法与标注。在平行于花键孔的轴线的剖视图中，大径和小径均用粗实线绘制；在花键孔投影为圆的视图上，用局部视图画出一部分或全部齿形。

如图 10 – 30 所示为花键的连接画法。花键连接一般用剖视图表示，其接合部分按外花键的画法绘制。

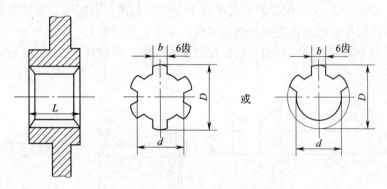

图 10-29　内花键的画法与标注

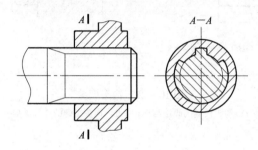

图 10-30　花键的连接画法

二、销连接

销是标准件，常用的销有圆柱销、圆锥销和开口销，其结构如图 10-31 所示。圆柱销和圆锥销常用于连接和定位。开口销用在锁紧装置中，常与六角开槽螺母配合使用。它穿过螺母上的槽和螺杆上的孔，并将销的尾部分开，以防止螺母松动或用于限定其他零件在装配体中的位置。

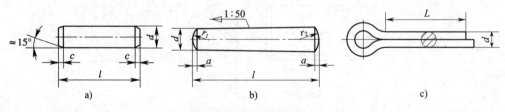

图 10-31　销的结构

a) 圆柱销　b) 圆锥销　c) 开口销

销用于定位时，为保证两零件相互位置的准确性，两零件上的销孔是同时加工出来的，因而在零件图上需注明"加工时配作"的要求，如图 10-32 所示为销孔的加工与标注。圆柱销、圆锥销、开口销的连接画法如图 10-33 所示。

圆柱销和圆锥销的各部分尺寸及其标记示例可从附表十一和附表十二查得。

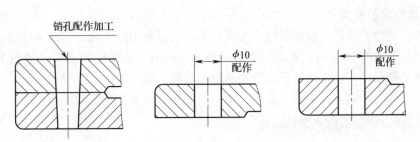

图 10 - 32　销孔的加工与标注

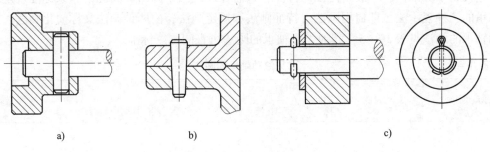

a)　　　　　　　　b)　　　　　　　　c)

图 10 - 33　销的连接画法

a）圆柱销　b）圆锥销　c）开口销

第三节　滚 动 轴 承

滚动轴承是一种支撑传动轴的标准件，滚动轴承的摩擦力小，运转精度高，能量损失少，维护简单，应用广泛，已形成标准系列，用户可根据要求选用。

一、滚动轴承概述

1. 滚动轴承的结构

如图 10 - 34 所示，滚动轴承一般由外圈、内圈、滚动体和保持架组成。

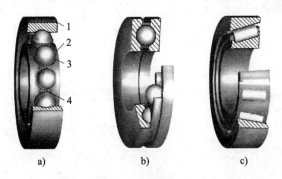

a)　　　　　　　　b)　　　　　　　　c)

图 10 - 34　滚动轴承

a）深沟球轴承　b）推力球轴承　c）圆锥滚子轴承

1—外圈　2—内圈　3—滚动体　4—保持架

2．滚动轴承的种类

滚动轴承的种类很多，根据所能承受载荷的不同可分为以下两种：深沟球轴承——用于承受径向载荷，如图 10 - 34a 所示；推力球轴承——用于承受轴向载荷，如图 10 - 34b 所示；圆锥滚子轴承——用于承受径向载荷和轴向载荷，如图 10 - 34c 所示。

根据滚动体的排列方式不同，又可分为单列滚动轴承和双列滚动轴承。

二、常用滚动轴承的类型和画法

滚动轴承形状复杂多样，若按真实投影画图则极不方便，也给看图带来了很多困难；同时，它又属于标准件，一般不需画零件图，只需在装配图中画出。为此，国家标准规定了滚动轴承的三种表示法，即通用画法、特征画法和规定画法，前两种画法又称简化画法。常见滚动轴承的画法见表 10 - 5，其他类型轴承的画法可查阅国家标准。

表 10 - 5　　　　　　　　　　　　　常见滚动轴承的画法

轴承类型	结构形式	通用画法	规定画法	特征画法	承载特征
		均指滚动轴承在所属装配图的剖视图中的画法			
深沟球轴承 GB/T 276—2013 6000 型	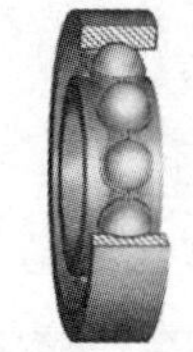		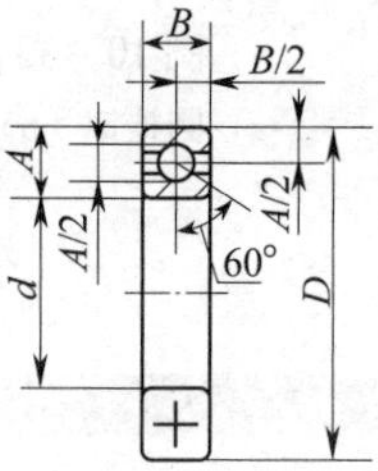	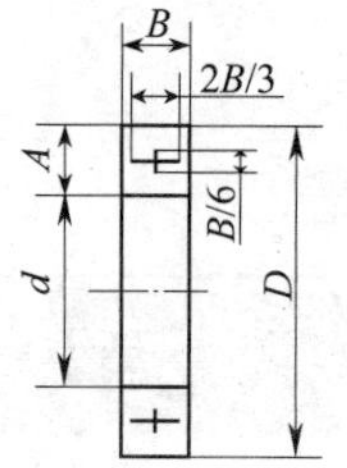	主要承受 径向载荷
圆锥滚子轴承 GB/T 297—2015 30000 型		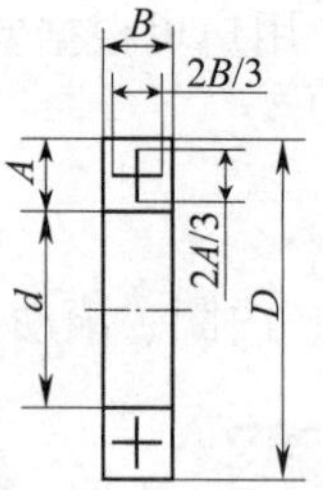	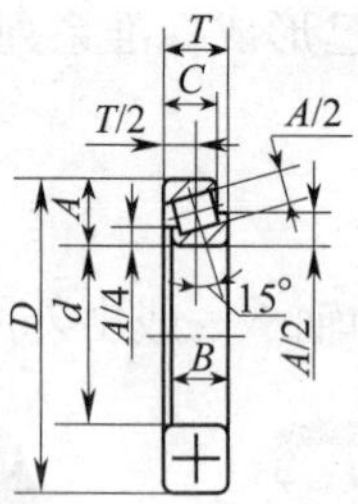	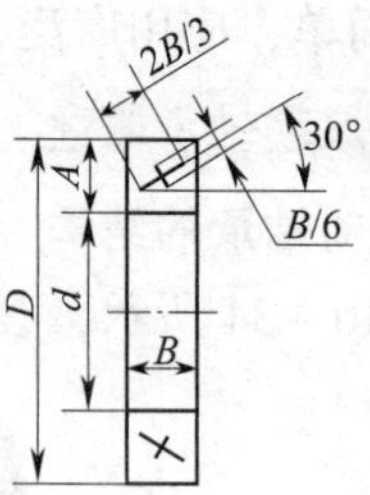	可同时承受 径向载荷和 轴向载荷
推力球轴承 GB/T 301—2015 51000 型	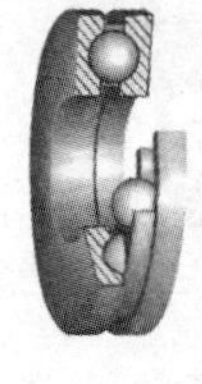		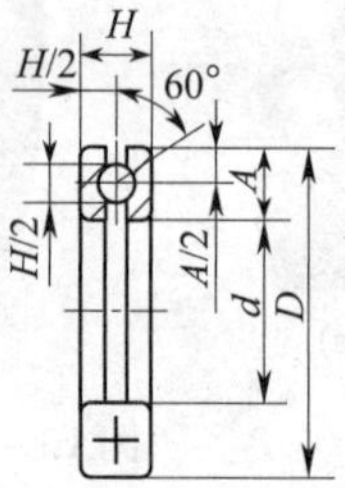	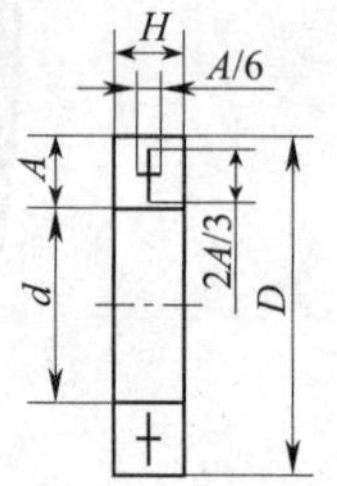	承受 单方向的 轴向载荷

三、滚动轴承的代号

滚动轴承的代号由前置代号、基本代号和后置代号构成。前置代号和后置代号是在滚动轴承的结构、形状、尺寸和技术要求等有改变时,在其基本代号前后添加的补充代号。补充代号的规定可从国家标准中查取。

滚动轴承的代号常用基本代号表示。基本代号由类型代号、尺寸系列代号和内径代号组成。下面以实例说明滚动轴承的基本代号。

规定标记: 滚动轴承　51215　GB/T 301—2015

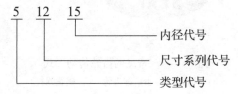

1. 类型代号 (第一位数 "5")

类型代号用阿拉伯数字 0、1、2、3、4、5、6、7、8 或大写字母 N、U、QJ 表示,其中常用滚动轴承的类型代号规定: 圆锥滚子轴承的代号为 3,推力球轴承的代号为 5,深沟球轴承的代号为 6,其他数字的具体含义可查阅国家标准。

2. 尺寸系列代号 (第二位、第三位数 "12")

尺寸系列代号由轴承的宽度系列代号和直径系列代号组合而成。这里宽度系列代号 (包括 8、0、1、2、3、4、5、6) 为 "1",直径系列代号 (包括 7、8、9、0、1、2、3、4) 为 "2",则整个尺寸系列代号为 12。其具体含义可查阅相关的国家标准。

3. 内径代号 (第四位、第五位数 "15")

内径代号一般由两位数字构成,其中 00、01、02、03 分别表示内径 $d = 10\ \text{mm}$、$12\ \text{mm}$、$15\ \text{mm}$、$17\ \text{mm}$;代号等于或大于 04 时,则用代号数字乘以 5 表示轴承内径。因这里内径代号为 15,则内径 $d = 15 \times 5 = 75\ \text{mm}$。

深沟球轴承、圆锥滚子轴承和推力球轴承各部分的尺寸可由附表十三查得。

第四节　齿　轮

齿轮是一种广泛应用于机器中的传动零件,它的主要作用是传递动力,改变运动速度和方向。

根据两轴的相对位置不同,齿轮分为圆柱齿轮、锥齿轮、蜗轮蜗杆三大类,其中圆柱齿轮用于两平行轴的传动;锥齿轮用于两相交轴的传动;蜗轮蜗杆用于两交叉轴的传动,常见的齿轮传动形式如图 10 – 35 所示。

一、圆柱齿轮

根据轮齿的形状不同,圆柱齿轮可分为直齿圆柱齿轮、斜齿圆柱齿轮、人字齿圆柱齿轮三种。下面主要讲述直齿圆柱齿轮的画法,并简单分析斜齿圆柱齿轮和人字齿圆柱齿轮的画法。

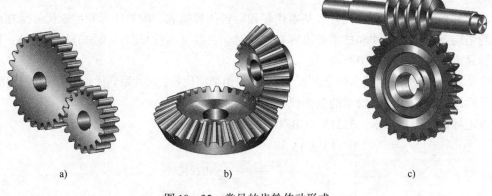

图 10-35　常见的齿轮传动形式

a）圆柱齿轮　b）锥齿轮　c）蜗轮蜗杆

1. 直齿圆柱齿轮各部分的名称及代号

直齿圆柱齿轮各部分的名称及代号如图 10-36 所示。

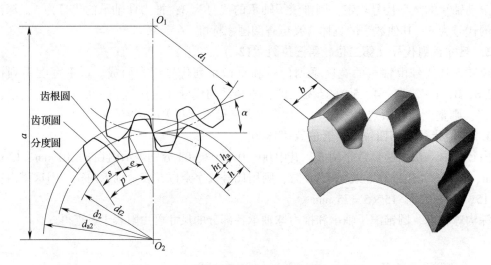

图 10-36　直齿圆柱齿轮各部分的名称及代号

（1）齿顶圆

过齿轮各轮齿顶部的圆称为齿顶圆，其直径用 d_a 表示。

（2）齿根圆

过齿轮各轮齿根部的圆称为齿根圆，其直径用 d_f 表示。

（3）分度圆

齿厚与齿槽宽相等的圆称为分度圆，其直径用 d 表示。

（4）齿顶高

齿顶圆与分度圆之间的径向距离称为齿顶高，用 h_a 表示。

（5）齿根高

齿根圆与分度圆之间的径向距离称为齿根高，用 h_f 表示。

（6）齿高

齿根圆与齿顶圆之间的径向距离称为齿高，用 h 表示。

（7）齿距

相邻两齿的对应点在分度圆上的弧长称为齿距，用 p 表示。

（8）齿厚

每个轮齿在分度圆上的弧长称为齿厚，用 s 表示。

（9）齿宽

轮齿的宽度称为齿宽，用 b 表示。

（10）齿槽宽

两轮齿间的槽在分度圆上的弧长称为齿槽宽，用 e 表示。

（11）中心距

两啮合齿轮中心之间的距离称为中心距，用 a 表示。

2. 直齿圆柱齿轮的基本参数

（1）齿数 z

一个齿轮上的轮齿总数称为齿数。

（2）模数 m

模数是指齿距 p 与圆周率的比值，即 $m = p/\pi$。

只有模数相同的两齿轮才能相互啮合，为了便于齿轮的设计和制造，国家标准对模数已经实行了标准化，国家标准规定的标准模数值见表 10 - 6。

表 10 - 6　　　　　　　　　标准模数值（GB/T 1357—2008）

第一系列	1 1.25 1.5 2 2.5 3 4 5 6 8 10 12 16 20 25 32 40 50
第二系列	1.125 1.375 1.75 2.25 2.75 3.5 4.5 5.5 (6.5) 7 9 (11) 14 18 22 28 36 45

注：在选用模数时，优先选用第一系列，其次选用第二系列，括号内的模数尽可能不选用。

（3）压力角 α

如图 10 - 36 所示，标准齿轮的压力角 $\alpha = 20°$。

3. 直齿圆柱齿轮主要几何要素的计算公式

标准直齿圆柱齿轮各几何要素的尺寸计算公式见表 10 - 7。

表 10 - 7　　　　　　　　直齿圆柱齿轮各几何要素的尺寸计算公式

名称	代号	计算公式
齿数、模数、压力角	z、m、α	已知条件
分度圆直径	d	$d = mz$
齿顶高	h_a	$h_a = m$
齿根高	h_f	$h_f = 1.25m$
齿顶圆直径	d_a	$d_a = d + 2h_a = (z + 2)\,m$
齿根圆直径	d_f	$d_f = d - 2h_f = (z - 2.5)\,m$
齿距	p	$p = \pi m$
中心距	a	$a = d_1/2 + d_2/2 = (z_1 + z_2)\,m/2$

4. 圆柱齿轮的画法

（1）单个圆柱齿轮的画法

国家标准《机械制图　齿轮表示法》（GB/T 4459.2—2003）规定的齿轮画法如下：齿顶圆和齿顶线用粗实线绘制；分度圆和分度线用细点画线绘制；齿根圆和外形视图中的齿根线用细实线绘制（也可以省略）；在剖视图中，当剖切平面通过齿轮的轴线时，轮齿一律按不剖绘制，齿根线画成粗实线，如图 10-37 所示为直齿圆柱齿轮的画法。

如果是斜齿或人字齿圆柱齿轮，则主视图采用半剖视图，并在主视图上画出与齿向相同的三条平行的斜的或人字形的细实线，以表达斜齿、人字齿圆柱齿轮，其画法如图 10-38 所示。

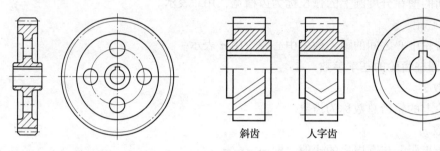

斜齿　　　人字齿

图 10-37　直齿圆柱齿轮的画法　　　　　图 10-38　斜齿、人字齿圆柱齿轮的画法

（2）圆柱齿轮的啮合画法

齿轮啮合的剖视画法如图 10-39 所示，在垂直于圆柱齿轮轴线的投影面的视图中，啮合区内的齿顶圆均用粗实线绘制，或按省略画法绘制（见图 10-40）。图 10-39 所示的主视图为剖视图，当剖切平面通过两啮合齿轮的轴线时，在啮合区域内轮齿啮合部分的分度线重合，画一条细点画线；齿根线均画成粗实线；一条齿顶线画成粗实线，另一条齿顶线画成细虚线（或省略不画），如图 10-39 的局部放大图所示；齿轮啮合时，在啮合部位，一个齿轮的齿顶和另一个齿轮的齿根之间是有一定间隙的（$0.25m$），故在投影图中应画两条线。

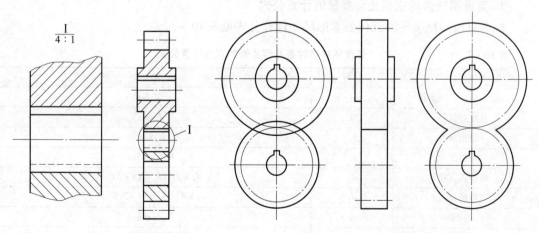

图 10-39　齿轮啮合的剖视画法　　　　　图 10-40　齿轮啮合的外形画法

齿轮啮合的外形画法如图 10 - 40 所示，在通过轴线的外形视图上，啮合区内的齿顶线和齿根线不画，分度线用粗实线绘制。

（3）直齿圆柱齿轮工作图

在齿轮工作图中必须直接注出齿顶圆直径 d_a 和分度圆直径 d，齿根圆直径 d_f 一般不标注，另在图样右上角的参数表中写明 m 和 z 等基本参数。其他内容与一般零件工作图相同，如图 10 - 41 所示为直齿圆柱齿轮零件图。

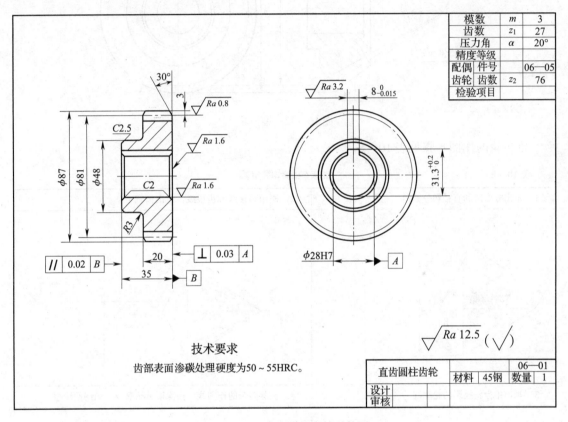

模数	m	3
齿数	z_1	27
压力角	α	20°
精度等级		
配偶	件号	06—05
齿轮	齿数	z_2
检验项目		76

技术要求

齿部表面渗碳处理硬度为 50 ~ 55HRC。

直齿圆柱齿轮			06—01
	材料	45钢	数量	1
设计			
审核			

图 10 - 41　直齿圆柱齿轮零件图

二、锥齿轮

锥齿轮用于传递两垂直相交轴之间的运动。如图 10 - 42 所示，锥齿轮的轮齿分布在锥面上，故轮齿的宽度、高度都是沿轮齿的方向逐渐变化的，模数、直径也逐渐变化。为了设计和制造方便，国家标准规定，锥齿轮的大端模数为标准模数（具体数值可查阅相应的国家标准）。

1. 单个锥齿轮的画法

反映锥齿轮轴线的视图一般采用全剖视图。齿顶线和齿根线用粗实线表示，轮齿按不剖绘制，分度线用细点画线表示。齿顶线、齿根线和分度线的延长线汇交于轴线上。

在反映圆的视图中，大端、小端齿顶圆用粗实线表示，大端、小端齿根圆不必画出，大端分度圆用细点画线表示，小端分度圆不画。

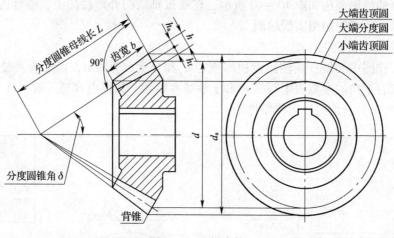

图 10 – 42 锥齿轮

锥齿轮的作图步骤见表 10 – 8。

表 10 – 8   锥齿轮的作图步骤

1. 定出分度圆的直径和分锥角	2. 画出齿顶线和齿根线，定出齿宽
3. 画出锥齿轮投影的轮廓线	4. 擦除多余的作图线，描深可见轮廓线，画剖面线

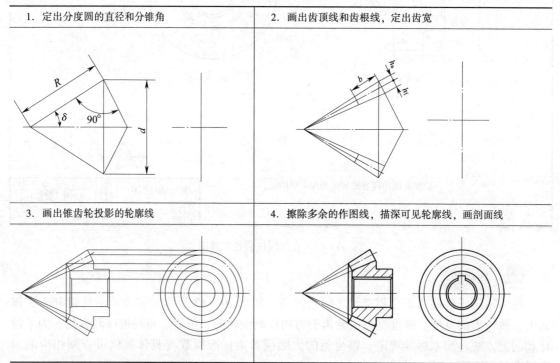

2. 锥齿轮的啮合画法

锥齿轮啮合时，两分度圆锥相切，锥顶交于一点，啮合区的画法与直齿圆柱齿轮啮合画法相同，非啮合部分的画法与单个锥齿轮的画法完全相同，如图 10 – 43 所示为锥齿轮啮合的规定画法。

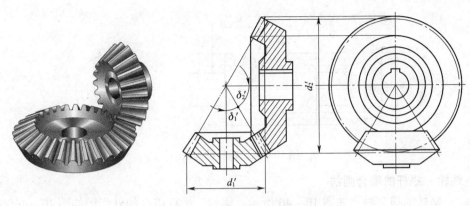

图 10 - 43 锥齿轮啮合的规定画法

三、蜗轮蜗杆

蜗轮蜗杆常用于传递交叉两轴间的运动和动力，以两轴交叉垂直最为常见。蜗杆实际上是一齿数不多的斜齿圆柱齿轮，常用蜗杆的轴向剖面与梯形螺纹相似，蜗杆的齿数称为头数。蜗轮的形状与斜齿圆柱齿轮类似，其轮齿分布在圆环面上，使轮齿能包住蜗杆，以改善接触状况，延长使用寿命。其中，蜗杆为主动轮，蜗轮为从动轮，它们成对使用，可以得到很大的传动比。

1. 蜗轮的画法

蜗轮通常用剖视图表示，在投影为圆的视图中只画分度圆（d_2）和齿顶圆（d_{e2}），其画法如图 10 - 44 所示。

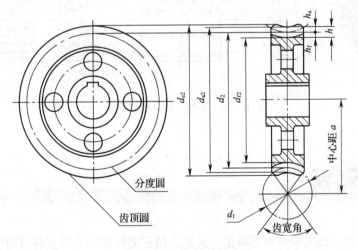

图 10 - 44 蜗轮的画法

2. 蜗杆的画法

蜗杆的齿顶圆（齿顶线）用粗实线画出，分度圆（分度线）用细点画线画出，齿根圆（齿根线）用细实线画出或省略不画，其画法如图 10 - 45 所示。蜗杆的齿形可用局部剖视图或局部放大图表示。

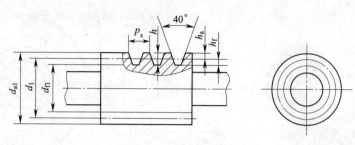

图 10 - 45　蜗杆的画法

3. 蜗轮、蜗杆的啮合画法

蜗轮、蜗杆的啮合画法如图 10 - 46 所示。蜗轮、蜗杆啮合的外形图如图 10 - 46b 所示，在蜗杆投影为圆的视图上，蜗轮被蜗杆遮住的部分不画；在蜗轮投影为圆的视图上，在啮合区内的蜗轮最大外圆和蜗杆齿顶线都用粗实线绘制。

用剖视图表达的蜗轮、蜗杆啮合图如图 10 - 46c 所示，在蜗杆投影为圆的视图上，蜗轮被蜗杆遮挡的部分也不画；在蜗轮投影为圆的视图上，蜗轮、蜗杆在啮合区内的齿顶圆和齿顶线都可省略不画。

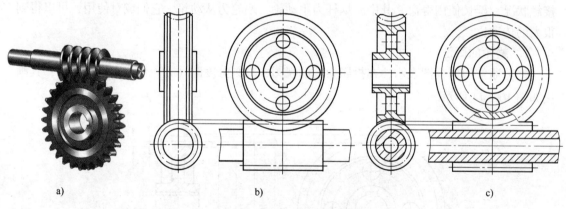

a)　　　　　　　　　　　　　b)　　　　　　　　　　　　　　c)

图 10 - 46　蜗轮、蜗杆的啮合画法
a) 直观图　b) 外形图　c) 剖视图

第五节　　　　弹　　簧

弹簧是常用件，其主要作用是减振、夹紧、储存能量和测力等。弹簧的种类很多，常用的弹簧如图 10 - 47 所示。

本节只介绍螺旋压缩弹簧的画法，其他弹簧的画法请查阅相关的国家标准。

一、圆柱螺旋压缩弹簧各部分名称和尺寸关系

圆柱螺旋压缩弹簧的结构和尺寸如图 10 - 48 所示。

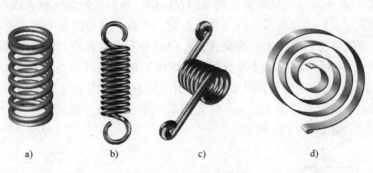

图 10－47　常用的弹簧

a）压缩弹簧　b）拉伸弹簧　c）扭转弹簧　d）平面涡卷弹簧

1. 线径 d

弹簧丝的直径称为线径。

2. 外径 D_2

弹簧的最大直径称为外径。

3. 内径 D_1

弹簧的最小直径称为内径，$D_1 = D - 2d$。

4. 中径 D

弹簧的平均直径称为中径，$D = D_2 - d$。

5. 自由高度 H_0

弹簧在无外力作用时的高度称为自由高度。

6. 节距 t

除支撑圈外，相邻两圈的轴向距离称为节距。

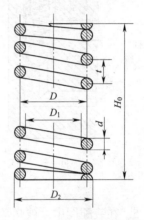

图 10－48　圆柱螺旋压缩弹簧
的结构和尺寸

7. 支撑圈数 n_2

为了使压缩弹簧工作时保持平衡，加工时把弹簧两端并紧并磨平，这部分圈数仅起支撑作用，称为支撑圈数。

8. 有效圈数 n

除支撑圈外，中间节距相等部分的圈数称为有效圈数。

9. 总圈数 n_1

支撑圈数与有效圈数之和称为总圈数。

10. 展开长度 L

制造弹簧的钢丝长度称为展开长度。

11. 旋向

螺旋弹簧的螺旋方向分为右旋和左旋两种。

二、圆柱螺旋压缩弹簧的画法

弹簧若按真实形状画，难度非常大，且没有必要，国家标准《机械制图　弹簧表示法》（GB/T 4459.4—2003）对弹簧的画法做出了规定，其画法规定如下：

1. 如图 10 – 48 所示，在反映弹簧轴线的视图中，各圈的轮廓画成直线。

2. 不论弹簧是左旋还是右旋，均可画成右旋，左旋弹簧在图样的技术要求中注明旋向。

3. 对于有效圈数在四圈以上的螺旋弹簧，中间各圈可以省略，只画出其两端的 1 ~ 2 圈（不包括支撑圈），中间只需用通过弹簧钢丝断面中心的细点画线连接起来。同时允许适当缩短图形的长度，但应注明弹簧设计要求的自由高度 H_0，如图 10 – 48 所示。

4. 在图形上，簧丝直径小于 2 mm 时允许采用示意画法，如图 10 – 49a 所示；也可采用断面涂黑画法，如图 10 – 49b 所示。

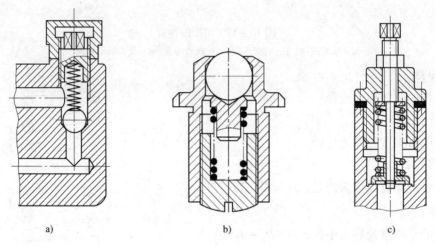

a)　　　　　　　　　b)　　　　　　　　　c)

图 10 – 49　装配图中弹簧的画法

5. 在装配图中，被弹簧挡住的结构，不论中间各圈是否省略，被挡住的结构一般不画，其可见部分应从弹簧的外轮廓线或弹簧钢丝断面中心线画起。如图 10 – 49 所示为装配图中弹簧的画法。

圆柱螺旋压缩弹簧的作图步骤如图 10 – 50 所示。对于两端并紧、磨平的压缩弹簧，国家标准规定，不论弹簧的支撑圈数是多少，均可按支撑圈为 2.5 圈时的画法绘制。

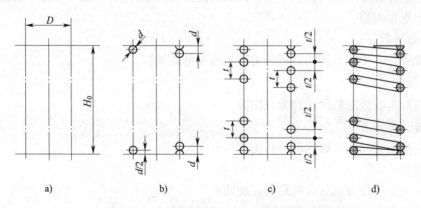

a)　　　　　　　　b)　　　　　　　　c)　　　　　　　　d)

图 10 – 50　圆柱螺旋压缩弹簧的作图步骤

a）画自由高度和中径　b）画出支撑圈部分，d 为线径　c）画部分有效圈数，t 为节距
d）按右旋方向作相应圆的公切线，画成剖视图

第十一章 零件图

任何一台机器都是由许多零件按一定的装配关系和要求装配而成的，制造机器前首先要根据零件图加工零件。本章主要讲述零件的视图选择和典型零件的视图表达、零件上常见的工艺结构、零件的尺寸标注、零件图的技术要求、零件测绘和看零件图的方法与步骤等内容。

第一节 零件图概述

一、零件图的作用

用以表示单个零件的结构、形状、大小和技术要求的图样称为零件图，它是加工和检验零件的依据。在生产过程（包括备料、制造、检验）中，零件图是必备的重要技术文件。如图 11 -1 所示为凸模固定板零件图。

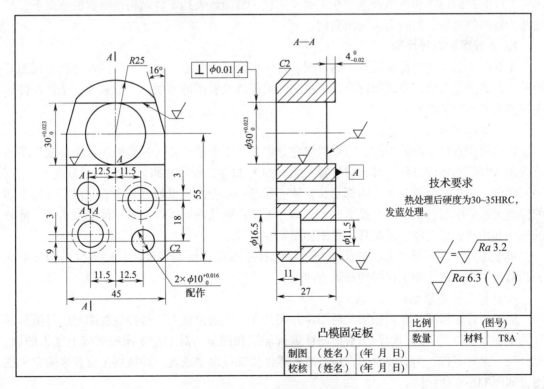

图 11 -1 凸模固定板零件图

二、零件图的内容

从图 11-1 可以看出，一张完整的零件图应包括以下几项内容：

1. 标题栏

标题栏内应填写零件的名称、图号、材料、数量、比例以及责任签名和日期等。

2. 一组图形

根据零件的结构特点，用必要的视图、剖视图、断面图及其他表达方法，正确、完整、清晰地表达零件的内、外结构和形状。

3. 完整的尺寸

零件图应正确、完整、清晰、合理地标注出制造和检验零件所需的全部尺寸。

4. 技术要求

用规定的符号、代号、标记、文字说明等简明地给出零件制造和检验时所应达到的各项技术指标及要求，如表面结构要求、尺寸公差、几何公差、热处理及表面处理等。

第二节　零件结构及形状的表达

一、视图选择的一般原则

零件的视图选择和视图表达应在正确、完整、清晰地表达零件结构及形状的前提下，尽量减少视图的数量，同时力求绘图简便。

1. 主视图的选择原则

主视图是表达零件形状最重要的视图，是一组图形的核心，画图和看图都是从主视图开始的。其选择是否合理将直接影响其他视图的绘制以及看图的方便。一般来说，选择零件的主视图要考虑以下原则：

（1）形状特征原则

无论结构怎样复杂的零件，总可以将它分解成若干个基本体，主视图应较明显或较多地反映出这些基本体的形状及其相对位置关系。如图 11-2 所示的阀体大体上可分为左、右、中三部分，这三部分的基本形体都是长方体。显然，从上向下投射时，左、右两部分与中部的位置关系不明显；从左向右投射时，三部分重叠；而从前向后投射时，最能显示这三部分的形状和相对位置关系，因此其主视图如图 11-2 所示。

由上述可知，根据"形状特征原则"来选择主视图，就是将最能反映零件结构、形状和相对位置的方向作为主视图的投影方向。

（2）加工位置原则

加工位置是指零件在机械加工时固定并夹紧在一定的位置上。选择主视图时应尽量与零件的主要加工位置一致，以便于对照图样进行加工和测量。对于在车床或磨床上加工的轴、套、轮、盘等零件，为方便看图，应将这些零件按轴线水平放置，即按加工位置来确定主视图，如图 11-3 所示。

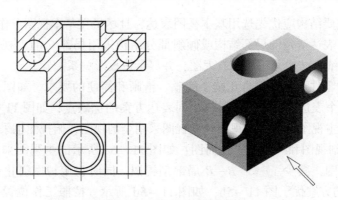

图 11 – 2　阀体主视图的选择

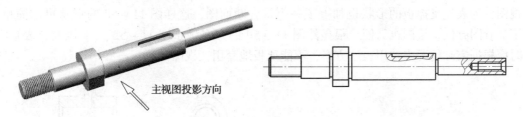

图 11 – 3　轴主视图的选择

（3）工作位置原则

工作位置是指零件在装配体中所处的位置。零件主视图的位置应尽量与零件在机器或部件中的工作位置一致，这样便于根据装配关系来考虑零件的形状及尺寸。支座、箱体等非回转体类零件通常按工作位置画主视图。如图 11 – 4 所示下模座主视图的选择符合其工作位置。

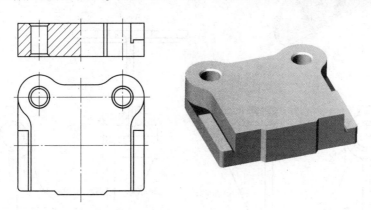

图 11 – 4　下模座主视图的选择

2. 其他视图的选择原则

其他视图主要用来表达主视图尚未表达清楚的结构。主视图确定后，其他视图的选择原则是在正确、完整、清晰地表达零件结构及形状的前提下，所选用的视图数量越少越好。选择其他视图时应考虑以下几点：

（1）要根据零件的复杂程度和内、外结构，全面考虑其他视图的选择方法，各视图之间应相互配合而不重复，使每一个视图都有一个表达的重点，但视图数目不宜过多和过于复杂。

（2）零件的主要结构应优先选用基本视图表达，且尽量在基本视图上作剖视图。

（3）对于尚未表达清楚的局部结构或倾斜部分结构采用局部（剖）视图、斜视图；对于尚未表达清楚的细小结构采用局部放大图，并尽量按投影关系配置。

（4）所表达的零件形状要符合正确、完整、清晰和简便的要求。如图 11 – 5 所示为轴承架的实体图及三个表达方案。下面比较不同表达方案的优缺点，如图 11 – 5b 所示为用三视图表达轴承架，主视图采用外形视图，左视图采用全剖视图，俯视图也采用全剖视图，另加一个 B—B 局部剖视图和一个移出断面图；如图 11 – 5c 所示的主视图采用外形视图，左视图改为局部剖视图，减少了一个 B—B 局部剖视图，同时将俯视图简化为一个移出断面图，故图 11 – 5c 的方案优于图 11 – 5b；如图 11 – 5d 所示，按照工作位置原则绘制主视图并采用局部剖视图，同时，为表示肋板厚度在主视图上增加了一个重合断面图，左视图为基本视图，为表达支撑板的形状也加上了一个重合断面图，这样图 11 – 5d 的形状更加简单、明了，看图方便，绘图也简便，很显然图 11 – 5d 的方案优于图 11 – 5b、c。因此，表达零件时应根据实际情况来选用表达方案，不能死板地套用三视图。

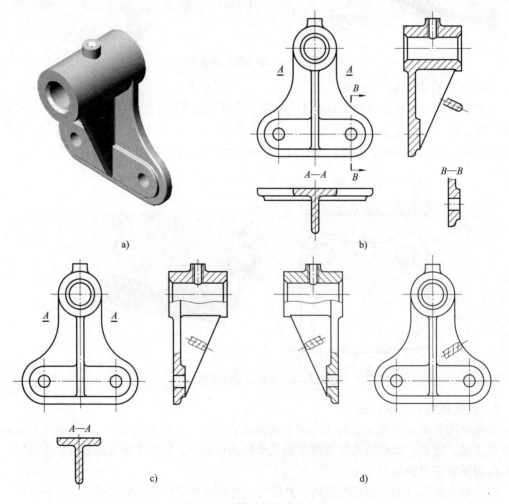

图 11 – 5　轴承架的表达方案

二、典型零件的视图表达

零件表达方案的确定是一个既有原则性又有灵活性的问题。具体确定时，应当将几种表达方案加以比较，从中选择较好的方案表达零件。零件的种类很多，按其结构特点大致可以分为轴套类、轮盘类、叉架类和箱体类四种。同种类型的零件表达方案有许多相同之处，熟悉这四类零件的视图表达方法，有助于更好地掌握零件视图选择的一般规律。

1. 轴套类零件

轴套类零件是机器中最常见的一类零件，包括各种轴、丝杆、套筒等，主要用来支撑传动件（如齿轮、链轮、带轮等），传递运动和动力。

（1）结构分析

轴套类零件一般由多个不同直径的回转体按轴线方向叠加而成，实心的称为轴，空心的称为套。根据设计要求，轴套类零件上常设计一些轴肩、键槽、销孔、螺孔等；根据工艺要求，常设计出一些倒角、倒圆、退刀槽、中心孔等。

（2）表达方法

由于加工这类零件的主要工序是在车床和磨床上进行的，加工时轴线水平放置，为了便于看图，常选择加工位置原则绘制主视图。一般用一个基本视图（主视图）表达各组成部分的轴向位置。对于轴上的孔、键槽等局部结构，可用局部视图、局部剖视图或断面图表达；对于退刀槽、越程槽和圆角等细小结构，可用局部放大图加以表达；对于套筒或空心轴，可采用全剖视图、半剖视图或局部剖视图表达。

如图 11-6 所示为离合器中的齿轮轴零件图，其主视图采用局部剖视图，用以表达右边螺孔的形状和位置，两个移出断面图分别表达键槽的形状和铣平轴颈的形状。

2. 轮盘类零件

轮盘类零件包括各种端盖、法兰盘、齿轮、手轮、带轮等，虽然作用各不相同，但在结构和表达方法上都有共同之处。

（1）结构分析

轮盘类零件主要由回转体或其他平板形零件构成，其厚度方向的尺寸比其他两个方向的尺寸小。根据其作用不同，常有销孔、螺孔、凸台、凹坑、均布安装孔、轮辐、键槽等结构。

（2）表达方法

轮盘类零件一般用两个基本视图表达，除主视图外，另加一个左视图或俯视图来表达外形轮廓和连接孔的分布情况等，如图 11-7 所示的泵盖用了主视图、左视图两个视图。

零件的形状不同，主视图的选择原则也不同。例如，圆柱齿轮属于回转体类零件，机械加工也主要采用车削，故与轴一样，以加工位置方向为主视图；不是回转体类的，如齿轮泵盖、圆柱减速箱箱盖等，一般以工作位置为主视图方向。如果是一个形状复杂的轮盘类零件，也可能再增加 1~2 个基本视图或局部视图，同时为了表达清楚内部结构，主视图常采用全剖视图来表达，个别细小结构采用局部视图、断面图、局部放大图等表达。如图 11-8 所示的端盖零件图用一个视图并采用全剖视图就把零件的内、外形状和结构表达清楚了。

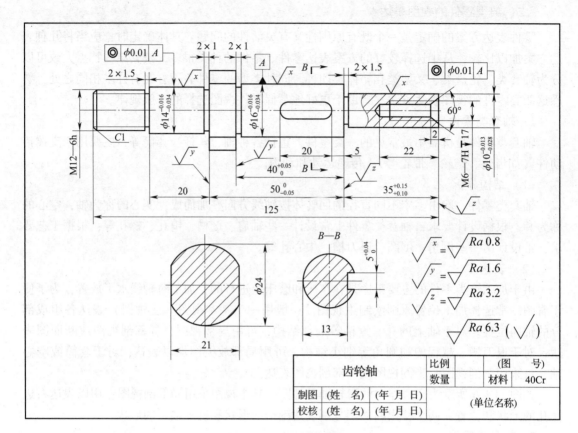

图 11-6 齿轮轴零件图

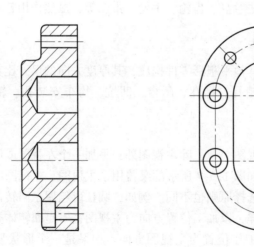

图 11-7 泵盖

3. 叉架类零件

　　叉架类零件包括拨叉、连杆、支架、摇臂、杠杆等，一般在机器中起支撑、连接、操纵、调节等作用。

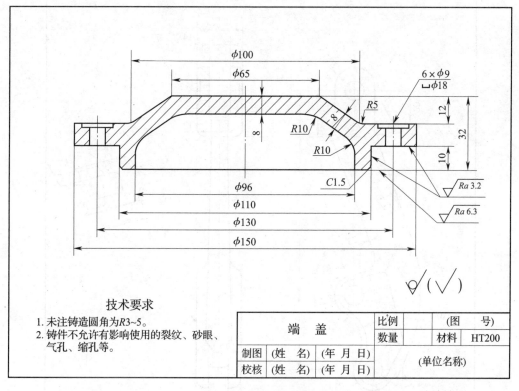

技术要求

1. 未注铸造圆角为R3~5。
2. 铸件不允许有影响使用的裂纹、砂眼、气孔、缩孔等。

端 盖		比例		(图 号)	
		数量		材料	HT200
制图	(姓 名)	(年 月 日)		(单位名称)	
校核	(姓 名)	(年 月 日)			

图 11 – 8　端盖零件图

（1）结构分析

叉架类零件多数形状不规则，外形结构比内腔复杂，且整体结构复杂多样，形状差异较大。毛坯多为铸件和锻件，再经机械加工而成。此类零件通常由支撑部分、工作部分和连接部分组成，常带有倾斜结构和凸台、凹坑、圆孔、螺孔等结构。

（2）表达方法

叉架类零件形状不规则，加工位置多变，因此，主视图一般以工作位置原则确定，但当工作位置不便于表达时，选择自然安放位置并按形状特征原则确定主视图投影方向。

叉架类零件一般只需用两个视图（也可能出现一个或三个基本视图的情况）来表达主体形状及结构，并常在工作部分和支撑部分采用局部剖视图，连接部分用断面图表达断面形状，如图 11 – 9 所示。表达叉架类零件有时还需采用斜视图、局部视图来表达基本视图中未表达清楚的部分。因叉架类零件结构不规范，需根据具体情况来选择视图数量和表达方法。

如图 11 – 9 所示为离合器中的踏板臂零件图，它采用主视图、左视图两个基本视图。由于其在工作时处于倾斜位置，加工位置又不确定，因此，主视图选择自然安放位置并以反映踏板臂形状特征的方向为投影方向。主视图主要表达外形，为表达连接部分的断面形状采用了重合断面图。左视图采用局部剖视图表达支撑部分孔的形状和位置。A—A 倾斜剖切平面的全剖视图表达倾斜工作部分的真实形状。

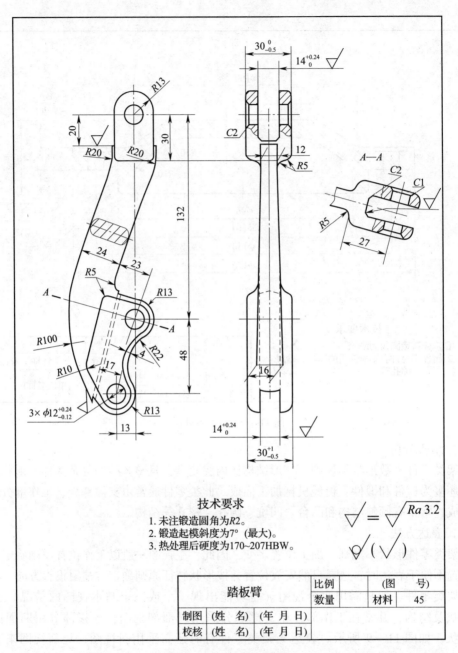

技术要求
1. 未注锻造圆角为R2。
2. 锻造起模斜度为7°（最大）。
3. 热处理后硬度为170~207HBW。

$\sqrt{} = \sqrt{Ra\,3.2}$

$\sqrt{}(\sqrt{})$

踏板臂	比例		（图 号）	
	数量		材料	45
制图	(姓 名)	(年 月 日)		
校核	(姓 名)	(年 月 日)		

图 11－9 踏板臂零件图

4. 箱体类零件

箱体类零件是机器或部件的主要零件之一，一般起支撑、容纳零件及给零件定位等作用。

（1）结构分析

箱体类零件的内、外结构都很复杂，常用薄壁围成不同的空腔，容纳轴与齿轮等零件，箱体壁上常有支撑孔、凸台、注油孔、放油孔、肋板、螺孔、安装底板和安装孔等结构。毛坯多为铸件，具有许多铸造工艺结构，如铸造圆角、起模斜度等，只有部分表面需要机械加工。

（2）表达方法

由于箱体类零件结构及形状复杂，加工位置多变，因而常以工作位置或自然安放位置确定主视图位置，以最能反映其各组成部分形状特征及相对位置的方向作为主视图的投影方向。一般选用三个或三个以上的基本视图。根据具体结构特点选用半剖视图、全剖视图或局部剖视图，并辅以断面图、斜视图、局部视图、局部放大图等表达方法。

如图 11－10 所示为轴座零件图，其主视图的位置与轴座的工作位置相同。主视图主要表达了轴座的形状与位置特征，它采用了全剖视图，表达轴座的内部结构。俯视图采用外形视图，主要表达四个沉孔的分布情况。左视图采用 B—B 全剖视图，表达沉孔的形状和深度。

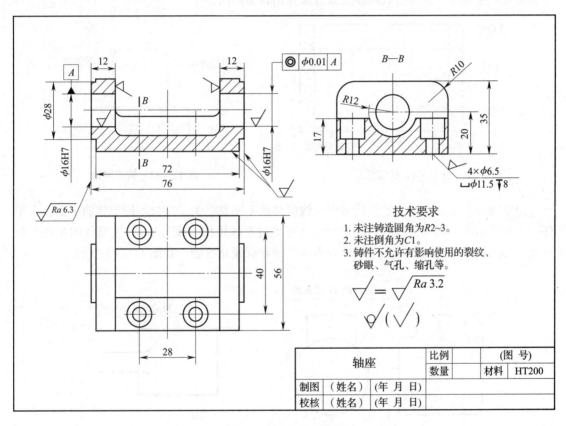

图 11－10　轴座零件图

第三节　零件上常见的工艺结构

从加工工艺要求出发，为确保零件的毛坯制造、加工和测量以及部件或机器的装配及调整工作顺利、方便，在零件上应设计出铸造圆角、起模斜度、倒角、倒圆、退刀槽等工艺结构。

零件上工艺结构很多，这里仅介绍铸造工艺结构和机械加工工艺结构。

一、铸造工艺结构

1. 起模斜度

如图 11 – 11 所示，在铸造零件毛坯时，为了便于把木模从砂型中取出，在铸件的内壁和外壁沿起模方向应设计出一定的斜度，这个斜度称为起模斜度，其斜度一般在 1:10 ~ 1:20 之间。当斜度较小时，在图上可不画出，若斜度大则应画出。

2. 铸造圆角

如图 11 – 12 所示，为了防止起模或浇注时砂型在尖角处脱落以及避免铸件冷却收缩时在尖角处产生裂缝，铸件各表面相交处应设计出铸造圆角。

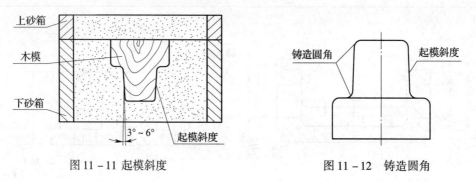

图 11 – 11 起模斜度　　　　　　　　图 11 – 12　铸造圆角

由于铸造圆角的存在，零件的表面交线就显得不明显。为了区分不同形体的表面，在零件图上仍画出两表面的交线，称为过渡线（可见过渡线用细实线表示）。过渡线的画法与相贯线的画法基本相同，只是在其端点处不与其他轮廓线相接触，如图 11 – 13 所示。

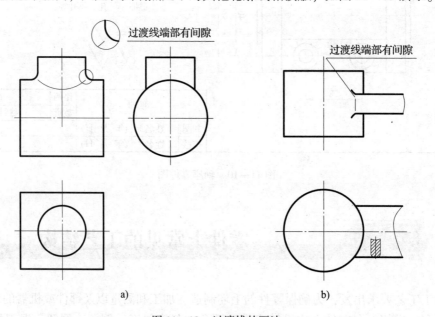

图 11 – 13　过渡线的画法

3. 铸件壁厚

若铸件壁厚不均匀，由于金属熔液冷却的速度不一样，容易产生缩孔或裂纹，如图 11 –14a 所示，因此，在设计时铸件的壁厚要均匀或逐渐过渡，如图 11 –14b、c 所示。

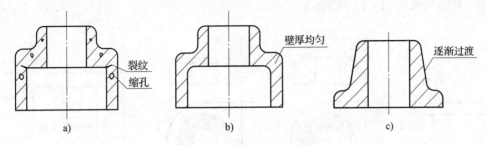

图 11 –14　壁厚均匀或逐渐过渡
a）铸件缺陷　b）壁厚均匀　c）逐渐过渡

二、机械加工工艺结构

1. 倒圆和倒角

为了去除零件的毛刺、锐边，便于装配并确保操作安全，常在轴和孔的端部加工出圆台状的倒角；为了避免因应力集中而产生裂纹，轴肩根部一般加工成过渡圆角，称为倒圆。倒角和倒圆的画法及标注如图 11 – 15 所示。在不至于引起误解时，倒角可省略不画，如图 11 –15c 所示，倒角一般为 45°，也允许为 30°或 60°，如图 11 –15d 所示。

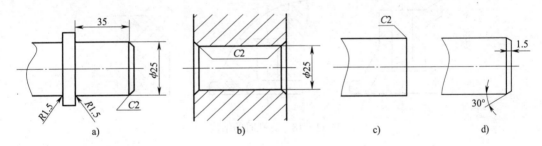

图 11 – 15　倒角和倒圆的画法及标注

2. 退刀槽和砂轮越程槽

在切削加工过程中，为了便于退出刀具以及使相关零件在装配时易于靠紧，加工零件时常要预先加工出退刀槽或砂轮越程槽，其结构及尺寸标注形式如图 11 – 16 所示。一般的退刀槽可按"槽宽×直径"或"槽宽×槽深"的形式标注。

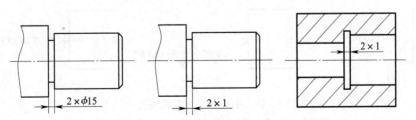

图 11 – 16　退刀槽和砂轮越程槽的结构及尺寸标注形式

3．凸台、凹坑和凹槽

零件中凡与其他零件接触的表面一般都要加工。为了减少机械加工量以及保证两表面接触良好，应尽量减少加工面积和接触面积，常用的方法是把零件接触表面加工成凸台、凹坑和凹槽，其结构如图 11 –17 所示。

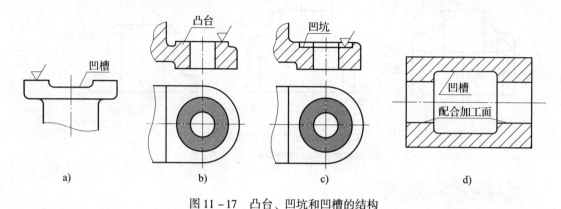

图 11 –17　凸台、凹坑和凹槽的结构

4．钻孔端面

零件上有各种不同用途和不同形式的孔。钻孔时，被钻孔的端面应与钻头轴线垂直，以避免钻头因单边受力而产生偏斜或折断。钻孔时的结构如图 11 –18 所示。

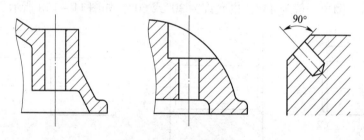

图 11 –18　钻孔时的结构

5．中心孔

中心孔是轴类零件常见的标准结构要素。国家标准《中心孔》（GB/T 145—2001）规定了 R 型、A 型、B 型和 C 型四种中心孔形状。在机械图样中，中心孔有三种表示情况：在完工的零件上保留中心孔，在完工的零件上可以保留中心孔，在完工的零件上不允许保留中心孔。中心孔的规定画法及标注如图 11 –19 所示。

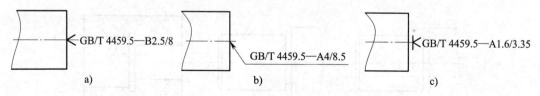

图 11 –19　中心孔的规定画法及标注

a）保留中心孔　b）可以保留中心孔　c）不允许保留中心孔

零件图上的图形只表达零件的形状，而零件的大小则由图上所注出的尺寸数值来确定。因此，零件图的尺寸标注除了要正确、完整、清晰外，还要合理。本节主要介绍一些合理标注尺寸的基本知识。所谓尺寸标注合理，是指所标注的尺寸既要符合设计要求，又要考虑工艺要求。

一、尺寸基准

基准是指零件在机器（或部件）中或在加工测量时用以确定其位置的一些点、线、面。如图 11 – 20 所示，在板上钻孔，孔的中心必须由下底面和左右对称面确定，那么下底面就是高度方向的基准；以左右对称面为基准来标注长度尺寸。

每个零件都有长、宽、高三个方向的尺寸，每个方向上至少应当选择一个尺寸基准。但有时考虑加工和测量方便，常增加一些辅助基准。一般把确定零件主要尺寸的基准称为主要基准，把附加的基准称为辅助基准，如图 11 – 21 所示。在选择辅助基准时，要注意主要基准和辅助基准之间、两辅助基准之间应标注联系尺寸，如图 11 – 21 中的 58 mm、图 11 – 22 中的 80 mm。

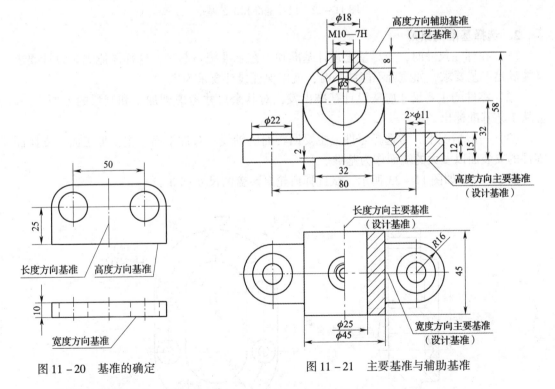

图 11 – 20　基准的确定

图 11 – 21　主要基准与辅助基准

1. 基准的种类

根据基准的作用不同，可分为设计基准和工艺基准。

（1）设计基准

根据部件或机器的设计要求，在设计中用以确定零件在部件或机器中几何位置的基准称为设计基准。从设计基准出发标注尺寸，其优点是反映了设计要求，能保证所设计的零件在机器中的工作性能。如图 11-21 所示，主要尺寸 58 mm 应从基准（底面）出发直接标注，若从其他位置标注，则不符合设计要求。

（2）工艺基准

根据零件加工、测量和检验的要求所选定的基准称为工艺基准。从工艺基准出发标注尺寸，其优点是便于零件的加工和测量。如图 11-22 所示的轴的工艺基准就是按加工的要求来确定的。

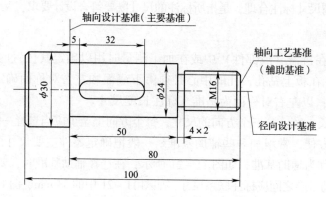

图 11-22　设计基准和工艺基准

2. 选择基准的原则

（1）在标注尺寸时，应尽量把设计基准和工艺基准统一起来，这样既能满足设计要求，又能满足工艺要求，如两者不能统一时，就以保证设计要求为主。

（2）零件的主要尺寸应从设计基准出发，对其余尺寸考虑到加工和测量的方便，一般应从工艺基准标出。

（3）一般情况下，常选择零件上主要回转面的轴线、对称平面、主要加工面、支撑面、零件的安装面以及大的端面作为基准。

例 11-1　如图 11-23 所示，试选择齿轮泵泵盖的尺寸基准。

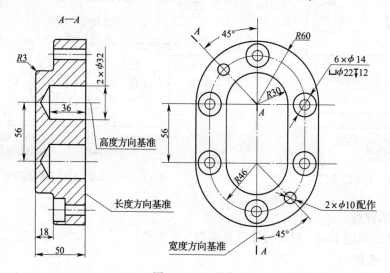

图 11-23　泵盖

分析：

（1）长度方向基准。右端面是泵盖与泵体的安装面，故作为设计基准；同时，以它作为基准加工各轴孔和其他平面，因此右端面又是工艺基准。

（2）宽度方向基准。泵盖前后对称，同时两轴孔的轴线也在此平面上，故为宽度方向基准。

（3）高度方向基准。以泵盖上轴孔（主动轴的轴孔）的轴线来确定其他孔的位置，保证各孔与泵体对应孔能准确配合，故为高度方向基准。

二、合理标注尺寸的要求

1. 零件上的主要尺寸应从基准直接标出

主要尺寸是指零件上有配合要求或影响零件质量、保证机器（或部件）性能的尺寸。这种尺寸一般有较高的加工要求，需要直接标注出来，以保证加工时达到设计要求。如图 11-23 所示泵盖上轴孔的定位尺寸 56 mm 是影响两齿轮轴啮合的尺寸，是主要尺寸，应当直接标出，以便加工时容易达到尺寸要求，不受累积误差的影响。

设计中的重要尺寸一般包括以下几种尺寸：

（1）直接影响机器传动准确性的尺寸，如齿轮的中心距等。

（2）直接影响机器性能的尺寸，如车床的中心高度等。

（3）两零件的配合尺寸，如轴、孔的直径尺寸和导轨的宽度尺寸等。

（4）安装位置尺寸，如图 11-21 中轴承座底板上的中心距等。

2. 避免出现封闭的尺寸链

封闭的尺寸链是指同一方向首尾相接并封闭的一组尺寸。如图 11-24 所示为台阶轴的尺寸链，图 11-24a 中长度方向尺寸 A_1、A_2、A_3、A_4 首尾相接，构成封闭的尺寸链，这种情况应该避免。因为尺寸 A_1 是尺寸 A_2、A_3、A_4 之和，尺寸 A_1 又有一定的精度要求，而在加工时 A_2、A_3、A_4 的误差均会累积到尺寸 A_1 上，若要保证 A_1 的精度，就必须提高 A_2、A_3、A_4 的加工精度，这将给加工带来困难，并提高成本。所以，在几个尺寸构成的尺寸链中应选一个不重要的尺寸空出不标，如图 11-24b 所示，去掉尺寸 A_4，使所有的尺寸误差都累积到这一段，以保证重要尺寸的精度，提高加工的经济性。

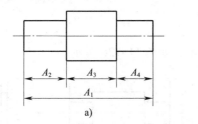 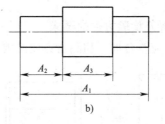

a)   b)

图 11-24 台阶轴的尺寸链

a）错误 b）正确

3. 标注尺寸应符合工艺要求

（1）按加工顺序标注尺寸

如图 11-25 所示的台阶轴，若按加工顺序标注尺寸，便于加工和测量。只有尺寸 61 mm 是设计的重要尺寸，须直接标出。

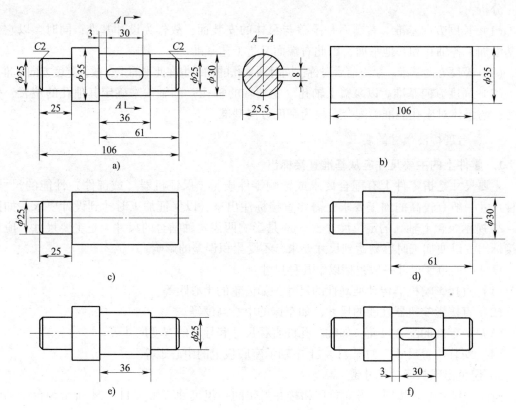

图 11–25　按加工顺序标注尺寸

a）台阶轴零件图　b）车 φ35 mm 的外圆，下料，定 106 mm 长度尺寸　c）车 φ25 mm 的外圆，定 25 mm 长度尺寸

d）掉头车 φ30 mm 的外圆，定 61 mm 长度尺寸　e）车 φ25 mm 的外圆，定 36 mm 长度尺寸　f）铣键槽

（2）按加工方法集中标注

如图 11–25a 所示，该台阶轴圆柱表面须经车削加工，键槽需经铣削加工，因此，把车削加工的尺寸标在视图下方，铣削加工的尺寸标在视图上方，断面尺寸标在断面图上，这样看图就比较方便。

4. 考虑测量及检验方便的要求

标注尺寸时应符合加工和测量方便的要求，如图 11–26 所示。

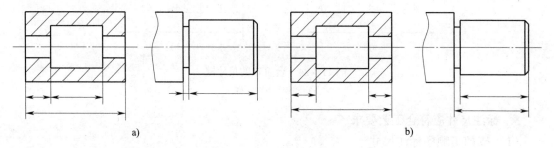

图 11–26　尺寸标注应符合加工和测量方便的要求

a）不便于加工和测量　b）便于加工和测量

5. 毛坯面和机加工面的尺寸标注

因毛坯面之间的尺寸在机加工前就已确定，不会因机加工而改变。因此，在同一方向上，毛坯面和机加工面之间只能有一个联系尺寸，如图 11−27 所示。

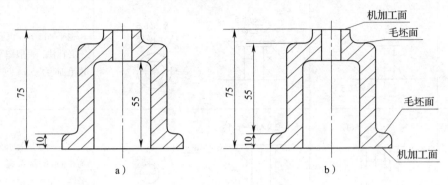

图 11−27　毛坯面和机加工面之间只能有一个联系尺寸
a）错误　b）正确

三、零件上常见结构的尺寸注法

常见结构要素的尺寸注法见表 11−1。

表 11−1　　　　常见结构要素的尺寸注法

零件结构类型	一般注法	简化注法	说明
光孔	4×φ5 ... 10	4×φ5▼10 ... 4×φ5▼10	"4×φ5"表示直径为 5 mm 的四个光孔，孔深可与孔径连注，也可分开注出
锥形沉孔	90° φ10 ... 6×φ6.5	6×φ6.5 ⌵φ10×90° ... 6×φ6.5 ⌵φ10×90°	"6×φ6.5"表示直径为 6.5 mm 的六个孔。锥形沉孔可以旁注，也可直接注出
柱形沉孔	φ11.5 ... 6 ... 6×φ6.5	6×φ6.5 ⌴φ11.5▼6 ... 6×φ6.5 ⌴φ11.5▼6	六个柱形沉孔大端的直径为 11.5 mm，深度为 6 mm，小端的直径为 6.5 mm

续表

零件结构类型	一般注法	简化注法	说明
锪平沉孔	$\phi 15$ 锪平 $8 \times \phi 6.5$	$8 \times \phi 6.5$ ⊔$\phi 15$　　$8 \times \phi 6.5$ ⊔$\phi 15$	锪平 $\phi 15$ mm 沉孔的深度不必标注，一般锪平到不出现毛面为止
通孔螺孔	$2 \times M8-6H$	$2 \times M8-6H$　　$2 \times M8-6H$	"$2 \times M8$" 表示公称直径为 8 mm 的两个螺孔，可以旁注，也可直接注出
不通螺孔	$2 \times M8-6H$ 12 15	$2 \times M8-6H$▼12 孔▼15　　$2 \times M8-6H$▼12 孔▼15	一般应分别注出螺纹和孔的深度尺寸

第五节　表面结构要求

表面结构要求是表面粗糙度、表面波纹度、表面缺陷、表面纹理和表面几何形状的总称。表面结构的各项要求在图样上的表示方法在国家标准《产品几何技术规范（GPS） 技术产品文件中表面结构的表示法》（GB/T 131—2006）中均有具体规定。本节主要介绍常用的表面结构符号的注法。

一、表面结构要求的概念

表面结构要求包括零件表面的表面结构参数和数值、加工工艺、表面纹理及方向、加工余量、传输带、取样长度等。表面结构参数有粗糙度参数、波纹度参数和原始轮廓参数等，其中粗糙度参数是最常用的表面结构要求。

零件表面经加工后，在微小区间内会形成高低不平的痕迹，如图 11-28 所示为加工表面经放大后的图形。表面粗糙度是指加工表面上所具有的较小间距和峰谷所组成的微观几何形状特性，它是评定零件表面质量的一项重要指标。表面粗糙度常用的评定参数有轮廓算术平均偏差 Ra 和轮廓最大高度 Rz，其中 Ra 值为最

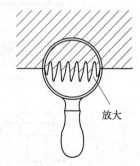

放大

图 11-28　加工表面经放大后的图形

常用的评定参数。一般来说，表面质量要求越高，Ra 值越小，加工成本也越高。

二、表面粗糙度的评定参数

1. 取样长度

判别具有表面粗糙度特征而规定的一段基准线长度称为取样长度，如图 11 – 29 所示。

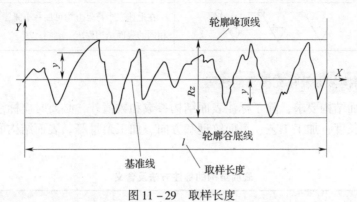

图 11 – 29 取样长度

2. 轮廓算术平均偏差 Ra

在取样长度内，轮廓偏距绝对值的算术平均值称为轮廓算术平均偏差，其计算公式为：

$$Ra = \frac{1}{n} \sum_{i=1}^{n} |y_i|$$

式中 y_i——第 i 个轮廓偏差。

3. 轮廓最大高度 Rz

在取样长度内，轮廓峰顶线与轮廓谷底线之间的距离称为轮廓最大高度，其值为图 11 – 29 中的 "Rz"。

三、标注表面结构的图形符号

标注表面结构要求时的图形符号见表 11 – 2。

表 11 – 2 标注表面结构要求时的图形符号

符号名称	符号	含义
基本图形符号	d'=0.35mm（d'符号线宽）H_1=5mm H_2=10.5mm 60° 60°	未指定工艺方法的表面，当通过一个注释解释时可单独使用
扩展图形符号		表示指定表面用去除材料的方法获得。例如，车削、铣削、钻削、磨削、抛光、腐蚀、电火花加工等。仅当其含义是"被加工表面"时可单独使用
		表示指定表面用不去除材料的方法获得。例如，铸造、锻压、冲压、热轧、冷轧、粉末冶金等，或者是用于保持原供应状况的表面（包括保持上道工序的状况）

续表

符号名称	符号	含义
完整图形符号	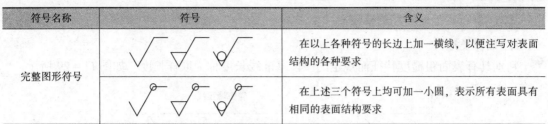	在以上各种符号的长边上加一横线，以便注写对表面结构的各种要求
		在上述三个符号上均可加一小圆，表示所有表面具有相同的表面结构要求

四、表面结构参数及补充要求的注写

为了明确表面结构要求，除了标注表面结构参数和数值外，必要时应标注补充要求，包括传输带、取样长度、加工工艺、表面纹理和方向、加工余量等。表面结构的标注方法及含义见表 11 – 3。

表 11 – 3　　　　　　　　　　　表面结构的标注方法及含义

代号	含义
$\dfrac{c}{a}$ e　d　b	a——注写表面结构的单一要求及第一表面结构要求 b——注写第二表面结构要求 c——注写加工方法，如"车""磨""镀"等 d——注写表面纹理和方向，如" = "" × ""M"等 e——注写加工余量（单位为 mm）

五、表面结构代号

表面结构符号中注写了具体参数代号及数值等要求后即成为表面结构代号。表面结构代号的示例及含义见表 11 – 4。

表 11 – 4　　　　　　　　　　　表面结构代号的示例及含义

代号示例	含义
$Ra\,0.8$	表示不允许去除材料，轮廓算术平均偏差 Ra 的单向上限值为 0.8 μm
$Rz\,\text{max}\,0.2$	表示去除材料，轮廓最大高度 Rz 的单向上限值的最大值为 0.2 μm
$0.008-0.8/Ra\,3.2$	表示去除材料，轮廓算术平均偏差 Ra 的单向上限值为 3.2 μm，传输带代号 0.008，取样长度 0.8 mm
$-0.8/Ra\,3.2$	表示去除材料，轮廓算术平均偏差 Ra 的单向上限值为 3.2 μm，取样长度 0.8 mm
U $Ra\,\text{max}\,3.2$ L $Ra\,0.8$	表示不允许去除材料，轮廓算术平均偏差 Ra 的上限值的最大值为 3.2 μm，下限值为 0.8 μm

注意：

1. 在表面结构代号中，"U"和"L"分别表示上限值和下限值。

2. 当只有单向极限要求时，若为单向上限值，则均可不加注"U"；若为单向下限值，则应加注"L"。

3. 如果是双向极限要求，在不至于引起歧义时，可不加注"U"和"L"。

六、表面结构代号的标注

表面结构要求标注方法如图 11－30 至图 11－36 所示。

1. 表面结构代号的注写和读取方向与尺寸的注写及读取方向一致。表面结构代号一般标注在可见轮廓线、尺寸界线、引出线或它们的延长线上。符号的尖端必须从材料外指向并接触表面，如图 11－30a 所示。必要时，表面结构代号也可用带箭头或黑点的指引线引出标注，如图 11－30b 所示。

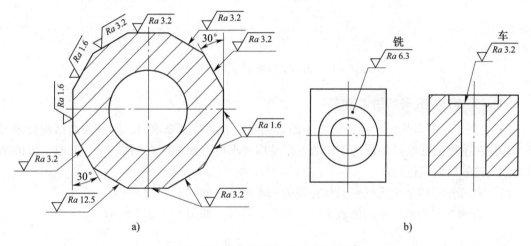

图 11－30　表面结构要求标注方法（一）

2. 在不至于引起误解时，表面结构代号可以标注在给定的尺寸线上，如图 11－31a 所示。

3. 表面结构代号可以标注在几何公差框格的上方，如图 11－31b 所示。

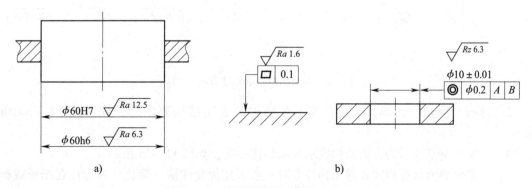

图 11－31　表面结构要求标注方法（二）

4. 在图样上，每一表面（包括连续表面和非连续表面）的表面结构代号只标注一次，并应尽可能靠近有关的尺寸线，如图 11 - 32a 所示。如果同一表面有不同的表面结构要求，则应分别单独标出表面结构代号，如图 11 - 32b 所示。

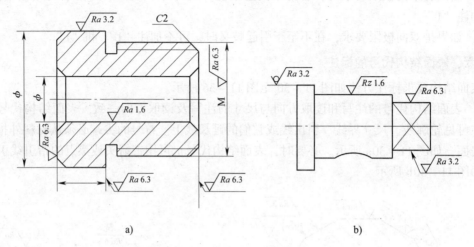

图 11 - 32　表面结构要求标注方法（三）

七、表面结构代号的简化标注

1. 如果工件的多数（包括全部）表面有相同的表面结构要求时，则其表面结构要求可统一标注在图样的标题栏附近（不同的表面结构要求应直接标注在图形中）。此时，表面结构要求的符号后面应包括：

（1）在圆括号内给出无任何其他标注的基本符号，如图 11 - 33a 所示。

（2）在圆括号内给出不同的表面结构要求的符号，如图 11 - 33b 所示。

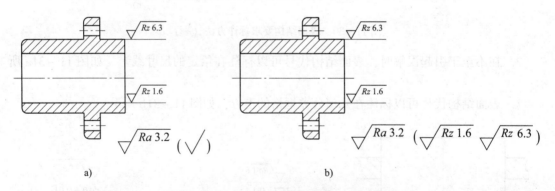

图 11 - 33　表面结构要求标注方法（四）

2. 键槽、倒角、倒圆、中心孔等工艺结构的表面结构要求的注法如图 11 - 34 所示。

3. 轮齿等重复要素的表面结构要求只需标注一次，如图 11 - 35 所示。

4. 当多个表面具有相同表面结构要求时，可采用简化注法，简化注释标注在图形或标题栏附近，如图 11 - 36 所示。

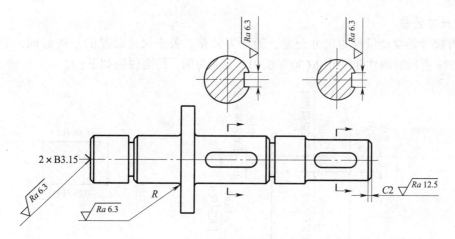

图 11 - 34　表面结构要求标注方法（五）

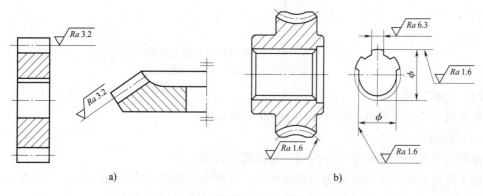

图 11 - 35　表面结构要求标注方法（六）

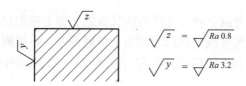

图 11 - 36　表面结构要求标注方法（七）

第六节　极限与配合

一、基本概念

1. 互换性

从一批规格相同的零件中任取一件，不经修配就能装到机器上并保证使用要求，零件的这种性质称为互换性。零件的互换性为专业化大批量生产提供了保证，进而提高了产品的质量，降低了生产成本，从而可提高经济效益。损坏后也便于修理和掉换。

2. 尺寸公差

允许尺寸的变动量称为尺寸公差，简称为公差。关于尺寸公差的一些名词，下面以如图 11 - 37a 所示的圆柱孔尺寸 $\phi(30 \pm 0.01)$ mm 为例，简要说明如下：

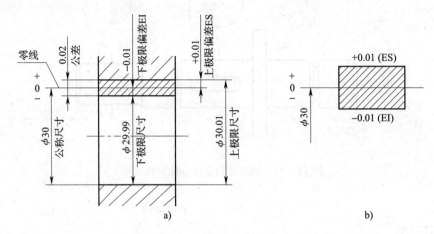

图 11 - 37　尺寸公差名词解释及公差带图
a) 尺寸公差名词解释　b) 公差带图

（1）公称尺寸

公称尺寸是指设计给定的尺寸，这里指 $\phi30$ mm。

（2）极限尺寸

极限尺寸是指允许尺寸变动的两个极限值，其中：

加工时允许的最大尺寸称为上极限尺寸，本例中上极限尺寸为 $30 + 0.01 = 30.01$ mm。

加工时允许的最小尺寸称为下极限尺寸，本例中下极限尺寸为 $30 - 0.01 = 29.99$ mm。

（3）极限偏差

极限偏差是指极限尺寸减公称尺寸所得的代数差，即上极限尺寸和下极限尺寸减公称尺寸所得的代数差，上极限尺寸减公称尺寸称为上极限偏差，下极限尺寸减公称尺寸称为下极限偏差。孔的上极限偏差和下极限偏差代号分别为 ES、EI，轴的上极限偏差和下极限偏差代号分别为 es、ei。

本例中上极限偏差 $ES = 30.01 - 30 = +0.01$ mm

下极限偏差 $EI = 29.99 - 30 = -0.01$ mm

（4）尺寸公差

上极限尺寸与下极限尺寸之差称为尺寸公差，简称公差，也等于上极限偏差减下极限偏差所得的代数差。尺寸公差是一个数值的绝对值。

本例中公差为 $30.01 - 29.99 = 0.02$ mm

或 $|0.01 - (-0.01)| = 0.02$ mm。

（5）公差带和零线

公差带是由代表上极限偏差和下极限偏差的两条直线所限定的一个区域。为便于理解，一般只画出上极限偏差和下极限偏差围成的方框简图，称为公差带图，如图 11 - 37b 所示。在公差带图中，零线是表示公称尺寸的一条直线。零线上方的偏差为正值，零线下方的偏差为负值。公差带由公差大小及相对零线的位置来确定。

3. 标准公差与基本偏差

（1）标准公差（IT）

国家标准规定标准公差的精度等级分为 20 级，即 IT01、IT0、IT1、…、IT18。其中 IT01 公差值最小，精度最高；IT18 公差值最大，精度最低。同一精度的公差，公称尺寸越小，公差值越小；公称尺寸越大，公差值越大。根据工件公称尺寸和公差等级可在相应的国家标准中查出其公差值。

（2）基本偏差

基本偏差是指在极限制中确定公差带相对零线位置的那个极限偏差（上极限偏差或下极限偏差），一般为靠近零线的那个偏差。基本偏差的代号用字母表示，大写的为孔，小写的为轴，各 28 个。基本偏差系列如图 11－38 所示。

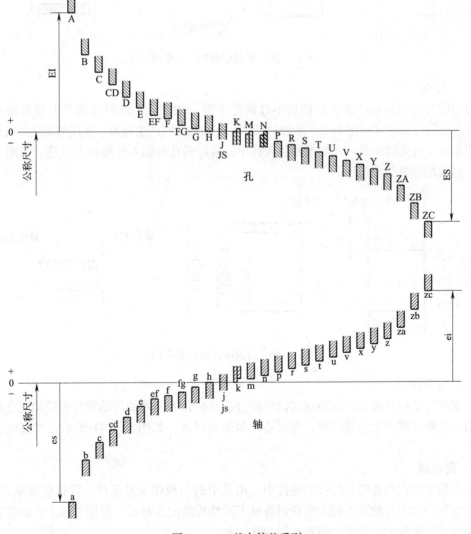

图 11－38　基本偏差系列

4. 配合

配合是指公称尺寸相同的，相互结合的孔和轴公差带之间的关系。根据使用要求不同，孔与轴之间有三种配合关系，即间隙配合、过盈配合、过渡配合。

（1）间隙配合

间隙配合是指具有间隙（包括最小间隙等于零）的配合。此时孔的公差带在轴的公差带之上。实际孔的尺寸一定大于实际轴的尺寸，孔和轴之间产生间隙，可相对运动，如图 11 – 39 所示为间隙配合的公差带图。

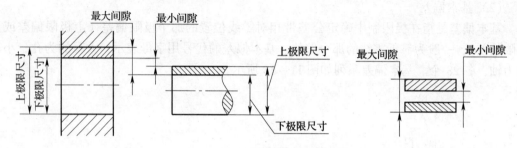

图 11 – 39　间隙配合的公差带图

（2）过盈配合

过盈配合是指具有过盈（包括最小过盈等于零）的配合。此时孔的公差带在轴的公差带之下。实际孔的尺寸一定小于实际轴的尺寸，孔和轴之间产生过盈，装配时需将带孔的零件加热膨胀后（或借助外力）才能把轴装入孔中，装好后孔与轴不能做相对运动，如图 11 – 40 所示为过盈配合的公差带图。

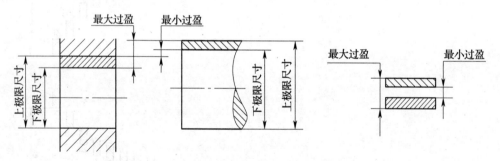

图 11 –40　过盈配合的公差带图

（3）过渡配合

过渡配合是指可能具有间隙或过盈的配合。此时孔的公差带与轴的公差带相互交叠。孔和轴结合时既可能产生微量间隙，也可能产生微量过盈，如图 11 – 41 所示为过渡配合的公差带图。

5. 配合制

配合制是指在两种相互配合的零件中，用其中的一种作为基准件，并选定标准公差带，通过改变另一种零件的基本偏差来获得各种不同性质的配合制度。根据实际生产的需要，国家标准规定了两种配合制度，即基孔制和基轴制。

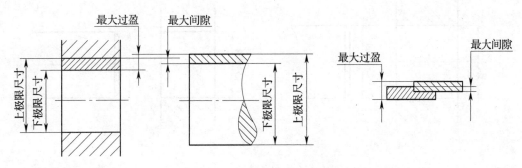

图 11 – 41　过渡配合的公差带图

（1）基孔制

基孔制是指基本偏差为一定的孔的公差带，与不同基本偏差的轴的公差带形成各种配合的一种制度。基孔制的孔称为基准孔，基本偏差代号为 H，其下极限偏差为 0。

（2）基轴制

基轴制是指基本偏差为一定的轴的公差带，与不同基本偏差的孔的公差带形成各种配合的一种制度。基轴制的轴称为基准轴，基本偏差代号为 h，其上极限偏差为 0。

二、公差与配合的选择

正确地选择公差与配合，能减少机械加工的工作量，获得较好的经济效益。但公差与配合的选择是一项复杂的工作，需要有丰富的生产技术经验，同时还要了解企业的设备条件。公差与配合的选择包括基准制、公差等级和配合种类三个项目的选择。

1. 基准制的选择

国家标准规定优先选用基孔制，这样可减少加工孔的定值刀具、量具的规格和数量，从而获得较好的经济效益。在采用标准件时，应按标准件所用的基准制来确定。

2. 公差等级的选择

在保证零件使用要求的前提下，应尽量选择比较低的精度等级，以降低零件的制造成本。对于绝大多数尺寸，主要采用类比法来确定公差等级。

3. 配合种类的选择

配合种类的选用主要是根据功能要求，如当零件间具有相对转动或移动时，则选择间隙配合。

配合制的选择与功能无关，而应考虑工艺的经济性和结构的合理性。

三、公差与配合在图样中的标注及查表方法

1. 尺寸公差的标注

在零件图上标注尺寸公差有以下三种形式：

（1）在公称尺寸后面标注上极限偏差、下极限偏差，如图 11 –42a 所示。

（2）在公称尺寸后面标注公差代号，如图 11 –42b 所示。

（3）在公称尺寸后面同时标注公差代号和上极限偏差、下极限偏差，如图 11 –42c 所示。

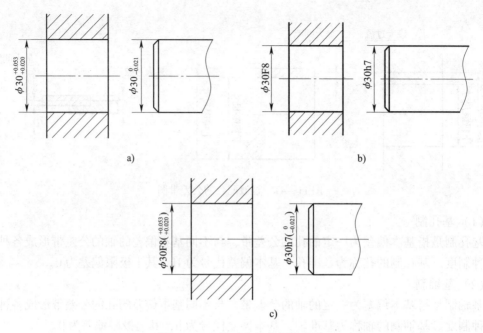

图 11 – 42　尺寸公差的标注方法

2. 配合代号的标注

配合代号是将孔的公差带代号和轴的公差带代号组合在了一起。其中，分子为孔的公差带代号，分母为轴的公差带代号。一般情况下，在公称尺寸的后面标出配合代号，如图 11 – 43 所示。

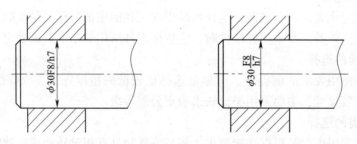

图 11 – 43　配合代号的标注

滚动轴承等标准件与零件配合时，可省略标准件的公差带代号。

3. 查表方法示例

例 11 – 2　查表确定配合代号 $\phi30K7/h6$ 中孔和轴的极限偏差值。

解：根据配合代号可知，该孔和轴采用基轴制配合，轴为基准轴，上极限偏差 es = 0，公差等级为 IT6，查标准公差表得 IT6 = 0.013 mm，ei = es – IT6 = 0 – 0.013 = – 0.013 mm，即 $\phi30h6$ 的轴的上极限偏差为 0，下极限偏差为 – 0.013 mm，写成 $\phi30_{-0.013}^{\ 0}$ mm。

孔的基本偏差为 K，查表得上极限偏差 ES = 0.006 mm，公差等级为 IT7，查标准公差表得 IT7 = 0.021 mm，EI = ES – IT6 = 0.006 – 0.021 = – 0.015 mm，即 $\phi30K7$ 的孔的上极限偏差为 + 0.006 mm，下极限偏差为 – 0.015 mm，写成 $\phi30_{-0.015}^{+0.006}$ mm。

第七节 几 何 公 差

为了保证合格的完工零件之间的可装配性，除了对零件上某些关键要素给出尺寸公差外，还需要对一些要素给出几何公差。

在零件加工过程中，不仅会产生尺寸误差，也会出现形状和相对位置的误差，如加工轴时可能会出现轴线弯曲或大小头的现象，这就是零件的形状误差。

一、几何公差特征符号

国家标准规定几何公差分为四类共 19 项，几何公差的类型、几何特征及符号见表 11-5。

表 11-5   几何公差的类型、几何特征及符号

公差类型	几何特征	符号	有或无基准要求
形状公差	直线度	—	无
	平面度	▱	无
	圆度	○	无
	圆柱度	⌭	无
	线轮廓度	⌒	无
	面轮廓度	⌓	无
方向公差	平行度	∥	有
	垂直度	⊥	有
	倾斜度	∠	有
	线轮廓度	⌒	有
	面轮廓度	⌓	有
位置公差	位置度	⊕	有或无
	同心度（用于中心点）	◎	有
	同轴度（用于轴线）	◎	有
	对称度	⚌	有
	线轮廓度	⌒	有
	面轮廓度	⌓	有
跳动公差	圆跳动	↗	有
	全跳动	↗↗	有

二、几何公差的标注方法

1. 几何公差代号和基准符号

国家标准《产品几何技术规范（GPS） 几何公差 形状、方向、位置和跳动公差标注》（GB/T 1182—2018）规定用在图样中的几何公差应采用代号的形式标注，且以框格形式标

注，如图 11 - 44 所示为几何公差代号的画法。如无法用代号标注时，允许在技术要求中用文字说明。

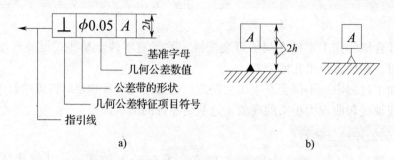

图 11 - 44　几何公差代号和基准符号的画法

基准符号由基准字母表示，字母标注在基准方格内，用一条细实线与一个涂黑或空白的三角形（两种形式含义相同）相连接，其画法如图 11 - 44 所示。

2. 被测要素的标注方法

（1）被测要素为轮廓线或表面时，将指引线的箭头指向被测要素的轮廓线、表面或其延长线上，指引线的箭头应与尺寸线的箭头明显地错开，如图 11 - 45a 所示。

（2）被测要素为轴线、中心平面或由带尺寸要素确定的线时，带箭头的指引线应与尺寸线的延长线重合，如图 11 - 45b 所示。

（3）当指向实际表面（表面形状的投影）时，箭头可指在带点的参考线上，而该点指在实际表面上，如图 11 - 45c 所示。

指引线注法如图 11 - 45 所示。

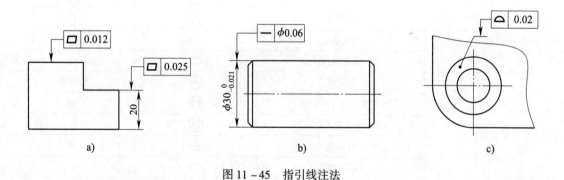

图 11 - 45　指引线注法

3. 基准要素的标注方法

基准符号的标注方法如图 11 - 46 和图 11 - 47 所示。

（1）当基准要素为轮廓线或轮廓面时，基准符号标注在要素的轮廓线、表面或其延长线上，基准符号与尺寸线明显错开，如图 11 - 46a 所示。

（2）当基准要素是尺寸要素确定的轴线、中心平面或中心线时，基准符号应与尺寸线对齐。当箭头无法绘制时，可由基准符号代替一个箭头，如图 11 - 46b 所示。

（3）基准符号也可标注在用圆点从轮廓表面引出的基准线上，如图 11 - 46c 所示。

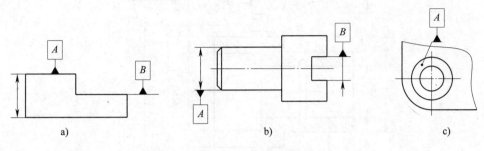

图 11 - 46　基准符号的标注方法（一）

（4）基准符号中的基准方格不能斜放，必要时基准方格与黑三角间的连线可用折线，如图 11 - 47a 所示。

（5）对于由两个要素组成的公共基准，在公差框格中注成用横线隔开的两个大写字母，如图 11 - 47b 中所示标注"$A—B$"。

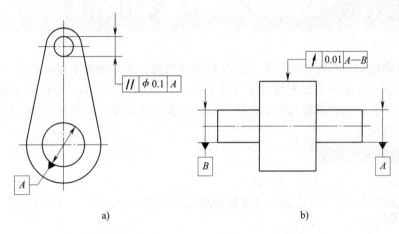

图 11 - 47　基准符号的标注方法（二）

4. 几何公差标注示例

例 11 - 3　按以下要求在图 11 - 48 上标出几何公差。

（1）$\phi160$ mm 圆柱表面相对于 $\phi85$ mm 圆柱孔轴线的径向圆跳动公差值为 0. 03 mm。

（2）安装板右端面相对于 $\phi160$ mm 圆柱轴线的垂直度公差值为 0. 03 mm。

（3）$\phi120$ mm 圆柱孔的轴线相对于 $\phi85$ mm 圆柱孔轴线的同轴度公差值为 $\phi0.05$ mm。

（4）$\phi200$ mm 圆周上 5 个 $\phi6.5$ mm 的圆孔的轴线相对于 $\phi160$ mm 圆柱轴线和安装板右端面的位置度公差值为 $\phi0.2$ mm。

（5）$\phi120$ mm 圆柱表面相对于 $\phi85$ mm 圆柱孔轴线的径向圆跳动公差值为 0. 02 mm。

（6）安装板左端面相对于 $\phi120$ mm 圆柱轴线的垂直度公差值为 0. 03 mm。

几何公差的标注方法如图 11 - 48 所示。

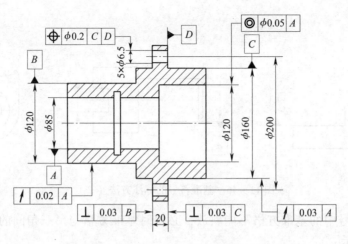

图 11 - 48　几何公差的标注方法

第八节　读 零 件 图

零件图是制造和检验零件的依据，是反映零件结构、大小和技术要求的载体。读零件图的目的就是根据零件图想象出零件的结构及形状，了解零件各部分的大小和技术要求。读图时，还应分析零件在部件或机器中的位置、作用以及与其他零件的连接关系，这样才能正确理解和读懂零件图。

一、读零件图的要求

1. 了解零件的名称、材料和用途。

2. 分析零件图形及尺寸，想象零件各组成部分的结构、形状和相对位置，理解设计者的意图。

3. 看懂技术要求，了解零件的制造方法，研究零件结构的合理性。

二、读零件图的方法和步骤

如图 11 - 49 所示为蜗杆减速箱零件图，下面以其为例说明读零件图的方法和步骤。

1. 读标题栏，了解概况

从标题栏可以了解零件名称、材料以及图样比例、数量等，结合零件的视图，初步了解零件在机器或部件中的用途、形体概貌、制造时的工艺要求，估计出零件的实际大小。对于不熟悉的零件，则需要进一步参考有关技术资料，如装配图和技术说明书等文字资料。由图 11 - 49 所示的标题栏可知以下内容：

零件的名称是蜗杆减速箱，它是蜗轮、蜗杆减速箱中的一个主要零件，属于箱体类零件。其作用是安装一对啮合的蜗轮、蜗杆，运动由蜗杆传入，经与蜗轮啮合传递给蜗轮，得到较大的降速后，再由输出轴输出。

该零件的材料是 HT150，加工零件时先铸造毛坯，再经必要的机械加工而成，因此有铸造圆角、起模斜度等结构。

2. 看视图，想象零件的结构及形状

先弄清楚各视图的名称和所采用的表达方法，读懂零件各部分的结构，想象出零件的形状。弄清楚零件的结构及形状是读零件图的关键，想象零件形状及结构的一般步骤是先总体，后局部；先主体结构，后局部结构；先读简单结构，后读复杂结构。

如图 11-49 所示，该箱体采用了两个基本视图和三个局部视图，其中主视图采用了半剖视图和局部剖视图，既表达了箱体空腔和蜗杆轴孔内部的形状及结构，又表达了箱体的外形结构以及圆形壳体前端面的六个 M8—6H 螺孔的分布情况。

左视图为全剖视图，在进一步表达空腔形状及结构的同时，着重表达圆形壳体后的轴孔和箱体下方注油螺孔（M14—6H，深 20 mm）的形状及结构，以及肋板的形状。

A 向局部视图补充表达肋板的形状和位置。B 向局部视图补充表达圆筒两端外形及端面上三个 M10 螺孔的分布情况。C 向局部视图着重表达减速箱底平面和凹坑的形状、大小及四个安装孔的分布情况。

对照视图分析可知，该箱体主要由圆形壳体、圆筒体和底板三大部分构成，蜗杆减速箱立体图如图 11-50 所示。圆形壳体和圆筒体的轴线相互垂直交叉而形成空腔，用来容纳蜗轮和蜗杆。为了支撑并保证蜗轮、蜗杆平稳啮合，圆形壳体的后面和圆筒体的左、右两侧配有相应的轴孔。底座为一矩形板块，主要用于支撑和安装减速箱体。底座下方有矩形凹坑，以保证底座与安装基面平稳接触。

3. 尺寸分析

零件图上的尺寸是制造零件的重要依据。因此，必须对零件的全部尺寸进行仔细分析。首先分析零件长、宽、高三个方向的尺寸基准（或径向、轴向基准）和总体尺寸，然后从基准出发找出各部分间的定位尺寸，最后分析各部分的尺寸。必要时还可以将有关的零件联系起来分析，以便更深入地理解尺寸之间的关系。

（1）分析基准

该箱体零件长度方向基准为左右对称面的中心线 D，宽度方向基准是过蜗杆轴线的正平面 E，高度方向的主要基准是底面。

（2）分析尺寸

从基准出发，弄清楚主要尺寸及次要尺寸。图 11-49 所示的箱体轴承孔直径 $\phi 90^{+0.023}_{+0.012}$ mm 及蜗轮与蜗杆的中心距（105 ± 0.09）mm 均为箱体的主要尺寸。找出定形尺寸、定位尺寸和总体尺寸，其中定位尺寸有 C 向局部视图中四个安装孔的中心距 160 mm 和 260 mm，B 向局部视图中的 $\phi 110$ mm，主视图中的（105 ± 0.09）mm、160 mm、$\phi 210$ mm 以及左视图中的 80 mm、125 mm、35 mm、190 mm、69 mm；总体尺寸为 330 mm、195 mm、308 mm；其余均为定形尺寸。

4. 看技术要求

零件图中的技术要求是制造零件的一些质量指标，加工过程中必须采用相应的工艺措施予以保证。看图时对表面结构代号、尺寸公差、几何公差及其他技术要求要逐项进行分析，弄清有关尺寸的加工精度及其作用。

为确保蜗轮、蜗杆的装配质量，各轴孔的定形尺寸、定位尺寸均注有极限偏差，如 $\phi 70^{+0.030}_{0}$ mm、$\phi 90^{+0.023}_{+0.012}$ mm、（105 ± 0.09）mm 等。箱体的重要工作部位主要集中在蜗轮轴孔和蜗杆轴孔的孔系上，这些部位的尺寸公差、表面结构要求和几何公差将直接影响减速箱的装配质量

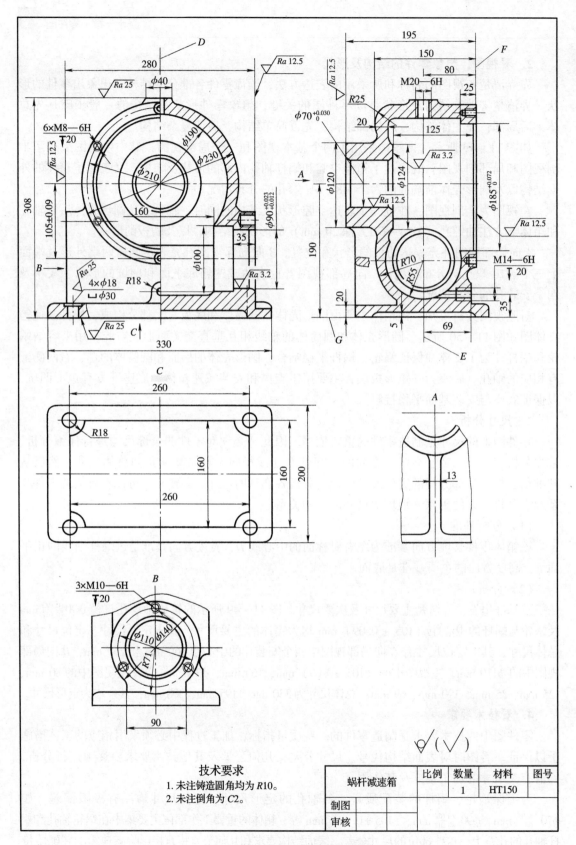

图 11-49 蜗杆减速箱零件图

和使用性能，所以在图 11-49 中，各轴孔的内表面及蜗轮轴孔前端表面的表面粗糙度 Ra 值均为 3.2 μm。另几个有接触要求的表面的表面粗糙度 Ra 值分别为 12.5 μm 和 25 μm 等，其余表面为不去除材料方法获得。其他未注铸造圆角均为 R10 mm，未注倒角为 C2 mm。

5. 综合归纳

通过以上几个方面的分析，对零件的结构、形状、大小以及该零件在机器中的作用有了全面、深入的认识。在此基础上，可对该零件的结构设计、图形表达、尺寸标注、技术要求、加工方法等提出合理化建议。

以上对箱体零件的分析说明了读零件图的一般方法和步骤。必须指出，各步骤在读图过程中不宜孤立地进行，而应对图形、尺寸、技术要求等灵活交叉进行识读和分析。

例 11-4　如图 11-51 所示为车床尾座空心套零件图，根据读零件图的步骤，看懂该零件图。

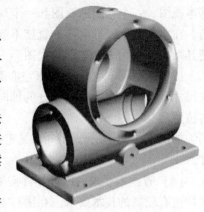

图 11-50　蜗杆减速箱立体图

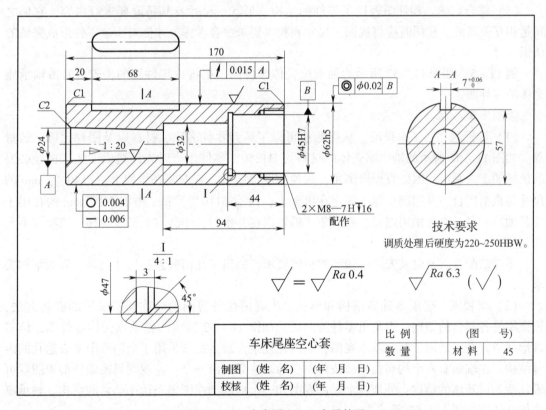

图 11-51　车床尾座空心套零件图

读图步骤：

（1）读标题栏，了解概况。如图 11-51 所示的车床尾座空心套安装在车床尾座上，空心套左边的锥孔与顶尖配合，右端与一个螺母用紧定螺钉固定，因零件需要较高的加工精度，故空心套的锥面与套的外表面的精度均有很高的技术要求。

此零件材料是 45 钢，可用棒料经必要的机械加工而制成。

（2）看视图，想象零件的结构和形状。如图 11－51 所示的车床尾座空心套采用了一个基本视图、一个移出断面图和一个局部放大图表达，主视图采用全剖视图来表达孔的内部结构。在主视图上，导向槽的宽度不能表达，故增加一个移出断面图。退刀槽太小，为表达清楚其结构，采用一个局部放大图。

（3）尺寸分析。车床尾座空心套为回转体，回转轴线为径向尺寸基准，以右端面为轴向尺寸基准确定内、外各部分的轴向长度，以左端面为长度方向的辅助基准确定导向槽的左右位置。

如图 11－51 所示，20 mm 是定位尺寸，170 mm 和 $\phi62h5$ 为总体尺寸，其余都为定形尺寸。

（4）看技术要求。因该零件需要较高的加工精度，故空心套的锥面和套的外表面的精度均应有较高的技术要求，在图样上应有较高的表面结构要求、尺寸公差要求和几何公差要求。

（5）综合归纳。零件图表达了零件的结构、形状、尺寸及其精度要求等内容，它们之间是相互关联的。读图时应将视图、尺寸和技术要求综合考虑，才能对所读零件形成完整的认识。

例 11－5　如图 11－52 所示为轴承座壳体零件图，根据读零件图的步骤，看懂轴承座壳体的零件图。

读图步骤：

（1）读标题栏，了解概况。从标题栏可以了解到零件名称、材料以及图样比例、数量等。如图 11－52 所示的轴承座壳体的材料为 HT250，零件生产时先铸造成毛坯，再经必要的机械加工而制成，因此有铸造圆角、起模斜度等结构。它安装在机架上，$\phi140_{-0.08}^{0}$ mm 的尺寸与机架配合，并用四个螺栓固定在机架上；内腔 $\phi110_{0}^{+0.035}$ mm 和 $\phi75_{0}^{+0.06}$ mm 的孔用于安装轴承；左、右分别用端盖、密封垫、螺钉固定并密封；小凸台上安装油杯；该零件不允许漏油。

零件的配合、密封及安装有较高的精度要求，提出了几何公差、尺寸公差、表面结构要求。

（2）看视图，想象零件的结构和形状。先弄清楚各视图的名称和所采用的表达方法，读懂零件各部分的结构，想象出零件的形状。如图 11－52 所示为轴承座壳体零件图，该零件形状较复杂，采用了两个基本视图；因内孔复杂，故主视图采用了全剖视图来表达孔的内部结构，左端面有六个均布孔，故按均布孔的画法只画出一个；左视图只需画外形视图就可表达清楚回转体的结构；外加一个局部视图和一个局部剖视图来表达小凸台的结构。轴承座壳体立体图如图 11－53 所示。

（3）尺寸分析。轴承座壳体的主体结构为回转体，故回转轴线为径向基准，以安装板右端面为轴向尺寸的主要基准确定内、外各部分的轴向长度。

（4）看技术要求。从图 11－52 可知，$\phi110_{0}^{+0.035}$ mm 和 $\phi75_{0}^{+0.06}$ mm 的表面用于安装轴承，故其表面结构要求、尺寸精度要求均比较高。因轴是高速回转零件，故壳体的回转轴线

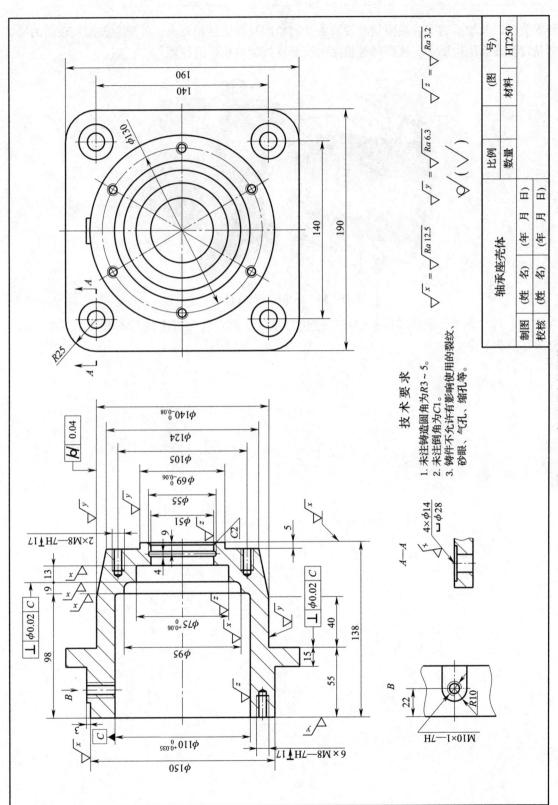

技 术 要 求

1. 未注铸造圆角为R3~5。
2. 未注倒角为C1。
3. 铸件不允许有影响使用的裂纹、
   砂眼、气孔、缩孔等。

$\sqrt{x} = \sqrt{Ra\,12.5}$ $\sqrt{y} = \sqrt{Ra\,6.3}$ $\sqrt{z} = \sqrt{Ra\,3.2}$

$\sqrt{}\,(\sqrt{\ })$

轴承座壳体			比例		
			数量		
制图	(姓 名)	(年 月 日)		材料	HT250
校核	(姓 名)	(年 月 日)	(图 号)		

图11-52 轴承座壳体零件图

与安装面以及轴承的安装端面均有较高的几何精度及表面结构要求。各配合表面有较高的尺寸精度及表面结构要求。这些部分精度的高低直接影响机器的性能。

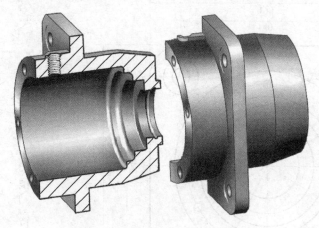

图 11 - 53　轴承座壳体立体图

（5）综合归纳。箱体零件一般按工作位置摆放，需要两个以上的基本视图来表示，表达方法较为复杂。

第十二章 装 配 图

一台机器或部件是由若干个零件按一定的装配关系和技术要求装配起来的。表示产品及其组成部分的连接、装配关系的图样称为装配图。它是进行设计、装配、检验、安装和调试以及使用、维修等技术工作的重要图样。

第一节　装配图的内容与表达方法

一、装配图的作用

在机器或部件的设计过程中，一般是先根据设计要求画出装配图，然后根据装配图进行零件的设计，画出零件图。在产品或部件的制造过程中，先根据零件图进行零件的加工和检验，再依据装配图所制定的装配工艺规程将零件装配成机器或部件。在机器或部件的使用、维护及维修过程中，也经常要通过装配图来了解产品或部件的工作原理及构造。因此，装配图也是生产中的重要文件。

二、装配图的内容

装配图不仅要表示机器（或部件）的结构，同时也要表达机器（或部件）的工作原理和装配关系。如图 12 - 1 所示为拆卸器装配图。由图 12 - 1 可以看出，一张完整的装配图应具备以下内容：

1. 一组图形

选择一组图形，应采用适当的表达方法，将机器（或部件）的工作原理、零件的装配关系、零件的连接和传动路线以及各零件的主要结构、形状都表达清楚。

2. 必要的尺寸

装配图上应标注表明机器（或部件）的规格（性能）、外形、安装和各零件的配合关系等方面的尺寸。如图 12 - 1 中的 $\phi10H8/k7$ 为配合尺寸，112 mm 和 200 mm 为外形尺寸等。

3. 技术要求

用文字说明或标记代号指明该机器（或部件）在装配、检验、调试、运输和安装等方面所需达到的技术要求。

4. 标题栏、零件序号和明细栏

在图样的右下角处画出标题栏，表明装配图的名称、图号、比例和责任者签字等。各零件必须标注序号并编入明细栏。明细栏直接在标题栏之上画出，填写组成装配体的零件序号、名称、数量、材料、标准件规格和代号以及零件热处理要求等，如图 12 – 1 所示。

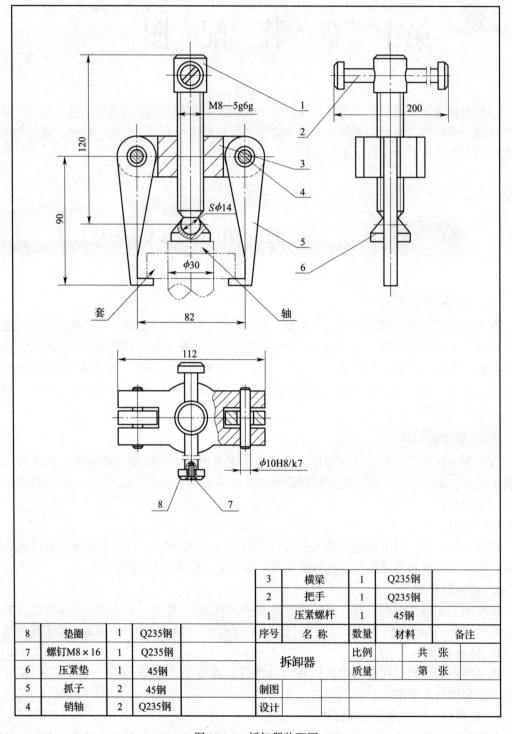

3	横梁	1	Q235钢	
2	把手	1	Q235钢	
1	压紧螺杆	1	45钢	
序号	名　称	数量	材料	备注

8	垫圈	1	Q235钢
7	螺钉M8×16	1	Q235钢
6	压紧垫	1	45钢
5	抓子	2	45钢
4	销轴	2	Q235钢

	比例	共　张
拆卸器	质量	第　张
制图		
设计		

图 12 – 1　拆卸器装配图

三、规定画法

装配图的侧重点是将装配体的结构、工作原理和零件间的装配关系正确、清晰地表示清楚。前面所介绍的机件表达方法及相关规定对装配图同样适用。但由于侧重点不同，国家标准对装配图的画法又做了一些规定。

1. 零件间接触面、配合面的画法

相邻两个零件的接触面和公称尺寸相同的配合面只画一条轮廓线，但若相邻两个零件的公称尺寸不相同，则无论间隙大小，均要画成两条轮廓线。如图 12 – 2 所示为装配图规定画法、夸大画法及简化画法。

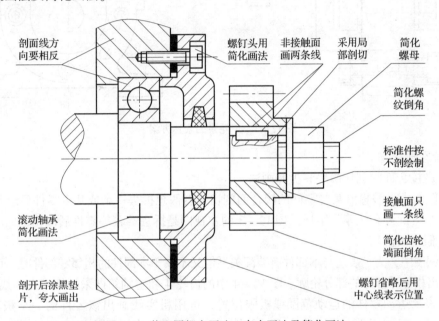

图 12 – 2　装配图规定画法、夸大画法及简化画法

2. 装配图中剖面线的画法

装配图中相邻两个零件的剖面线必须以不同方向或不同的间隔画出，如图 12 – 2 所示。要特别注意：在装配图中，所有剖视图、断面图中同一零件的剖面线方向、间隔必须完全一致。另外，在装配图中，宽度小于等于 2 mm 的窄剖面区域可全部涂黑表示，如图 12 – 2 中的垫片。

3. 紧固件及实心件的画法

在装配图中，对于紧固件和轴、球、手柄、键、连杆等实心零件以及某些标准产品，若沿纵向剖切且剖切平面通过其对称平面或轴线时，这些零件均按不剖绘制。

如需表明实心零件的凹槽、键槽、销孔等结构时，可用局部剖视图表示。如图 12 – 2 所示的轴、螺钉和键均按不剖绘制。为表示轴和齿轮间键的连接关系，采用局部剖视图。

四、特殊画法和简化画法

为使装配图能简便、清晰地表达出部件中某些组成部分的形状特征，国家标准还规定了以下特殊画法和简化画法。如图 12 – 3 所示为齿轮泵的表达方案。

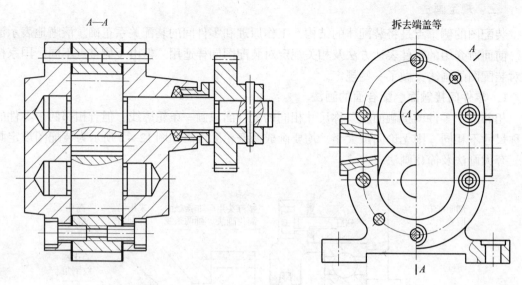

图 12 – 3　齿轮泵的表达方案

1. 特殊画法

（1）沿接合面的剖切画法和拆卸画法

在装配图中可假想沿某些零件的接合面剖切或者假想拆去一个或几个零件后绘制，需说明时可标注"拆去××等"字样。图 12 – 3 的左视图是拆去端盖等零件后画出的。

（2）假想画法

在装配图中，为了表达与本部件有装配关系但又不属于本部件的相邻零部件时，可用细双点画线画出相邻零部件的部分轮廓。图 12 – 4 中的齿轮 4 和主轴箱即采用细双点画线画出。

为了表示运动零件的运动范围或极限位置，可用粗实线画出该零件的一个极限位置，另一个极限位置则用细双点画线表示。如图 12 – 4 所示，当三星轮板在位置Ⅰ时，齿轮 2 和 3 均不与齿轮 4 啮合；当三星轮板处于位置Ⅱ时，齿轮 2 与 4 啮合，传动路线为 1→2→4；当三星轮板处于位置Ⅲ时，传动路线为 1→2→3→4。由此可见，三星轮板的位置不同，齿轮 4 的转向和转速也不同。图中工作（极限）位置Ⅱ和Ⅲ均采用细双点画线画出。

（3）展开画法

当轮系的各轴线不在同一平面内时，为了表示传动关系及各轴的装配关系，可假想用剖切平面按传动顺序沿它们的轴线剖开，再将其展开后绘制图形，这种表达方法称为展开画法，如图 12 – 4 所示。

（4）夸大画法

图形上孔的直径或薄片厚度较小（≤2 mm），以及间隙、斜度和锥度较小时，为获得较好的表达效果，允许采用夸大画法，如图 12 – 2 中的垫片很薄（厚度仅为 0.5 mm），可采用夸大厚度并涂黑的方法来表达其剖面区域。

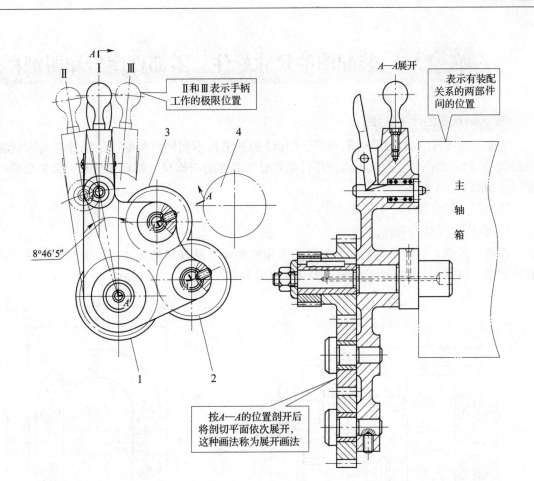

图 12 – 4　展开画法

1、2、3、4—齿轮

2. 简化画法

对于重复出现且按一定规律分布的螺纹连接零件组，可仅详细画出一组或几组，其余只需用细点画线表示其位置即可，如图 12 – 2 所示的螺钉。

3. 单独表达某零件

在装配图上，当某个零件的主要结构在其他视图中未表达清楚，而该零件的形状对部件的工作原理和装配关系的理解起着十分重要的作用时，可单独画出该零件的某一视图。

注意：采用这种表达方法时要在所画视图的上方注出该零件的序号及视图名称。

4. 零件工艺结构的画法

在装配图中，零件的工艺结构，如倒角、倒圆、退刀槽、起模斜度、铸造圆角等均可省略，如图 12 – 3 所示的齿轮泵即省略了零件的工艺结构。

第二节　装配图的尺寸标注、零部件序号和明细栏

一、装配图的尺寸标注

装配图与零件图的作用不同，对尺寸标注的要求也不相同。装配图是设计和装配机器（或部件）时用的图样，因此不必把零件制造时所需要的全部尺寸都标注出来。齿轮泵的尺寸标注如图 12 – 5 所示。

装配图一般应标注以下几类尺寸：

1. 性能（规格）尺寸

性能（规格）尺寸是指表示装配体的工作性能或产品规格的尺寸。这类尺寸是设计产品的依据，如图 12 – 5 中圆锥内螺纹 Rc3/8 就是规格尺寸。

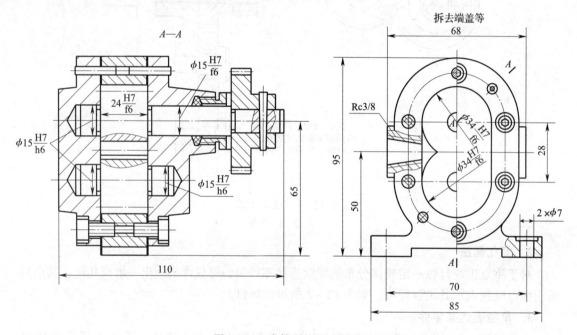

图 12 – 5　齿轮泵的尺寸标注

2. 装配尺寸

装配尺寸是指用以保证机器（或部件）装配性能的尺寸。它包括装配体内零件间的相对位置尺寸和配合尺寸，如图 12 – 5 中的配合尺寸 24H7/f6 和 ϕ15H7/h6 等，两轴间的位置尺寸 28 mm，主动轴中心到底面的距离 65 mm。

3. 安装尺寸

安装尺寸是指表示部件安装在机器上或机器安装在固定基础上所需要的尺寸，如图 12 – 5 中的孔 2 × ϕ7 mm 和孔中心距 70 mm。

4. 外形尺寸

外形尺寸是指表示装配体所占有空间大小的尺寸，即总长、总宽和总高尺寸，如图 12 – 5 中的尺寸 110 mm、85 mm、95 mm。总体尺寸可为包装、运输、安装、使用时提供所需占用空间的大小。

5. 其他重要尺寸

其他重要尺寸是指根据装配体的结构特点和需要标注的尺寸，如运动件的极限位置尺寸、零件间的主要定位尺寸、设计计算尺寸等，如图 12 – 5 中的 50 mm 和 65 mm。

总之，在装配图上标注尺寸时，要根据具体情况进行分析，上述五类尺寸并不是每张装配图都必须全部标出，而是按需要标注。

二、装配图中零部件序号及其编排方法（GB/T 4458. 2—2003）

为了便于看图、管理图样和组织生产，装配图必须对每种零件编写零件序号。

1. 一般规定

（1）装配图中所有的零部件都必须编写序号。

（2）装配图中一个部件可以只编写一个序号，同一装配图中相同的零部件只编写一次。

（3）装配图中零部件序号要与明细栏中的序号一致。

2. 序号的编排方法

（1）装配图中编写零部件序号的常用方法有三种，如图 12 – 6 所示。

（2）同一装配图中编写零部件序号的形式应一致。

（3）指引线应自所指部分的可见轮廓引出，并在末端画一圆点。如所指部分轮廓内不便画圆点时，可在指引线末端画一箭头，并指向该部分的轮廓，如图 12 – 7 所示为指引线的画法。

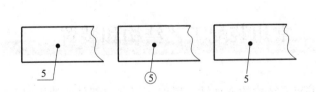

图 12 – 6　零部件序号的编写方法

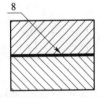

图 12 – 7　指引线的画法

（4）指引线可画成折线，但只可弯折一次。

（5）一组紧固件以及装配关系清楚的零件组可以采用公共指引线，如图 12 – 8 所示。

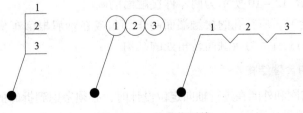

图 12 – 8　公共指引线

（6）零件的序号应沿水平方向或垂直方向按顺时针（或逆时针）方向连续排列整齐。

三、装配图中的标题栏及明细栏

装配图中标题栏的格式与零件图一致。明细栏按国家标准《技术制图　明细栏》（GB/T 10609.2—2009）的规定绘制，如图12-9所示为其中一种标题栏与明细栏。

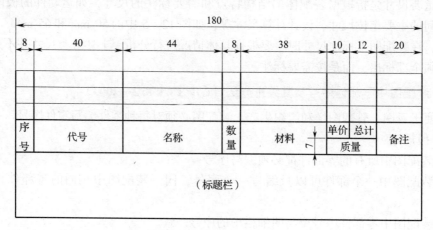

图12-9　标题栏与明细栏

填写明细栏时要注意以下问题：

1. 序号按自下而上的顺序填写，如向上延伸位置不够，可紧靠标题栏的左边自下而上延续。

2. 备注栏可填写该项的附加说明或其他有关内容。

3. 明细栏也可用A4的图纸由上而下单独绘制。

第三节　常用装配工艺结构和装置

在设计和绘制装配图时，应考虑装配结构的合理性，以保证机器或部件的使用以及零件的加工、装拆方便。

一、接触面与配合面的结构

1. 两个零件接触时，在同一方向只能有一对接触面，这种设计既可满足装配要求，同时制造也很方便，如图12-10所示为两零件接触面的画法。

2. 轴颈与孔配合时，应在孔的接触端面制作倒角或在轴肩根部车槽，以保证两零件间接触良好，如图12-11所示为接触面转角处的结构。

二、便于装拆的合理结构

1. 滚动轴承的内圈和外圈在进行轴向定位设计时，必须考虑到拆卸的方便，如图12-12所示为滚动轴承端面接触的结构。

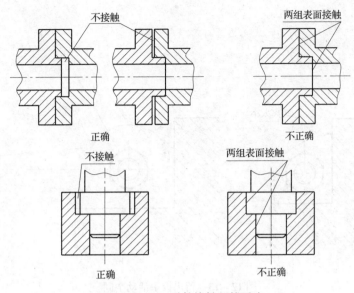

图 12 – 10 两零件接触面的画法

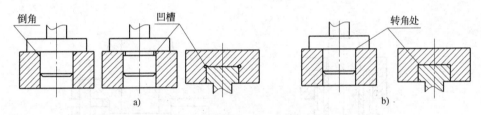

图 12 – 11 接触面转角处的结构

a）正确 b）不正确

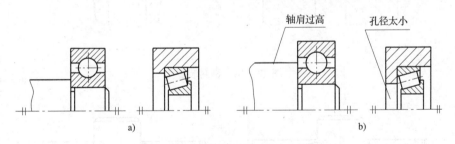

图 12 – 12 滚动轴承端面接触的结构

a）正确 b）错误

2. 用螺纹紧固件连接时，要方便安装和拆卸紧固件，如图 12 – 13 所示为留出扳手活动空间。

三、密封装置和防松装置

密封装置的用途是防止机器中的油外溢或阀门和管路中的气体、液体泄漏，通常采用的密封装置如图 12 – 14 所示。其中在油泵、阀门等部件中常采用填料函密封装置，图 12 – 14a 所示为常见的一种填料函密封和防漏装置，图 12 – 14b 所示为管道中的管子接口处用垫片密封的密封装置。如图 12 – 15 所示为滚动轴承的常用密封装置。

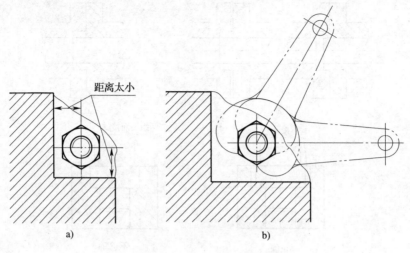

图 12 – 13　留出扳手活动空间

a) 不合理　b) 合理

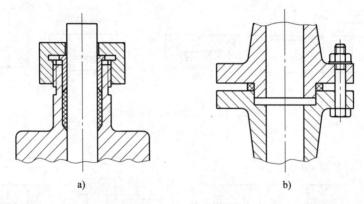

图 12 – 14　密封装置

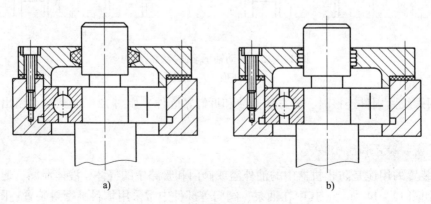

图 12 – 15　滚动轴承的常用密封装置

为防止机器因工作振动而导致螺纹紧固件松动，常采用双螺母、弹簧垫圈、止动垫圈、开口销等防松装置，如图 12 - 16 所示。

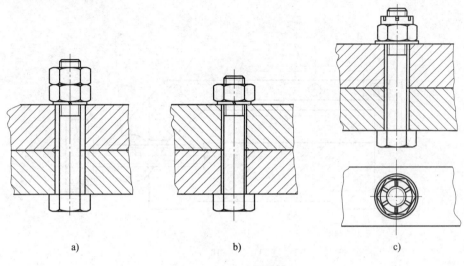

图 12 - 16　防松装置

a）双螺母　b）弹簧垫圈　c）开口销

螺纹连接按防松的原理不同，可分为摩擦防松与机械防松。例如，采用双螺母、弹簧垫圈的防松装置属于摩擦防松装置；采用开口销、止动垫圈的防松装置属于机械防松装置。

第四节　读装配图和拆画零件图

一、读装配图的方法和步骤

读装配图就是根据装配图的图形、尺寸、符号和文字，弄清楚机器或部件的性能、工作原理、装配关系、拆装顺序以及各零件的主要结构、作用等。工程技术人员必须具备熟练识读装配图的能力。下面以如图 12 - 17 所示的钻模装配图为例，介绍读装配图的一般方法和步骤。

1. 概括了解

识读装配图时，首先应通过标题栏了解部件的名称、用途，然后从明细栏了解组成该部件的零件名称、数量、材料以及标准件的规格，并在视图中找出相应的零件及其所在的位置。通过对视图的浏览，了解装配图的表达情况及装配体的复杂程度。从外形尺寸了解部件的大小。如图 12 - 17 所示，该装配体为钻模（或钻夹具），其用途为在钻床上夹紧工件，以便精确钻孔。通过对视图的浏览，可知该装配体由 14 种零件组成，从总长 170 mm、总高 65 mm、总宽 64 mm 可知该装配体的大小。

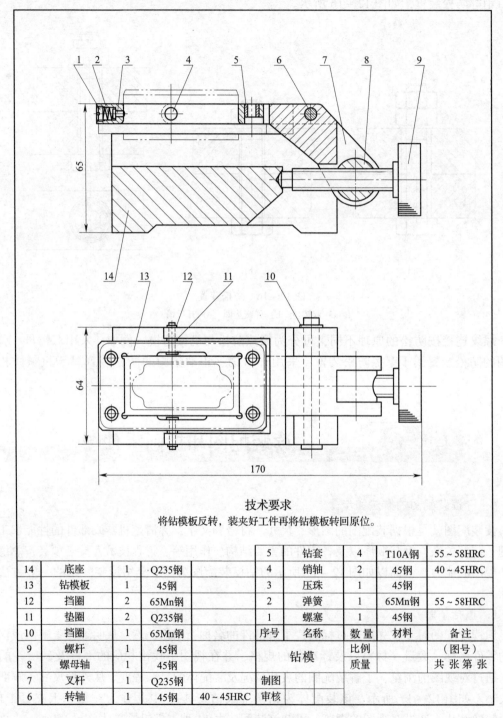

技术要求
将钻模板反转，装夹好工件再将钻模板转回原位。

14	底座	1	Q235钢		5	钻套	4	T10A钢	55~58HRC
13	钻模板	1	45钢		4	销轴	2	45钢	40~45HRC
12	挡圈	2	65Mn钢		3	压珠	1	45钢	
11	垫圈	2	Q235钢		2	弹簧	1	65Mn钢	55~58HRC
10	挡圈	1	65Mn钢		1	螺塞	1	45钢	
9	螺杆	1	45钢		序号	名称	数量	材料	备注
8	螺母轴	1	45钢		钻模		比例		（图号）
7	叉杆	1	Q235钢				质量		共张第张
6	转轴	1	45钢	40~45HRC	制图				
					审核				

图 12-17 钻模装配图

2．了解工作原理和装配关系

分析部件时，应从部件的工作原理或装配路线入手。钻模（或钻夹具）的工作原理如下：主视图中的细双点画线表示被加工工件，通过销轴 4 固定在钻模板 13 上，夹好工件后反转钻模板，拧紧螺杆 9，将工件夹紧在底座和钻模板之间进行钻孔。钻孔结束后，先松开螺杆 9，反转钻模板，再拆下螺塞 1，取出销轴 4，就可以把工件拆下，再安装下一个工件。钻套 5 起保护和引导作用。

3．分析视图

了解视图的数量、名称、投影方向、剖切方法，各视图的表达意图和它们之间的关系。

钻模装配图共有两个视图，主视图前后对称，采用正平面剖切，表达钻模各零件的连接和装配关系。俯视图表示各零件的位置关系和外形。用这两个视图就可以把钻模的工作原理及各零件的连接和装配关系表达清楚。

4．分析主要零件的结构、形状和用途

前面的分析是综合性的，为深入了解零部件，还应进一步分析零件的主要结构、形状和用途。常用的分析方法如下：

（1）利用剖面线的方向和间隔来分析

国家标准规定：同一零件的剖面线在各视图上的方向和间隔应一致。

（2）利用规定画法来分析

如实心零件在装配图中规定沿轴线剖开时不画剖面线，据此能很快地将实心轴、手柄、螺纹连接件、键、销等区分出来。

（3）利用零件序号来分析

利用零件序号，对照明细栏可将各零件区分出来。

5．归纳总结

在以上分析的基础上，对整个装配体及其工作原理、连接和装配关系有了全面的了解，其具体结构如下：如图 12-18 所示为需钻孔工件的零件图及实体图，图 12-19 所示为钻模装夹工件的位置和工作位置的实体图，图 12-20 所示为钻模的实体分解图。

二、由装配图拆画零件图

在机械设计中常常需要根据装配图设计零件并画出零件图，由装配图画零件图简称拆图，它是在看懂装配图的基础上进行的。

下面以如图 12-21 所示钻模中的叉杆为例说明拆画零件图的步骤和注意事项。

1．确定零件的形状

装配图主要表达的是机器或部件的工作原理、零件间的装配关系，并不要求将每一个零件的结构和形状都表达清楚，这就要求在拆画零件图时首先要读懂装配图，根据零件在装配图中的作用及其与相邻零件之间的关系，将要拆的零件从装配图中分离出来，再根据该零件在装配图中的投影与相邻零件之间的关系想象出零件的形状。

2．确定表达方案

拆画零件图时，零件的主视图方向不能从装配图中照搬，应根据零件本身的结构特点来选择。叉杆的主视图方向符合工作位置，在各视图中应将装配图中叉杆的已知图线画出，再

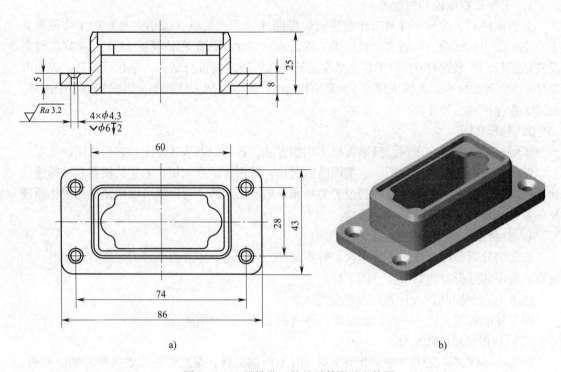

图 12 - 18　需钻孔工件的零件图及实体图

a）零件图　b）实体图

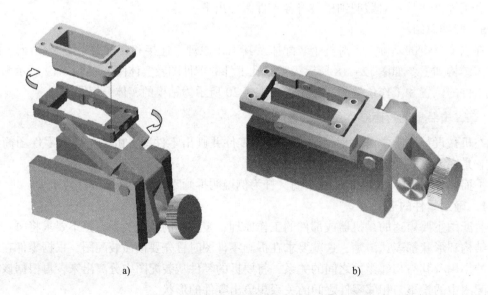

图 12 - 19　钻模装夹工件的位置和工作位置的实体图

a）装夹工件位置实体图　b）工作位置实体图

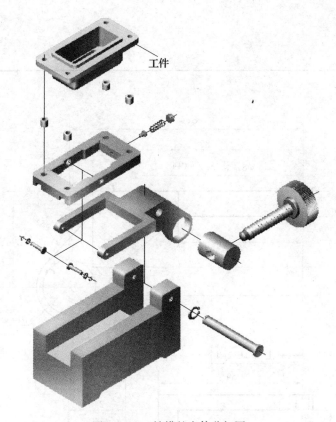

工件

图 12 – 20 钻模的实体分解图

补画出其他轮廓线，最后将省略了的零件工艺结构补全，如倒角、倒圆、退刀槽、越程槽、轴的中心孔等。如图 12 – 21 所示为叉杆零件图。

3. 尺寸标注

首先确定尺寸基准，再根据零件图尺寸标注的要求进行标注。拆画零件图时获得尺寸的方法如下：

（1）装配图中所注的尺寸，如 64 mm。

（2）在装配图中未注出的尺寸，在图样比例准确时，可直接量取。如果测量得到的尺寸不是整数，可加以圆整后再标注。

（3）标准结构和工艺结构应查有关标准并校对后再标注。

4. 确定技术要求

各项技术要求应根据装配体的使用要求和零件本身特点进行选择。该零件所有表面都需要加工，如销轴、转轴等是配合零件，所以表面粗糙度值要求小些，$Ra \leqslant 0.8$ μm，其余 $Ra \leqslant 3.2$ μm。为了保证工件能够正常转动，销轴孔的轴线、转轴孔的轴线必须有几何公差的要求，即垂直度的要求。

按同样的方法可画出钻模板零件图，如图 12 – 22 所示。

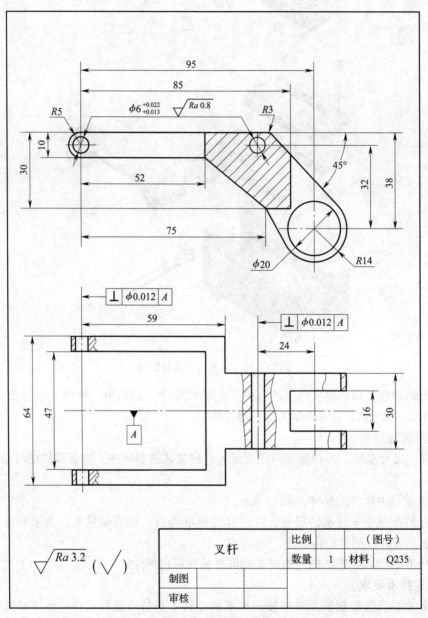

图 12-21　叉杆零件图

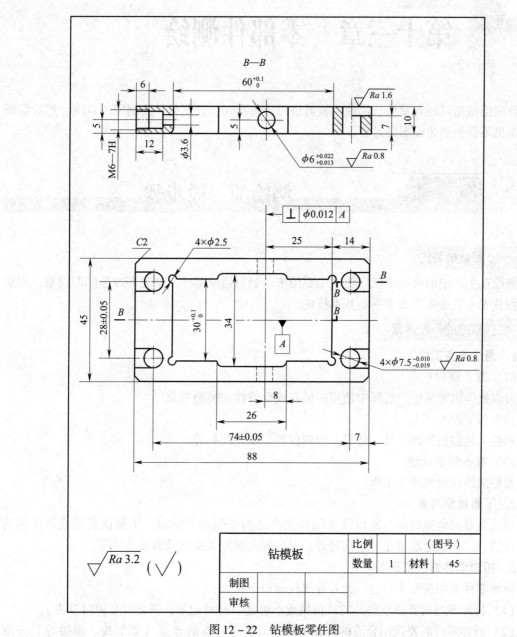

图 12－22 钻模板零件图

第十三章　零部件测绘

零部件测绘是指对现有零件、部件或机器进行分析研究，经测量并绘制零件草图，然后整理并绘制出零件图和装配图的过程。

第一节　测绘的一般步骤

一、测绘的目的

测绘在生产中的应用比较广泛，主要用来仿制机器或部件，修复和改造陈旧设备。测绘是工程技术人员必须熟练掌握的基本技能。

二、测绘的一般步骤

1. 测绘准备工作

（1）准备被测对象

可以教学模型或生产实际中使用的机器或部件作为被测对象。

（2）准备测绘工具

测绘工具包括拆卸工具、量具、检测仪器、绘图用品等。

（3）准备测绘场地

做好测绘场地的清洁工作。

2. 了解被测对象

通过观察和研究被测对象以及参阅有关产品的说明书等资料，了解该机器或部件的功用、性能、工作及运动情况、结构特点、零件间的装配关系以及拆装方法等。

3. 拆卸零件的注意事项

拆卸零件必须按顺序进行，此外还要注意以下几点：

（1）拆卸零件时要测量部件的几何精度和性能，并做记录，供部件复原时参考。

（2）拆卸零件时要选用合适的拆卸工具，对于不可拆的连接（如焊接、铆接等）一般不应拆开；对于较紧的配合或不拆也可测绘的零件应尽量不拆，以免破坏零件间的配合精度，并可节省测绘时间。

（3）对于拆下的零件，要及时按顺序编号，加上标签，妥善保管，以防止螺钉、垫片、键、销等小零件丢失。对于重要的、精度较高的零件要防止碰伤、变形和生锈，以便再装配时仍能保证部件的性能和精度要求。

（4）对于结构复杂的部件，为了便于拆散后装配复原，最好在拆卸时绘制出部件装配示意图。

4. 绘制装配示意图

装配示意图是在拆卸机器或部件过程中所画的记录图样，是绘制装配图和重新进行装配的依据。它应表达出所有零件及各零件之间的相对位置、装配与连接关系、传动路线等。绘制装配示意图时应注意以下几点：

（1）装配示意图的画法没有严格的规定，对一般零件可按其外形和结构特点形象地画出零件的大致轮廓。

（2）一般从主要零件和较大的零件入手，按装配顺序和零件的位置逐个画出装配示意图。

（3）应把装配体看成是透明体，既要画出外部轮廓，又要画出内部结构。

（4）对装配体的表达可不受前后层次的限制，并尽量将所有零件都集中在一个视图上表达出来，若实在无法表达时，才画出第二个图（应与第一个图保持投影关系），而且接触面之间应留有间隙，以便区分不同的零件。

（5）画机构传动部分的示意图时，应使用国家标准规定的符号。

（6）装配示意图上应按顺序编写零件序号，并在图样的适当位置上按序号注写出零件的名称及数量，也可以直接将零件名称注写在指引线上。零件的序号、名称应与零件上的标签一致。

如图 13 - 1 所示为齿轮减速箱实体图，图 13 - 2 所示为其装配示意图。示意图中的齿轮、轴承、螺钉、螺栓、键、销、轴等都是按照规定的符号绘制的，箱盖、箱体等零件没有规定的符号，则只画出大致轮廓，而且各零件不受其他零件遮挡的限制，是当作透明体来表达的。

5. 绘制零件草图

（1）零件草图是画装配图和零件图的依据。因此，它必须具备零件图应有的全部内容和要求，并应保证内容完整，表达正确，尺寸齐全，要求合理，图线清晰以及比例匀称等。它的画图步骤也与零件图相同，不同的是草图中零件各部分尺寸比例要凭目测确定，图形由徒手绘制而成。一般先画好图形，再进行尺寸分析，画出尺寸界线及尺寸线、箭头，然后实际测量尺寸，将所得数值填写在画好的尺寸线上。

（2）零件上标准结构要素（如螺纹、键槽等）的尺寸在测量后，应查阅有关手册，核对后确定。零件的非加工面上非主要尺寸应圆整为整数，并尽量符合标准尺寸系列。两零件的配合尺寸和互有联系的尺寸应在测量后同时填入两个零件的草图中，以保证相关尺寸协调一致，并节约时间及避免差错。

（3）零件的技术要求，如表面结构要求、尺寸公差、几何公差、热处理的方式和硬度要求、材料牌号等可根据零件的作用、工作要求来确定，也可参阅同类产品的图样和资料类比确定。

图 13 - 1　齿轮减速箱实体图

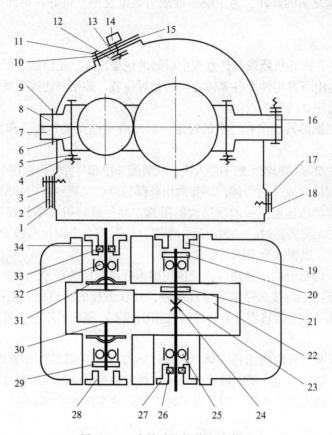

图 13－2　齿轮减速箱装配示意图

1、13、15—垫片　2—油标面板　3—油标压盖　4、12—螺母　5、17—垫圈　6、11—螺钉　7—箱体　8—箱盖　9—销
10—视孔盖　14—通气螺母　16—螺栓　18—螺塞　19、28—闷盖　20、29—调整环　21—轴套
22—齿轮　23—轴　24—键　25、32—轴承　26、33—密封圈　27、34—透盖
30—齿轮轴　31—挡油环

（4）标准件不画草图，但要测出主要参数的尺寸，然后查阅有关标准，确定标准件的类型、规格和标准代号。

如果测绘对象是教学模型，应当注意：一般教学模型与实物相比结构完全仿真，体积较小，制作比较粗糙；为便于装拆，各配合及连接处都较松；为了达到轻巧、防锈的目的，用料也与实物不符。因此，对草图上有关技术要求的内容应参考相关资料后注出。

6. 绘制装配图

根据装配示意图和零件草图可绘制装配图。装配图要表达出装配体的工作原理、装配关系以及主要零件的结构和形状。在绘制装配图的过程中，要检查零件草图上的尺寸是否协调、合理，若发现零件草图上的形状和尺寸有误，应在及时更正后才可以画图。装配图画好后，必须注明该机器或部件的规格、性能以及装配、检验、安装时的尺寸；还必须用文字说明或以符号形式指明机器或部件在装配、调试、安装、使用中必要的技术条件；最后应按规定要求填写零件序号以及明细栏、标题栏的各项内容。

7. 绘制零件图

由零件草图和装配图可绘制零件图。零件图画好后，需完整、正确、清晰、合理地标注尺寸，查阅相关资料后注写技术要求，按规定要求填写标题栏。

完成以上测绘任务后，对图样进行全面检查、整理，装订成册。

第二节　常用的测绘工具和测量方法

一、常用的测绘工具

1. 拆卸工具

常用的拆卸工具有扳手、锤子、钢丝钳、旋具等。实际生产中为拆卸过盈配合及过渡配合的零件，需要使用专用设备或器具，如压力机、顶拔器等。

2. 测量工具

测量尺寸时使用的简单工具包括钢直尺、外卡钳、内卡钳、螺纹样板、半径样板、塞尺等。测量较精密的零件时，要用百分表、游标万能角度尺、游标卡尺、千分尺或其他工具。

钢直尺、游标卡尺和千分尺上有刻度，测量零件时可直接利用刻度读出零件的尺寸。用内卡钳和外卡钳测量时，必须借助于钢直尺才能读出零件的尺寸。

二、常用的测量方法

在测绘过程中，被测件尺寸的测量是很重要的一项内容。正确的测量方法以及使用准确、方便的测量工具，不但会减小尺寸测量误差，而且还会加快测量速度。下面介绍几种常见的测量方法：

1. 直线尺寸（长、宽、高）的测量

一般可用钢直尺或游标卡尺直接测得直线尺寸的大小，如图 13 – 3 所示。

2. 回转面直径的测量

回转面的直径尺寸可用内卡钳和外卡钳测量，但在实际测绘中常用游标卡尺测量；精密零件用千分尺或百分表测量内径、外径，如图 13 – 4 所示。

测量内径的特殊方法如图 13 – 5 所示。把内卡钳放进要测量的孔中，在卡钳的外部找两点 a 和 b，先测量 $ab = L$（见图 13 – 5a），然后把内卡钳拿出，使 a 和 b 两点的距离等于 L，再用钢直尺测量两个量爪间的距离（见图 13 – 5b），即所测内孔的直径；也可以用内外同值卡钳进行测量，如图 13 – 5c 所示。

3. 深度、壁厚的测量

深度可以用钢直尺直接量得；壁厚可用钢直尺以及内卡钳、外卡钳结合进行测量，如图 13 – 6 所示。深度也可用带有深度尺的游标卡尺进行测量，壁厚也可用游标卡尺和垫块结合进行测量。

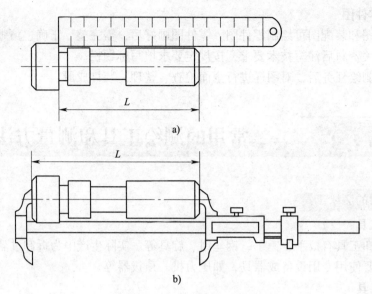

图 13 – 3　测量直线尺寸

a）用钢直尺测量　b）用游标卡尺测量

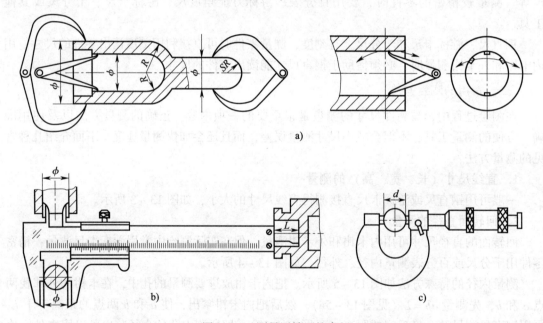

图 13 – 4　测量回转面的直径

a）用内卡钳和外卡钳测量　b）用游标卡尺测量　c）用千分尺测量

4. 两孔中心距的测量

当两孔直径相等时，用内卡钳、外卡钳分别测出 D_0 和 D_1，则孔的中心距 $D = D_0 = D_1 + d$；当两孔直径不等时，可先用钢直尺测出 A 以及孔径 D_1 和 D_2，则孔的中心距 $L = A + \dfrac{D_1 + D_2}{2}$，如图 13 – 7 所示。

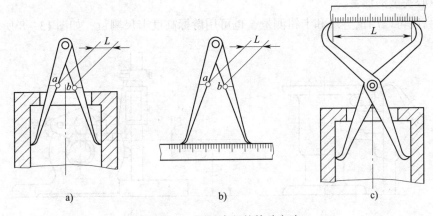

图 13－5　测量内径的特殊方法

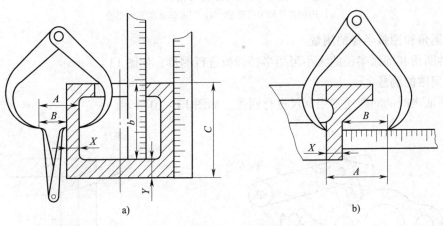

图 13－6　深度、壁厚的测量

a) $X = A - B$, $Y = C - b$　b) $X = A - B$

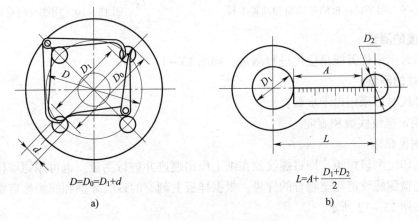

$D = D_0 = D_1 + d$

a)

$L = A + \dfrac{D_1 + D_2}{2}$

b)

图 13－7　两孔中心距的测量

a) 用内卡钳、外卡钳测量　b) 用钢直尺测量

5. 中心高度的测量

中心高度可以用钢直尺和卡钳测量，也可用游标高度卡尺测量，如图 13 - 8 所示。

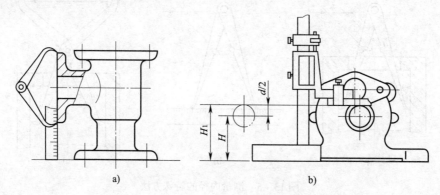

图 13 - 8　中心高度的测量

a）用钢直尺和卡钳测量　b）用游标高度卡尺测量

6. 圆角和圆弧半径的测量

各种圆角和圆弧半径的大小可用半径样板进行测量，如图 13 - 9 所示。

7. 间隙的测量

两平面之间的间隙通常用塞尺进行测量，如图 13 - 10 所示。

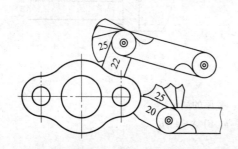

图 13 - 9　用半径样板测量圆角和圆弧半径

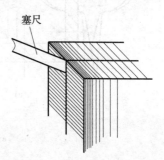

图 13 - 10　用塞尺测量间隙

8. 角度的测量

角度通常用游标万能角度尺进行测量，如图 13 - 11 所示。

9. 螺纹的测量

测量螺纹时可采用以下步骤：

（1）确定螺纹线数和旋向。

（2）测量螺距

可用拓印法测量螺距，即将螺纹放在纸上压出痕迹并进行测量。也可用螺纹样板进行测量，选择与被测螺纹能完全吻合的样板，根据样板上刻有的螺纹牙型和螺距确定螺纹的牙型和螺距，如图 13 - 12 所示。

（3）用游标卡尺测量螺纹大径

内螺纹的大径无法直接测得，可先测小径，然后由标准查出大径。

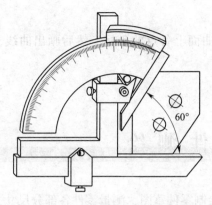

图 13 – 11　用游标万能角度尺测量角度

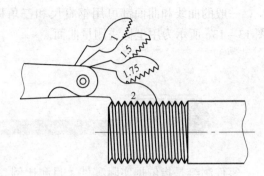

图 13 – 12　螺距的测量

（4）查标准，定代号

根据牙型、螺距和大径，查有关标准，定出螺纹代号。

10. 曲线和曲面的测量

曲线和曲面要求测得很准确时，必须用专门的仪器，如三坐标测量仪等进行测量。要求不太准确时，常用以下三种方法进行测量：

（1）拓印法

测量柱面部分的曲率半径时，可用纸拓印其轮廓，得到如实的平面曲线，然后判定该曲线的圆弧连接情况，测量其半径，如图 13 – 13a 所示为用拓印法测量曲面。

（2）铅丝法

对于曲线回转面零件母线曲率半径的测量，可用铅丝弯成实形后得到如实的平面曲线，然后判定曲线的圆弧连接情况，最后用中垂线法求得各段圆弧的中心，测量其半径，如图 13 – 13b 所示为用铅丝测量曲线。

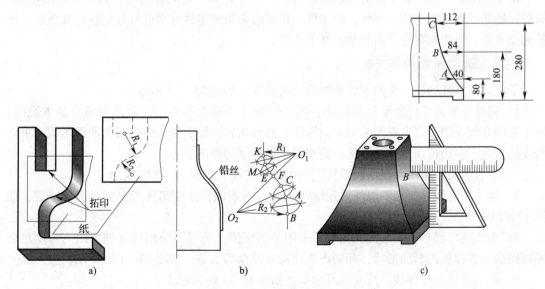

图 13 – 13　测量曲线和曲面

a）用拓印法测量曲面　b）用铅丝测量曲线　c）用坐标法测量曲面

（3）坐标法

一般的曲线和曲面都可用钢直尺和三角板定出曲面上各点的坐标，然后画出曲线，如图 13 - 13c 所示为用坐标法测量曲面。

第三节　零件测绘

零件测绘是指依据实际零件，目测比例，徒手绘制零件草图，测量零件各部分尺寸，确定技术要求，再根据零件草图绘制零件图的过程。零件测绘在机器仿制、设备维修、技术交流和革新等方面都有重要作用。

一、零件测绘的步骤

1. 分析和了解所测绘的零件

明确零件的名称、功能，鉴定零件的材料以及热处理和表面处理等情况，分析零件的形状、结构和装配关系，检查零件上有无磨损和缺陷，了解零件的工艺制造过程等。

2. 绘制零件草图

经过对零件的全面分析、了解，确定零件视图的表达方案，然后按目测比例徒手绘制零件草图。

3. 测量零件尺寸

根据尺寸精度的要求选择合适的测量工具对零件尺寸进行测量。

4. 根据零件草图绘制零件工作图

由于绘制零件草图的工作常在现场进行，往往受时间、空间及测绘工具等条件的限制，有些问题的处理不够完善。因此，画零件工作图前必须对零件草图进行仔细检查及核对，待补充完善后，再依据零件草图绘制零件工作图。

二、绘制零件草图的步骤

下面以调节杆为例，说明零件草图的绘制步骤，如图 13 - 14 所示。

1. 通过分析调节杆的形状及结构，可知它属于叉架类零件，一般采用两个基本视图，即主视图和俯视图，且主视图采用全剖视图；凸台用斜视图表达，连接板的断面形状用重合断面图表达，左边前面螺孔的形状在俯视图中用局部剖视图表达。

2. 布置图面，画出主视图和俯视图的作图基准线，如图 13 - 14a 所示。

3. 画出主视图和俯视图的外形轮廓线及 B 向斜视图，并在俯视图中画出剖切位置，如图 13 - 14b 所示。

4. 为表达内部形状和结构，主视图采用全剖视图，俯视图采用局部剖视图，再用重合断面图表示连接板的断面形状，并画出剖面符号及全部细节，如图 13 - 14c 所示。

5. 画出全部尺寸界线、尺寸线及箭头，如图 13 - 14c 所示。

6. 测量、标注尺寸数字，并确定技术要求等，如图 13 - 14d 所示。

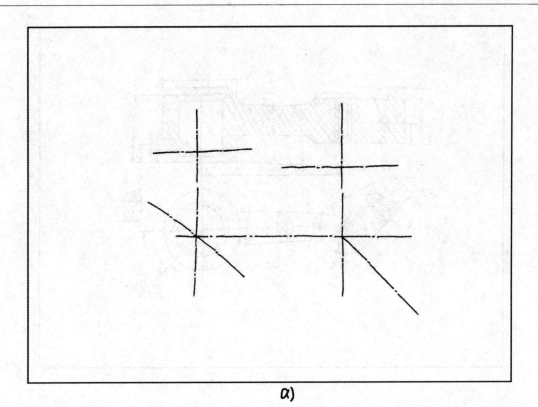

a)

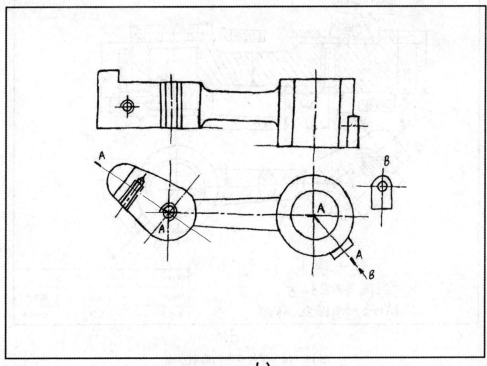

b)

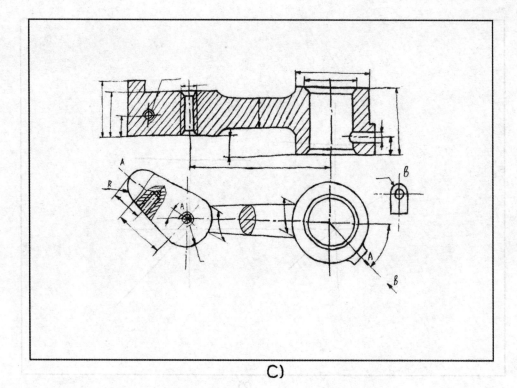

C)

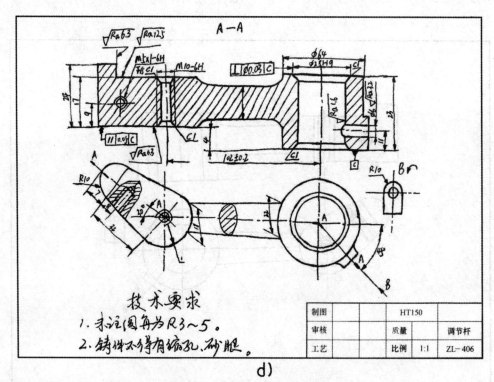

d)

图 13 - 14　零件草图的绘制步骤

7. 检查无误后，加深图线并填写标题栏，完成零件草图，如图13—14d所示。

三、绘制调节杆的零件工作图

1. 根据调节杆零件草图的表达方案，确定图样的比例，图幅为A4。
2. 用绘图工具和仪器采用细实线绘制调节杆的图样底稿。
3. 检查底稿，标注尺寸，确定技术要求，整理图面，加深图线。
4. 填写标题栏，完成调节杆零件工作图，如图13—15所示。

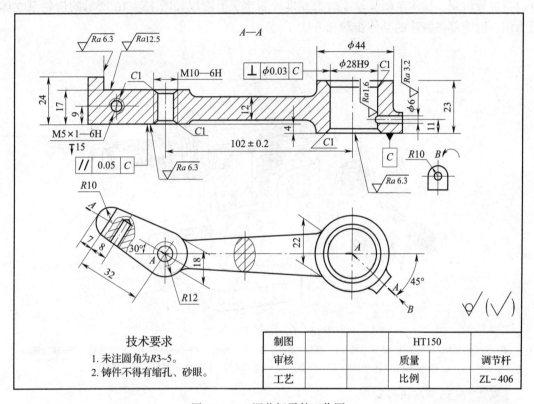

图13—15　调节杆零件工作图

四、零件测绘的注意事项

1. 不可忽略零件上的细小结构，如倒角、倒圆、凹坑、凸台、退刀槽、越程槽及中心孔等。对原损坏的部分应尽量恢复原形，以便于观察和测量。零件上的缺陷，如铸造的缩孔和砂眼、磨损、断裂等不要画在图上。

2. 对于已磨损的工作表面，测量时要正确估计，必要时可测量与其配合的零件尺寸。

3. 对于有配合关系的尺寸及一些标准结构的尺寸，首先应测出它们的公称尺寸，再按标准系列进行圆整。其配合性质和相应的极限偏差应在仔细分析及论证后查阅有关技术资料（手册）确定。对于非配合尺寸，可直接测量后标出，若有小数可经圆整后标出。

4. 标注尺寸时要先画出尺寸界线、尺寸线及箭头，然后集中测量各尺寸，再逐个填写相应的尺寸数字。切忌画一个，量一个，注一个，这样既浪费时间，又容易出错。

总之，零件的测绘是一项极其复杂而细致的工作，自始至终都要认真对待。

第四节　部件测绘

根据装配体画出草图，整理并绘制全套图样的过程称为部件测绘。在实际生产中，对现有设备进行仿制、技术革新、修配时都要进行测绘。下面以如图 13－16 所示的齿轮泵立体图为例，说明部件测绘的具体步骤和方法。

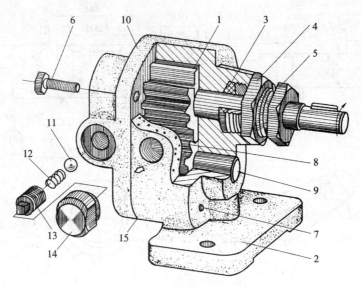

图 13－16　齿轮泵立体图

1—主动齿轮轴　2—泵体　3—填料　4—螺母　5—压盖　6—螺钉　7—圆柱销　8—从动齿轮　9—从动轴
10—泵盖　11—钢球　12—弹簧　13—调节螺钉　14—防护螺母　15—垫片

一、了解和分析齿轮泵

如图 13－16 所示，齿轮泵是机床润滑系统的供油泵，在泵体内装有一对啮合的直齿圆柱齿轮，主动齿轮轴的右端为动力输入端，并通过填料、压盖及螺母进行密封。从动齿轮与从动轴为间隙配合，从动轴另一端与泵体孔为过盈配合。泵体与泵盖用两个圆柱销定位，并用四个螺栓连接起来。

齿轮泵的工作原理如图 13－17 所示，泵体两侧各有一个圆锥管螺纹孔，用来安装进油管和出油管。当主动齿轮逆时针方向转动时，带动从动齿轮顺时针方向转动，两齿轮啮合区右边的油被齿轮带走，压力降低而形成负压，油池中的油在大气压力的作用下进入油泵低压区的吸油口，随着齿轮的转动，齿槽中的油不断地被带至左边的压油口把油带出，送至机器需要润滑的部分。

在泵盖上有一套安全装置，其结构如图 13－16 所示，当压油口的油压超过额定压力时，油就顶开钢球，使高压通道和低压通道相通，起到了安全保护作用。旋转调节螺钉 13，可以改变弹簧压力，从而控制油压。

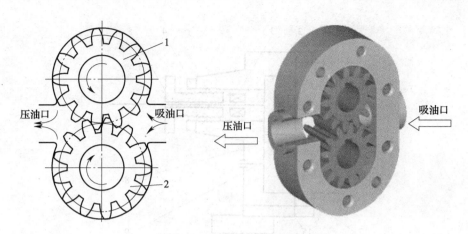

图 13 - 17   齿轮泵的工作原理

1—主动齿轮   2—从动齿轮

二、拆卸齿轮泵，画装配示意图

通过拆卸齿轮泵，对各零件的作用和结构以及零件之间的装配、连接关系做进一步的了解。

1. 拆卸前，先测量齿轮泵的总体尺寸、主动齿轮轴与从动轴的中心距、从动轴另一端与泵体孔的配合尺寸等，以此作为校对图样和齿轮泵的依据。

2. 拆卸时，要按 6→7→10→15→5→4→3→1→8→14→13→12→11 的顺序拆卸。由于从动齿轮与从动轴、主动齿轮与主动齿轮轴、主动轴与泵体都是精度较高的配合，应尽量不拆。拆卸零件时要用相应的工具，对主动齿轮轴、从动齿轮、从动轴这些精度要求较高的零件不要重敲，以免损坏。

3. 拆卸后，要对齿轮泵的 15 种共 19 个零件进行清洗并贴标签。标签序号和名称要与图 13 - 16 一一对应。拆下的零件按标准件和非标准件分类保管，避免碰坏、生锈或丢失。

4. 为了便于拆卸后重装以及为画装配图时提供参考，应画好齿轮泵的装配示意图。

(1) 如图 13 - 18 所示，既画出泵体的外形，又画出内部齿轮的连接、装配关系。

(2) 如图 13 - 18 所示，用较形象、简单的线条粗略地画出泵体和泵盖的轮廓。

(3) 如图 13 - 18 所示，压盖孔按剖面形状画成开口，这样主动齿轮轴可画成一条线从其中间穿过，从而使零件间的连通关系更清楚。

(4) 如图 13 - 18 所示，压盖与螺母、泵体之间的螺纹连接关系不容易区分，最好留出空隙，以便于区分零件；泵体端面与泵盖端面之间为接触面，但容易区分，也可以不留空隙。

(5) 如图 13 - 18 所示，主视图主要表达零件间的相互位置、装配关系及工作原理。俯视图是为了表达安全装置的工作原理和装配关系而画出的。

(6) 如图 13 - 18 所示，零件序号与图 13 - 16 一一对应，并注明零件的名称和件数，不同位置的相同零件只编一个号。

三、测绘零件，绘制零件草图

如图 13 - 19 所示为齿轮泵的泵盖草图，图 13 - 20 所示为主动齿轮轴草图。其他零件草图不再一一列举。

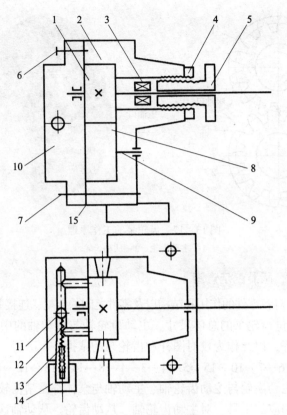

图 13 – 18　齿轮泵的装配示意图

1—主动齿轮轴（1件）　2—泵体（1件）　3—填料（1件）　4—螺母（1件）　5—压盖（1件）　6—螺钉（4件）

7—圆柱销（2件）　8—从动齿轮（1件）　9—从动轴（1件）　10—泵盖（1件）　11—钢球（1件）

12—弹簧　13—调节螺钉（1件）　14—防护螺母（1件）　15—垫片（1件）

绘制泵盖和主动齿轮轴草图时应注意以下事项：

1．泵盖为主要零件，它的主视图应尽量与装配图中的主视图位置一致，以便于绘制装配图。

2．泵盖中 $\phi18H7$ 的孔与主动齿轮轴 $\phi18f7$ 的齿顶圆有配合关系，它们的公称尺寸必须相同。

3．非标准零件都必须画出草图，标准件只需测量它们的规格尺寸，再查出它们的标准代号。

四、画齿轮泵装配图

根据齿轮泵的装配示意图和所有的零件草图即可画装配图。

1．确定表达方案

根据装配图的视图选择原则确定表达方案。

在确定装配图的表达方案前，应该先分析装配体的装配干线，齿轮泵共有以下三条装配干线：

（1）沿主动齿轮轴轴线的一系列零件，包括泵体、主动齿轮轴、泵盖、填料、螺母、压盖等，这是一条主要装配干线。

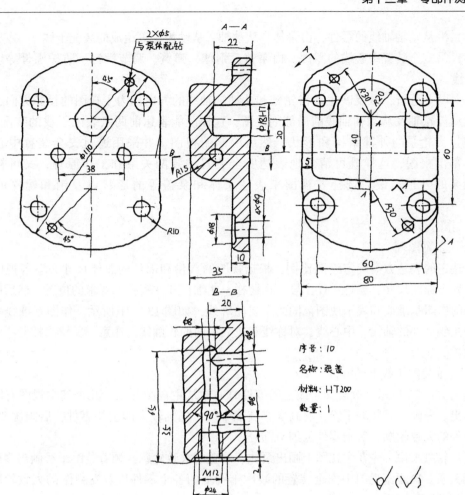

图 13-19 泵盖草图

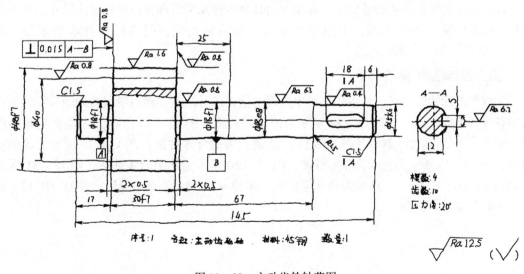

图 13-20 主动齿轮轴草图

（2）沿从动轴轴线的零件，由泵体、从动轴、从动齿轮等组成的装配干线。

（3）沿安全装置中心线的零件，由泵盖、钢球、弹簧、调节螺钉、防护螺母等组成的装配干线。

根据以上分析，取反映主动齿轮轴和从动轴轴线的方向作为主视图的投影方向，采用通过主动齿轮轴及从动轴轴线的局部剖视图，这样既能表达前两条装配干线的装配关系，又能表达齿轮泵的外部结构和形状。然后绘制俯视图，并采用通过安全装置中心线剖切的局部剖视图，这样既可清楚地表达安全装置的装配关系和工作原理，又可补充表达齿轮泵的外形。最后选择左视图来表达泵体和泵盖等的形状以及销和螺栓的分布位置。

2. 作图步骤

（1）布置图幅

按选定的表达方案确定绘图比例，根据视图的数量和部件的总体尺寸布置各视图的位置，并留出标注尺寸、编排零件序号、标题栏、明细栏和注写技术要求的位置。然后画出基本视图的作图基准线和表示视图范围的主要轮廓线，如图 13-21 所示。作图基准线一般是部件中主要零件的轴线、中心线、对称线和较大平面的轮廓线。注意：要留出标题栏和明细栏的位置。

（2）画装配干线上的零件

如图 13-22 所示，画装配干线上的零件时通常从主视图开始，几个基本视图有联系地逐个画出。先画主要装配干线，后画次要装配干线；先画较大的主要零件，后画次要零件；先画零件的大致轮廓，后画零件的细节部分。

对齿轮泵来说，先在主视图上画出泵体、泵盖的大致轮廓，顺着装配干线画出零件之间的装配关系；再画俯视图中安全装置的装配干线上的各个零件以及左视图的大致轮廓，如图 13-22 所示。

（3）完成全图

在完成主要装配关系的基础上，逐步画出其余零件及细节部分；然后标注尺寸，画剖面符号，检查底稿，加深图线，编写零件序号，填写标题栏、明细栏和技术要求等，如图 13-23 所示为齿轮泵装配图。

五、画齿轮泵的零件图

完成装配图的绘制后，将零件草图中发现的错误进行改正，然后根据装配图和零件草图绘制各零件的零件图。如图 13-24 所示为泵体零件图，图 13-25 所示为主动齿轮轴零件图，图 13-26 所示为填料零件图，图 13-27 所示为螺母零件图，图 13-28 所示为压盖零件图，图 13-29 所示为从动齿轮零件图，图 13-30 所示为从动轴零件图，图 13-31 所示为泵盖零件图，图 13-32 所示为弹簧零件图，图 13-33 所示为调节螺钉零件图，图 13-34 所示为防护螺母零件图。

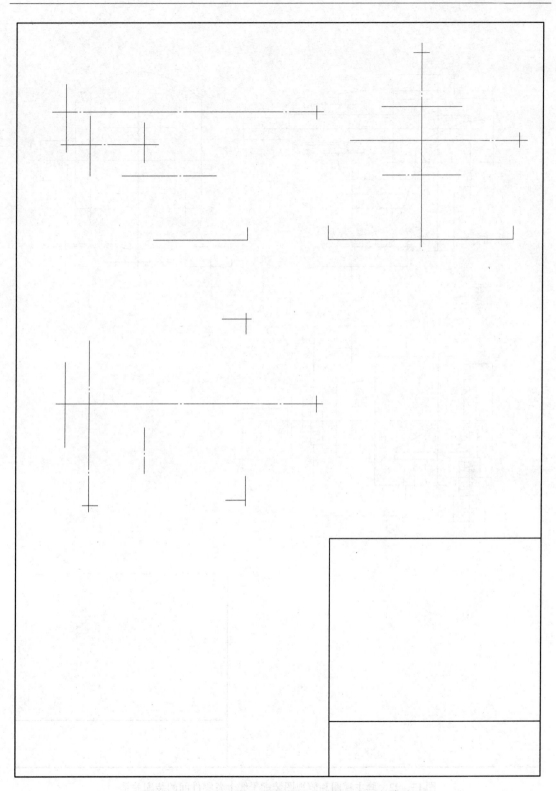

图 13 – 21　画出基本视图的作图基准线和主要轮廓线

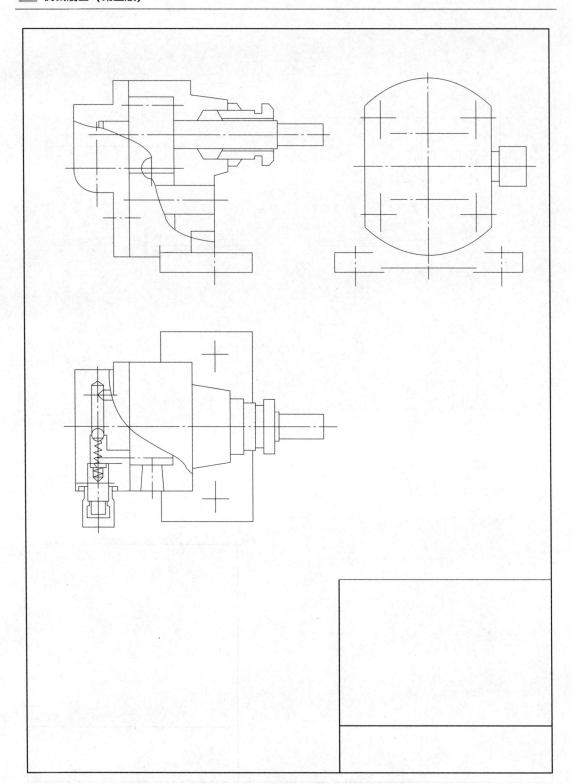

图 13 – 22　画主视图和俯视图装配干线上各零件间的装配关系

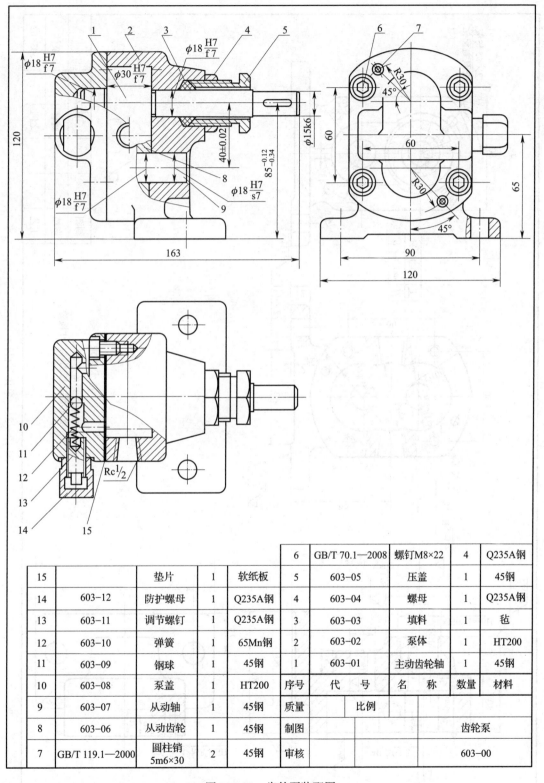

6	GB/T 70.1—2008	螺钉M8×22	4	Q235A钢
15		垫片	1	软纸板	5	603-05	压盖	1	45钢
14	603-12	防护螺母	1	Q235A钢	4	603-04	螺母	1	Q235A钢
13	603-11	调节螺钉	1	Q235A钢	3	603-03	填料	1	毡
12	603-10	弹簧	1	65Mn钢	2	603-02	泵体	1	HT200
11	603-09	钢球	1	45钢	1	603-01	主动齿轮轴	1	45钢
10	603-08	泵盖	1	HT200	序号	代 号	名 称	数量	材料
9	603-07	从动轴	1	45钢	质量		比例		
8	603-06	从动齿轮	1	45钢	制图			齿轮泵	
7	GB/T 119.1—2000	圆柱销 5m6×30	2	45钢	审核			603-00	

图 13-23 齿轮泵装配图

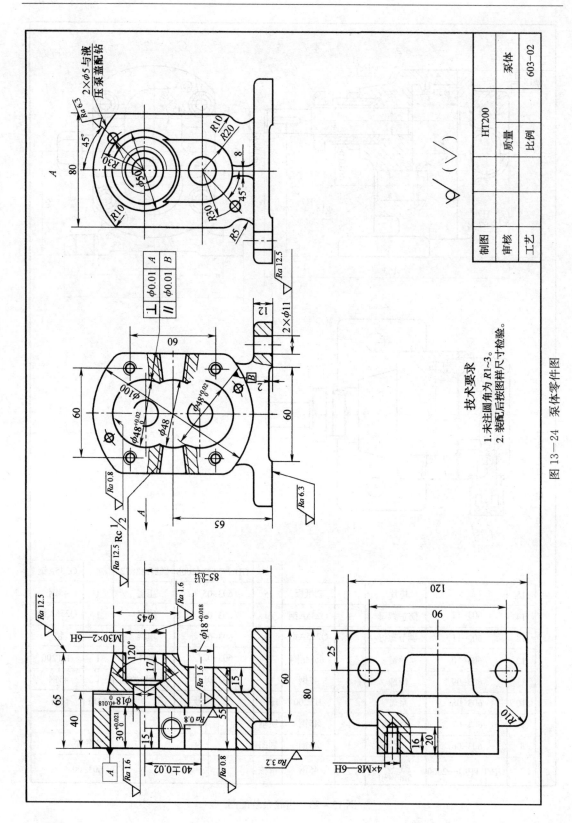

技术要求
1. 未注圆角为 R1~3。
2. 装配后按图样尺寸检验。

图 13－24　泵体零件图

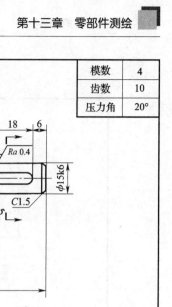

模数	4
齿数	10
压力角	20°

制图		45 钢	
审核		质量	主动齿轮轴
工艺		比例	603-01

技术要求

轮齿调质处理后硬度为220~250HBW。

图 13-25　主动齿轮轴零件图

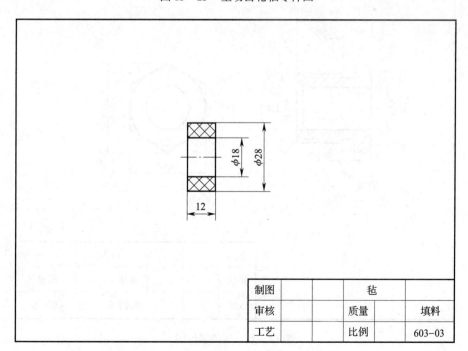

制图		毡	
审核		质量	填料
工艺		比例	603-03

图 13-26　填料零件图

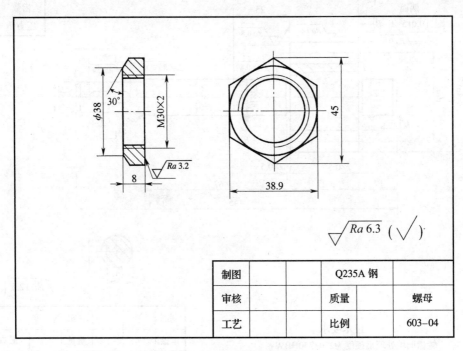

图 13 – 27　螺母零件图

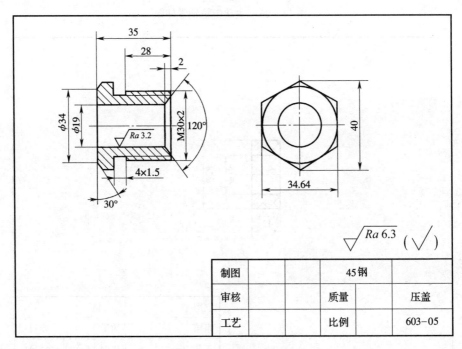

图 13 – 28　压盖零件图

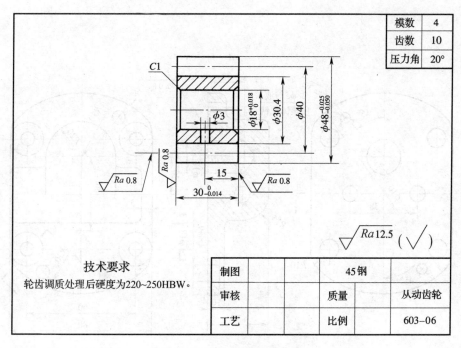

模数	4
齿数	10
压力角	20°

技术要求

轮齿调质处理后硬度为220~250HBW。

制图		45钢	
审核		质量	从动齿轮
工艺		比例	603－06

图 13 – 29 从动齿轮零件图

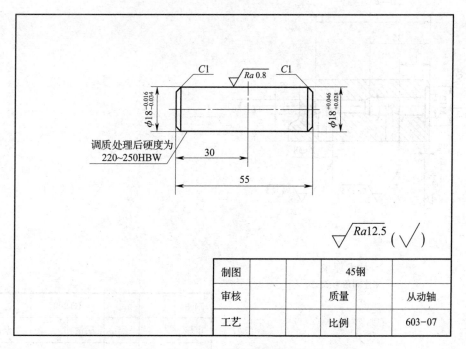

调质处理后硬度为220~250HBW

制图		45钢	
审核		质量	从动轴
工艺		比例	603－07

图 13 – 30 从动轴零件图

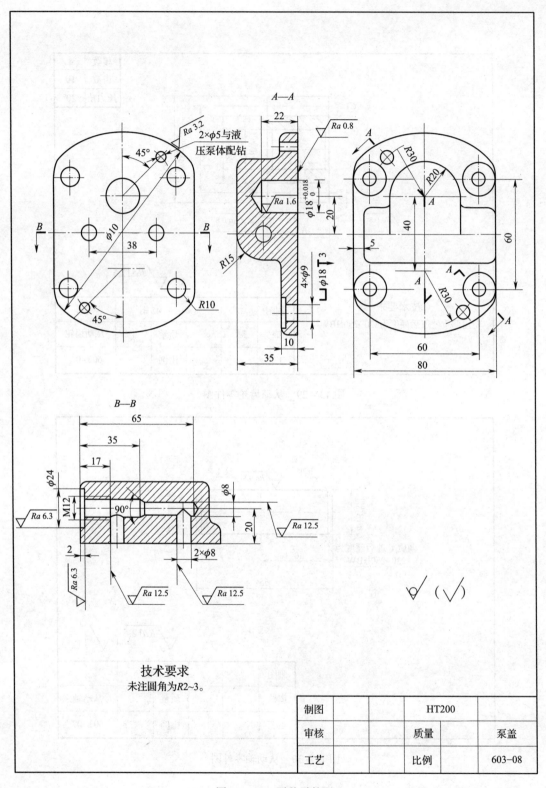

技术要求
未注圆角为R2~3。

制图		HT200	
审核		质量	泵盖
工艺		比例	603-08

图 13-31 泵盖零件图

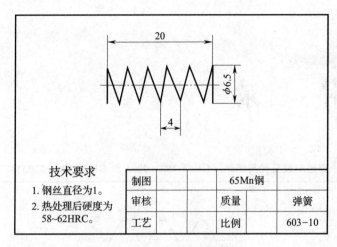

技术要求

1. 钢丝直径为1。
2. 热处理后硬度为58~62HRC。

制图		65Mn钢	
审核		质量	弹簧
工艺		比例	603－10

图 13－32　弹簧零件图

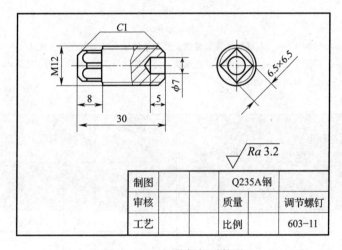

制图		Q235A钢	
审核		质量	调节螺钉
工艺		比例	603－11

图 13－33　调节螺钉零件图

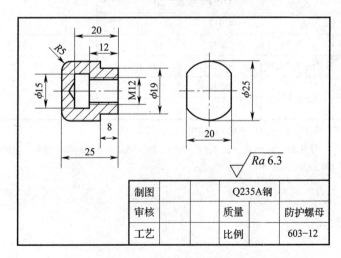

制图		Q235A钢	
审核		质量	防护螺母
工艺		比例	603－12

图 13－34　防护螺母零件图

附　录

附表一　　普通螺纹直径与螺距（GB/T 193—2003 和 GB/T 196—2003）

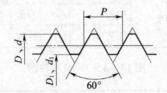

标记示例

公称直径 24 mm，螺距 3 mm，右旋粗牙普通螺纹，公差带代号 6g，其标记为：M24

公称直径 24 mm，螺距 1.5 mm，左旋细牙普通螺纹，公差带代号 7H，其标记为：M24×1.5—7H—LH

内外螺纹旋合的标记：M16—7H/6g

mm

公称直径 D、d		螺距 P		粗牙小径 D_1、d_1	公称直径 D、d		螺距 P		粗牙小径 D_1、d_1
第一系列	第二系列	粗牙	细牙		第一系列	第二系列	粗牙	细牙	
3		0.5	0.35	2.459	16		2	1.5、1	13.835
4		0.7	0.5	3.242		18	2.5	2、1.5、1	15.294
5		0.8		4.134	20				17.294
6		1	0.75	4.917		22			19.294
8		1.25	1、0.75	6.647	24		3	2、1.5、1	20.752
10		1.5	1.25、1、0.75	8.376	30		3.5	(3)、2、1.5、1	26.211
12		1.75	1.5、1.25、1	10.106	36		4	3、2、1.5	31.670
	14	2		11.835		39			34.670

注：1. 应优先选用第一系列，括号内尺寸尽可能不用。

　　2. 外螺纹公差带代号有 6e、6f、6g、8g、5g6g、7g6g、4h、6h、3h4h、5h6h、5h4h、7h6h；内螺纹公差带代号有 4H、5H、6H、7H、5G、6G、7G。

附表二　　　　　　　　　　梯形螺纹直径与螺距
（GB/T 5796.2—2005、GB/T 5796.3—2005 和 GB/T 5796.4—2005）

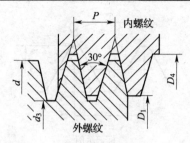

标记示例

公称直径 28 mm、螺距 5 mm、中径公差带代号为 7H 的单线右旋梯形内螺纹，其标记为：Tr28×5—7H

公称直径 28 mm、导程 10 mm、螺距 5 mm、中径公差带代号为 8e 的双线左旋梯形外螺纹，其标记为：Tr28×10（P5）LH—8e

内外螺纹旋合所组成的螺纹副的标记为：Tr24×8—7H/8e

mm

公称直径 d		螺距	大径	小径		公称直径 d		螺距	大径	小径	
第一系列	第二系列	P	D_4	d_3	D_1	第一系列	第二系列	P	D_4	d_3	D_1
16		2	16.50	13.50	14.00	24		3	24.50	20.50	21.00
		4		11.50	12.00			5		18.50	19.00
	18	2	18.50	15.50	16.00			8	25.00	15.00	16.00
		4		13.50	14.00		26	3	26.50	22.50	23.00
20		2	20.50	17.50	18.00			5		20.50	21.00
		4		15.50	16.00			8	27.00	17.00	18.00
	22	3	22.50	18.50	19.00	28		3	28.50	24.50	25.00
		5		16.50	17.00			5		22.50	23.00
		8	23.00	13.00	14.00			8	29.00	19.00	20.00

注：外螺纹公差带代号有 9c、8c、8e、7e；内螺纹公差带代号有 9H、8H、7H。

附表三　　　　　　　　　　管螺纹尺寸代号及公称尺寸

55°非密封管螺纹（GB/T 7307—2001）

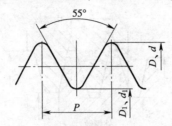

标记示例

尺寸代号为 1/2 的 A 级右旋外螺纹的标记为：G1/2A

尺寸代号为 1/2 的 B 级左旋外螺纹的标记为：G1/2B—LH

尺寸代号为 1/2 的右旋内螺纹的标记为：G1/2

上述右旋内外螺纹所组成的螺纹副的标记为：G1/2A

当螺纹为左旋时标记为：G1/2A—LH

尺寸代号	每25.4 mm 内的牙数 n	螺距 P（mm）	大径 $D=d$（mm）	小径 $D_1=d_1$（mm）	基准距离（mm）
1/4	19	1.337	13.157	11.445	6
3/8	19	1.337	16.662	14.950	6.4
1/2	14	1.814	20.955	18.631	8.2
3/4	14	1.814	26.441	24.117	9.5
1	11	2.309	33.249	30.291	10.4
$1\frac{1}{4}$	11	2.309	41.910	38.952	12.7
$1\frac{1}{2}$	11	2.309	47.803	44.845	12.7
2	11	2.309	59.614	56.656	15.9

注：1. 55°密封圆柱内螺纹的牙型与 55°非密封管螺纹牙型相同，尺寸代号为 1/2 的右旋圆柱内螺纹的标记为 $R_p1/2$；它与外螺纹所组成的螺纹副的标记为 $R_p/R_1\ 1/2$，详见 GB/T 7306.1—2000。

2. 55°密封圆锥管螺纹大径、小径是指基准平面上的尺寸。圆锥内螺纹的端面向里 0.5P 处即为基面，而圆锥外螺纹的基准平面与小端相距一个基准距离。

3. 55°密封管螺纹的锥度为 1:16，即 $\varphi=1°47'24''$。

附表四 　　　　　　　　　　六角头螺栓

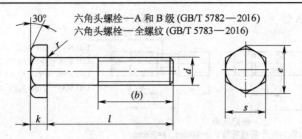

六角头螺栓—A 和 B 级 (GB/T 5782—2016)
六角头螺栓—全螺纹 (GB/T 5783—2016)

标记示例

螺纹规格d=M12、公称长度l=80mm、性能等级为8.8级、表面氧化、A级的六角头螺栓：

螺栓　GB/T 5782　M12×80

mm

螺纹规格 d		M3	M4	M5	M6	M8	M10	M12	(M14)	M16	(M18)	M20	(M22)	M24	(M27)	M30	M36
s		5.5	7	8	10	13	16	18	21	24	27	30	34	36	41	46	55
k		2	2.8	3.5	4	5.3	6.4	7.5	8.8	10	11.5	12.5	14	15	17	18.7	22.5
r		0.1	0.2	0.2	0.25	0.4	0.4	0.6	0.6	0.6	0.6	0.6	1	0.8	1	1	1
e	A	6.01	7.66	8.79	11.05	14.38	17.77	20.03	23.36	26.75	30.14	33.53	37.72	39.98	—	—	—
	B	5.88	7.50	8.63	10.89	14.20	17.59	19.85	22.78	26.17	29.56	32.95	37.29	39.55	45.20	50.85	51.11
(b) GB/T 5782	$l≤125$	12	14	16	18	22	26	30	34	38	42	46	50	54	60	66	—
	$125<l≤200$	18	20	22	24	28	32	36	40	44	48	52	56	60	66	72	84
	$l>200$	31	33	35	37	41	45	49	53	57	61	65	69	73	79	85	97
l 范围 （GB/T 5782）		20～30	25～40	25～50	30～60	40～80	45～100	50～120	60～140	65～160	70～180	80～200	90～220	90～240	100～260	110～300	140～360
l 范围 （GB/T 5783）		6～30	8～40	10～50	12～60	16～80	20～100	25～120	30～140	30～150	35～150	40～150	45～150	50～150	55～200	60～200	70～200
l 系列		6、8、10、12、16、20、25、30、35、40、45、50、(55)、60、(65)、70、80、90、100、110、120、130、140、150、160、180、200、220、240、260、280、300、320、340、360、380、400、420、440、460、480、500															

附表五   双头螺柱

A型   B型（辗制）
约等于螺纹中径

GB 897—1988($b_m=d$)
GB 898—1988($b_m=1.25d$)
GB 899—1988($b_m=1.5d$)
GB 900—1988($b_m=2d$)

标记示例

两端均为粗牙普通螺纹，d=10mm，l=50mm。
性能等级为4.8级、不经表面处理、B型、$b_m=d$
的双头螺柱：
　　　螺柱　GB/T 897　M10×50
若为A型，则标记为：螺柱　GB/T 897　A　M10×50

双头螺柱各部分尺寸   mm

螺纹规格 d		M3	M4	M5	M6	M8
b_m 公称	GB 897—1988	—	—	5	6	8
	GB 898—1988	—	—	6	8	10
	GB 899—1988	4.5	6	8	10	12
	GB 900—1988	6	8	10	12	16
$\dfrac{l}{b}$		$\dfrac{16\sim20}{6}$ $\dfrac{(22)\sim40}{12}$	$\dfrac{16\sim(22)}{8}$ $\dfrac{25\sim40}{14}$	$\dfrac{16\sim(22)}{10}$ $\dfrac{25\sim50}{16}$	$\dfrac{20\sim(22)}{10}$ $\dfrac{25\sim30}{14}$ $\dfrac{(32)\sim(75)}{18}$	$\dfrac{20\sim(22)}{12}$ $\dfrac{25\sim30}{16}$ $\dfrac{(32)\sim90}{22}$

螺纹规格 d		M10	M12	M16	M20	M24
b_m 公称	GB 897—1988	10	12	16	20	24
	GB 898—1988	12	15	20	25	30
	GB 899—1988	15	18	24	30	36
	GB 900—1988	20	24	32	40	48
$\dfrac{l}{b}$		$\dfrac{25\sim(28)}{14}$ $\dfrac{30\sim(38)}{16}$ $\dfrac{40\sim120}{26}$ $\dfrac{130}{32}$	$\dfrac{25\sim30}{16}$ $\dfrac{(32)\sim40}{20}$ $\dfrac{45\sim120}{30}$ $\dfrac{130\sim180}{36}$	$\dfrac{30\sim(38)}{20}$ $\dfrac{40\sim(55)}{30}$ $\dfrac{60\sim120}{38}$ $\dfrac{130\sim200}{44}$	$\dfrac{35\sim40}{25}$ $\dfrac{45\sim(65)}{35}$ $\dfrac{70\sim120}{46}$ $\dfrac{130\sim200}{52}$	$\dfrac{45\sim50}{30}$ $\dfrac{(55)\sim(75)}{45}$ $\dfrac{80\sim120}{54}$ $\dfrac{130\sim200}{60}$

注：1. GB 897—1988 和 GB 898—1988 规定螺柱的螺纹规格 d = M5～M48，公称长度 l = 16～300 mm；GB 899—1988 和 GB 900—1988 规定螺柱的螺纹规格 d = M2～M48，公称长度 l = 12～300 mm。

2. 螺柱公称长度 l（系列）：12 mm、（14 mm）、16 mm、（18 mm）、20 mm、（22 mm）、25 mm、（28 mm）、30 mm、（32 mm）、35 mm、（38 mm）、40 mm、45 mm、50 mm、（55 mm）、60 mm、（65 mm）、70 mm、（75 mm）、80 mm、（85 mm）、90 mm、（95 mm）、100～260 mm（十进位）、280 mm、300 mm，尽可能不采用括号内的数值。

3. 材料为钢的螺柱性能等级有 4.8、5.8、6.8、8.8、10.9、12.9 级，其中 4.8 级为常用。

附表六　　　　　　　　**1 型六角螺母（GB/T 6170—2015）**

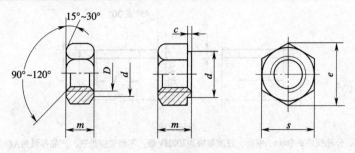

标记示例

螺纹规格 D=M12、性能等级为8级、不经表面处理、产品等级为 A 级的1型六角螺母：
螺母　GB/T 6170　M12

mm

螺纹规格 D		M3	M4	M5	M6	M8	M10	M12	M16	M20	M24	M30	M36
e (min)		6.01	7.66	8.79	11.05	14.38	17.77	20.03	26.75	32.95	39.55	50.85	60.79
s	(max)	5.5	7	8	10	13	16	18	24	30	36	46	55
	(min)	5.32	6.78	7.78	9.78	12.73	15.73	17.73	23.67	29.16	35	45	53.8
c (max)		0.4	0.4	0.5	0.5	0.6	0.6	0.6	0.8	0.8	0.8	0.8	0.8
d_a (min)		4.6	5.9	6.9	8.9	11.6	14.6	16.6	22.5	27.7	33.2	42.7	51.1
d_a (max)		3.45	4.6	5.75	6.75	8.75	10.8	13	17.3	21.6	25.9	32.4	38.9
m	(max)	2.4	3.2	4.7	5.2	6.8	8.4	10.8	14.8	18	21.5	25.6	31
	(min)	2.15	2.9	4.4	4.9	6.44	8.04	10.37	14.1	16.9	20.2	24.3	29.4

附表七　　平垫圈—A 级（GB/T 97.1—2002）、平垫圈倒角型—A 级（GB/T 97.2—2002）

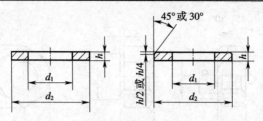

标记示例

标准系列，公称规格 d=8mm、钢制、硬度等级为200HV级、不经表面处理、产品等级为A级的平垫圈：

垫圈　GB/T 97.1　8

mm

公称规格（螺纹大径 d）	2	2.5	3	4	5	6	8	10	12	16	20	24	30
内径 d_1	2.2	2.7	3.2	4.3	5.3	6.4	8.4	10.5	13	17	21	25	31
外径 d_2	5	6	7	9	10	12	16	20	24	30	37	44	56
厚度 h	0.3	0.5	0.5	0.8	1	1.6	1.6	2	2.5	3	3	4	4

附表八　　标准型弹簧垫圈（GB 93—1987）、轻型弹簧垫圈（GB 859—1987）

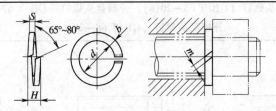

标记示例

规格16mm、材料为65Mn钢、表面氧化的标准型弹簧垫圈：

垫圈　GB/T 93　16

mm

规格（螺纹大径）		2	2.5	3	4	5	6	8	10	12	16	20	24	30	36	42	48
d		2.1	2.6	3.1	4.1	5.1	6.2	8.2	10.2	12.3	16.3	20.5	24.5	30.5	36.6	42.6	49
H	GB 93—1987	1.2	1.6	2	2.4	3.2	4	5	6	7	8	10	12	13	14	16	18
	GB 859—1987	1	1.2	1.6	1.6	2	2.4	3.2	4	5	6.4	8	9.6	12	—	—	—
S (b)	GB 93—1987	0.6	0.8	1	1.2	1.6	2	2.5	3	3.5	4	5	6	6.5	7	8	9
S	GB 859—1987	0.5	0.6	0.8	0.8	1	1.2	1.6	2	2.5	3.2	4	4.8	6	—	—	—
$m \leqslant$	GB 93—1987		0.4		0.5	0.6	0.8	1	1.2	1.5	1.7	2	2.5	3	3.2	3.5	4	4.5
	GB 859—1987		0.3			0.4		0.5	0.6	0.8	1	1.2	1.6	2	2.4	3	—	—	—
b	GB 859—1987		0.8		1		1.2		1.6	2	2.5	3.5	4.5	5.5	6.5	8	—	—	—

附表九   开槽螺钉
开槽圆柱头螺钉（GB/T 65—2016）、开槽盘头螺钉（GB/T 67—2016）、
开槽沉头螺钉（GB/T 68—2016）

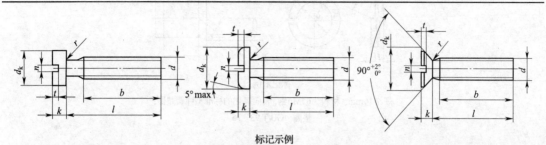

标记示例
螺纹规格d=M5、公称长度l=20mm、性能等级为4.8级、不经表面处理的A级开槽圆柱头螺钉：
螺钉　GB/T 65　M5×20

mm

螺纹规格 d		M1.6	M2	M2.5	M3	M4	M5	M6	M8	M10
GB/T 65—2016	d_k	3	3.8	4.5	5.5	7	8.5	10	13	16
	k	1.1	1.4	1.8	2	2.6	3.3	3.9	5	6
	t_{min}	0.45	0.6	0.7	0.85	1.1	1.3	1.6	2	2.4
	r_{min}	0.1	0.1	0.1	0.1	0.2	0.2	0.25	0.4	0.4
	l	2~16	3~20	3~25	4~30	5~40	6~50	8~60	10~80	12~80
GB/T 67—2016	d_k	3.2	4	5	5.6	8	9.5	12	16	23
	k	1	1.3	1.5	1.8	2.4	3	3.6	4.8	6
	t_{min}	0.35	0.5	0.6	0.7	1	1.2	1.4	1.9	2.4
	r_{min}	0.1	0.1	0.1	0.1	0.2	0.2	0.25	0.4	0.4
	l	2~16	2.5~20	3~25	4~30	5~40	6~50	8~60	10~80	12~80
GB/T 68—2016	d_k	3	3.8	4.7	5.5	8.4	9.3	11.3	15.8	18.5
	k	1	1.2	1.5	1.65	2.7	2.7	3.3	4.65	5
	t_{min}	0.32	0.4	0.5	0.6	1	1.1	1.2	1.8	2
	r_{max}	0.4	0.5	0.6	0.8	1	1.3	1.5	2	2.5
	l	2.5~16	3~20	4~25	5~30	6~40	8~50	8~60	10~80	12~80
n		0.4	0.5	0.6	0.8	1.2	1.2	1.6	2	2.5
b_{min}		25					38			
l 系列		2、2.5、3、4、5、6、8、10、12、（14）、16、20、25、30、35、40、45、50、（55）、60、（65）、70、（75）、80								

附表十　普通平键的尺寸和键槽的断面尺寸（GB/T 1095—2003、GB/T 1096—2003）　　mm

轴	键		键槽										
			宽度 b						深度				半径 r
基本直径 d	基本尺寸 $b \times h$	长度 L	基本尺寸 b	偏差					轴 t_1		毂 t_2		
				松连接		正常连接		紧密连接	基本尺寸	极限偏差	基本尺寸	极限偏差	
				轴 H9	毂 D10	轴 N9	毂 JS9	轴和毂 P9					最小	最大
>10~12	4×4	8~45	4	+0.030 0	+0.078 +0.030	0 -0.030	±0.015	-0.012 -0.042	2.5	+0.1 0	1.8	+0.1 0	0.08	0.16
>12~17	5×5	10~56	5						3.0		2.3		0.16	0.25
>17~22	6×6	14~70	6						3.5		2.8			
>22~30	8×7	18~90	8	+0.036 0	+0.098 +0.040	0 -0.036	±0.018	-0.015 -0.051	4.0		3.3			
>30~38	10×8	22~110	10						5.0		3.3			
>38~44	12×8	28~140	12	+0.043 0	+0.120 +0.050	0 -0.043	±0.021 5	-0.018 -0.061	5.0		3.3		0.25	0.40
>44~50	14×9	36~160	14						5.5		3.8			
>50~58	16×10	45~180	16						6.0	+0.2 0	4.3	+0.2 0		
>58~65	18×11	50~200	18						7.0		4.4			
>65~75	20×12	56~220	20	+0.052 0	+0.149 +0.065	0 -0.052	±0.026	-0.022 -0.074	7.5		4.9		0.40	0.60
>75~85	22×14	63~250	22						9.0		5.4			
>85~95	25×14	70~280	25						9.0		5.4			
>95~110	28×16	80~320	28						10.0		6.4			

注：1. $(d-t_1)$ 和 $(d+t_2)$ 两组合尺寸的极限偏差按相应的 t_1 和 t_2 的极限偏差选取，但 $(d-t_1)$ 极限偏差的值应取负号（-）。

2. L 系列：6~22（二进位）、25、28、32、36、40、45、50、56、63、70、80、90、100、110、125、140、160、180、200、220、250、280、320、360、400、450、500。

3. 轴的直径与键的尺寸的对应关系未列入标准，此表给出仅供参考。

附表十一 　　　圆柱销　不淬硬钢和奥氏体不锈钢（GB/T 119.1—2000）

　　　　　　　　　圆柱销　淬硬钢和马氏体不锈钢（GB/T 119.2—2000）

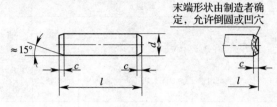

末端形状由制造者确定，允许倒圆或凹穴

标记示例

公称直径 d = 6 mm、公差 m6、公称长度 l = 30 mm、材料为钢、不经淬火、不经表面处理的圆柱销：

销 　GB/T 119.1 　6m6×30

公称直径 d = 6 mm、公称长度 l = 30 mm、材料为钢、普通淬火（A 型）、表面氧化处理的圆柱销：

销 　GB/T 119.2 　6×30

mm

公称直径 d		3	4	5	6	8	10	12	16	20	25	30	40	50
$c \approx$		0.50	0.63	0.80	1.2	1.6	2.0	2.5	3.0	3.5	4.0	5.0	6.3	8.0
公称长度 l	GB/T 119.1	8 ~ 30	8 ~ 40	10 ~ 50	12 ~ 60	14 ~ 80	18 ~ 95	22 ~ 140	26 ~ 180	35 ~ 200	50 ~ 200	60 ~ 200	80 ~ 200	95 ~ 200
	GB/T 119.2	8 ~ 30	10 ~ 40	12 ~ 50	14 ~ 60	18 ~ 80	22 ~ 100	26 ~ 100	40 ~ 100	50 ~ 100	—	—	—	—
l 系列		8、10、12、14、16、18、20、22、24、26、28、30、32、35、40、45、50、55、60、65、70、75、80、85、90、95、100、120、140、160、180、200												

注：1. GB/T 119.1—2000 规定圆柱销的公称直径 d = 0.6 ~ 50 mm，公称长度 l = 2 ~ 200 mm，公差有 m6 和 h8。

　　2. GB/T 119.2—2000 规定圆柱销的公称直径 d = 1 ~ 20 mm，公称长度 l = 3 ~ 100 mm，公差仅有 m6。

　　3. 当圆柱销公差为 h8 时，其表面粗糙度 Ra ≤ 1.6 μm。

　　4. 当圆柱销公差为 m6 时，其表面粗糙度 Ra ≤ 0.8 μm。

附表十二　　　　　　　　　　**圆锥销（GB/T 117—2000）**

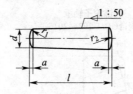

标记示例

公称直径 d=10mm、公称长度 l=60mm、材料为35钢、热处理硬度为25~38HRC、表面氧化处理的A型圆锥销：

销 GB/T 117　10×60

mm

公称直径 d	4	5	6	8	10	12	16	20	25	30	40	50
$a\approx$	0.5	0.63	0.8	1	1.2	1.6	2	2.5	3	4	5	6.3
公称长度 l	14 ~ 55	18 ~ 60	22 ~ 90	22 ~ 120	26 ~ 160	32 ~ 180	40 ~ 200	45 ~ 200	50 ~ 200	55 ~ 200	60 ~ 200	65 ~ 200
l系列	2、3、4、5、6、8、10、12、14、16、18、20、22、24、26、28、30、32、35、40、45、50、 55、60、65、70、75、80、85、90、95、100、120、140、160、180、200											

注：1. 标准规定圆锥销的公称直径 d = 0.6 ~ 50 mm。

　　2. 分为 A 型和 B 型。A 型为磨削，锥面表面粗糙度 Ra = 0.8 μm；B 型为切削或冷镦，锥面表面粗糙度 Ra = 3.2 μm。

附表十三　　　　　　　　　　　　　　滚动轴承

深沟球轴承	圆锥滚子轴承	推力球轴承
（摘自GB/T 276—2013）	（摘自GB/T 297—2015）	（摘自GB/T 301—2015）

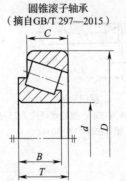
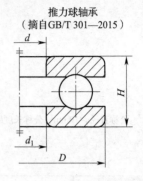

标记示例：	标记示例：	标记示例：
滚动轴承　6308　GB/T 276—2013	滚动轴承　30209　GB/T 297—2015	滚动轴承　51205　GB/T 301—2015

轴承型号	d	D	B	轴承型号	d	D	B	C	T	轴承型号	d	D	H	d_{1min}
尺寸系列（02）				尺寸系列（02）						尺寸系列（12）				
6202	15	35	11	30203	17	40	12	11	13.25	51202	15	32	12	17
6203	17	40	12	30204	20	47	14	12	15.25	51203	17	35	12	19
6204	20	47	14	30205	25	52	15	13	16.25	51204	20	40	14	22
6205	25	52	15	30206	30	62	16	14	17.25	51205	25	47	15	27
6206	30	62	16	30207	35	72	17	15	18.25	51206	30	52	16	32
6207	35	72	17	30208	40	80	18	16	19.75	51207	35	62	18	37
6208	40	80	18	30209	45	85	19	16	20.75	51208	40	68	19	42
6209	45	85	19	30210	50	90	20	17	21.75	51209	45	73	20	47
6210	50	90	20	30211	55	100	21	18	22.75	51210	50	78	22	52
6211	55	100	21	30212	60	110	22	19	23.75	51211	55	90	25	57
6212	60	110	22	30213	65	120	23	20	24.75	51212	60	95	26	62
尺寸系列（03）				尺寸系列（03）						尺寸系列（13）				
6302	15	42	13	30302	15	42	13	11	14.25	51304	20	47	18	22
6303	17	47	14	30303	17	47	14	12	15.25	51305	25	52	18	27
6304	20	52	15	30304	20	52	15	13	16.25	51306	30	60	21	32
6305	25	62	17	30305	25	62	17	15	18.25	51307	35	68	24	37
6306	30	72	19	30306	30	72	19	16	20.75	51308	40	78	26	42
6307	35	80	21	30307	35	80	21	18	22.75	51309	45	85	28	47
6308	40	90	23	30308	40	90	23	20	25.25	51310	50	95	31	52
6309	45	100	25	30309	45	100	25	22	27.25	51311	55	105	35	57
6310	50	110	27	30310	50	110	27	23	29.25	51312	60	110	35	62
6311	55	120	29	30311	55	120	29	25	31.5	51313	65	115	36	67
6312	60	130	31	30312	60	130	31	26	33.5	51314	70	125	40	72
6313	65	140	33	30313	65	140	33	28	36.0	51315	75	135	44	77

注：表中尺寸单位为 mm。